산에 들에 우리 나물

산에 들에 우리 나물

지은이 이형설
펴낸이 양동현
펴낸곳 도서출판 아카데미북
　　　　출판등록 제13-493호
　　　　02832, 서울 성북구 동소문로13가길 27
　　　　전화 02-927-2345 팩스 02-927-3199

초판 1쇄 발행 2015년 4월 30일
초판 4쇄 발행 2022년 7월 15일

ISBN 978-89-5681-157-4 13480

ⓒ 이형설, 2015

* 이 책은 신저작권법의 보호를 받는 저작물입니다.
* 제본이 잘못된 책은 구입한 곳에서 바꾸어 드립니다.

www.iacademybook.com

이 도서의 국립중앙도서관 출판시도서목록(CIP)은
e-CIP홈페이지(http://www.nl.go.kr/ecip)와 국가자료공동목록시스템(http://www.nl.go.kr/kolisnet)에서
이용하실 수 있습니다. CIP제어번호 : CIP2015010963

산에 들에 우리 나물

그림바위 이형설 지음

아카데미북

추천사

드라마 작가 김운경(서울의 달, 옥이 이모, 유나의 거리 등 다수)

노승이 동자승에게 풀 베어 오라 낫을 쥐어 보냈다.
올 때가 되었는데도 동자승은 오지 않았다.
기다리다 못한 노승이 찾아나섰다.
동자승은 베어 낸 한 무더기의 풀을 옆에 놓고, 꽃 덤불 아래 흐느끼고 있었다.

노승이 물었다.
왜 우느냐?
풀이 너무 아픈 것 같아요...

노승은 풀과 동자승을 물끄러미 바라보았다.
그리고 말했다.
고놈 법기구나. 이담에 큰중 되겠구나.

나와 알게 된 지 어언 십년이 넘은 이형설 씨.
그는 한때 출가하여 입산수도한 적이 있다고 했다.
선방에서 용맹 정진하다 목 디스크가 심해 하산했다나...

병원에 입원해 있는데 어머니께서 눈물 뿌리며 오셨단다.
귀한 내 새끼... 이 짓을 왜 하느냐?
어머니는 승복을 태우고 아들의 환속을 강권하셨다.

그는 모정을 이길 수 없어 어기적어기적 하산하고 말았다.
큰스님 되다 만 아까운 중생이다.
그래서 그런지 나는 그를 볼 때마다 되다 만 용 같은 느낌이요,
천상의 사나이가 이승에 와서 고생하고 있다는 생각이 든다.

그는 하산한 이후로 산언저리를 배회하며 약초를 찾아 나섰다.
생활의 방편이긴 했으나 나름 병인 구제에도 목적이 있음을 아는 사람은 안다.
그런 그가 어느 해차부터인가 꽃을 사진에 담고 나물과 약초를 유심히 살피기 시작했다.

그리고 그것을 사진으로 담아 냈다.
피나물을 꺾어 보면 안다.
꽃도 아파서 붉은 피를 흘린다는 것을.
민들레는 하얀 피,
애기똥풀은 노란 피...
그가 찍은 사진은 동자승의 천진한 마음이 들어가 있다.
그는 꽃들의 잎과, 가지와, 뿌리가
사람의 건강과 상처를 치유할 수 있다는 것을 누구보다도 잘 안다.

나물과 버섯과 약초.
어느 것 하나 허투루 피어나지 않는다.
삼라만상은 제각각 다 쓰여짐의 몫이 있다는 것을 형설 씨는 누구보다 잘 안다.
그는 자신이 삼문 빗장을 열고 닫을 법문의 재목이 아님을 일찌감치 알고 있었다.
그래서 그는 팔자소관대로 꽃과 약초와 나물을 찾아 나선 것이다.

나는 형설 씨의 꽃 책을 넘기며 그를 새롭게 만난다.
그가 사진으로 담아 낸 온갖 꽃과 약초와 봄나물들...
그가 꽃을 겨누고 있는 카메라...
나는 그 앵글 안에서 낫을 쥐고 풀을 바라보는 동자승의 그렁그렁한 눈빛을 느낀다.

세상 모든 꽃의 피고 짐은 다 눈물겹다.
그래도 이 피어남의 거룩한 순간을 보아라.
요 무상하게 아름다운 꼴!
흐르는 물 위의 나뭇잎처럼 이 아름다운 순간은 돌아오지 않는다.
꽃도 순간이요, 우리네 삶도 순간이다.
그래서 나는 형설 씨의 꽃 사진이 좋고, 나물을 보는 그의 시선이 부럽다.

아우여, 이 따사로운 봄날.
향기로운 책, 내게 보여줘서 진정 고맙구나!
그동안 강원도 포수처럼 빨빨거리고 꽃 사진 찍느라 고생했다.
축하한다.

머리말

　어린 시절 가끔 고개 들어 바라보는 하늘은 왠지 좁다는 생각을 늘 했었지요. 내가 태어나고 자랐으며 지금껏 살고 있는 이곳, 해발 1,200m 함백산 중턱 첩첩산중인 이곳, 사방이 산으로 막혀 있으니 그런 생각을 가질 만도 했지요. 대문만 나서도 산이었고, 뛰어놀 곳 또한 산이었습니다.

　석탄을 캐는 광부였던 아버님께, 일곱 식구의 생계를 책임지는 일은 버거웠을 것입니다. 때문에 생계에 조금이라도 보탬이 되고자 어머님은 시간이 날 때마다 산으로 가서서 나물이며 약초를 캐는 일을 하셨고, 자연스럽게 어머니를 따라 산에 가는 일이 많았습니다. 그때 어머님과 함께 나물을 뜯으며 보고 듣는 것, 약초를 캐는 일을 유난히 좋아했습니다. 어린아이의 눈에 비친 산은 신비로움 그 자체였지요.
　긴긴 겨울이 지나고 봄이 오면 어느새 피어오르던 파릇파릇한 새싹과 봄꽃들! 가시덤불을 헤치고 손이 붉게 물들도록 따 먹던 딸기와 머루, 다래들! 열매와 버섯들이며, 먹을 것이 천지에 널려 있던 산은 나에겐 좋은 놀이터였고, 산에만 가면 해질 무렵이 되어서야 집으로 내려오곤 했었지요.
　산에서 많은 시간을 보낸 유년 시절, 커다란 궁금증이 머릿속에 늘 자리하고 있었습니다. 나물 반찬이 주를 이루던 밥상에서 이것도 먹어라, 저것도 먹어라 하시는 말씀에 '다 그게 그거 같은데 왜 굳이 골고루 먹으라는 거지?'라는 의구심만 가득할 뿐 명확히 알 수 없었습니다.

　시간이 많이 지난 뒤 건강이 좋지 않아 산속 토굴에 홀로 살고 있다는 명의를 찾게 되었습니다. 어렵게 찾아갔더니 치료해 줄 생각은 하지 않고 한참을 묵묵히 있다가 묻는 것이었습니다.
　"젊은이 나이가 몇인가?"
　"서른입니다."
　"다시 건강을 찾고 싶은가?"
　"네. 예전처럼 건강해지고 싶어서 이렇게 찾아왔습니다."
　그분은 그제서야 조용히 입을 여셨습니다.
　"그럼 내가 시키는 것을 할 수 있는가? 치료법은 지금까지 살아온 시간을 되돌리는 것이네."
　그러면서 육류와 인스턴트 음식들을 줄이고, 자연이 주는 제철 나물들로 식습관을 바꾸면 건강을 찾을 수 있다고 말씀해 주셨지요.
　그때부터 다시 산에 오르기 시작했고, 어린 시절 어머님을 따라다니며 보고 배웠던 나물들을 다시 보게 되었습니다. 나물에 대한 남다른 애정이 마음속으로 훅 날아드는 것을 느끼는 순간이었습니다.

다시 찾은 산.

흔한 풀 한 포기, 꽃 한 송이, 열매 하나도 또 다른 신비로움으로 다가왔습니다. 365일, 사계절, 식물들은 잠시도 가만히 있지 않고 변화한다는 것을 알게 되었고, 그 모습들을 유심히 카메라에 담게 되었습니다. 그리고 어린 시절 궁금했던 것들을 풀어 보기로 했습니다. 나물을 왜 먹어야 하는지? 먹으면 몸에 어떻게 좋은지? 더 나아가, 독초는 어떤 것이 있는지? 독이 있는 식물들의 법제법, 그리고 나물의 적절한 채취 시기와 조리법, 보관법을 공부하게 되었습니다.

그동안 익혀 온 나물들에 대한 지식을 책으로 펴낸다는 것은 참으로 어려운 일이었습니다. 사람이 먹어야 할 나물들이었기에 올바른 정보가 무엇보다 중요했고, 바른 먹을거리를 제대로 알려야 한다는 생각 때문이었겠지요. 그래서 이 책에는 사진을 많이 실었습니다. 눈으로 보는 것이 백 번의 설명보다 더 많은 것을 말해 줄 것이기 때문입니다. 그리고 나물들의 성장 과정과 구별법, 채취 시기, 채취법, 조리법, 나물의 효능 그리고 먹어서는 안 되는 독초까지 실었습니다. 나물에 대해 공부하시는 분들에게 조금이라도 도움이 되었으면 하는 바람입니다.

옛 중국의서 《황제내경黃帝內經》에 '식보食寶는 약치藥治 위에 있고 예방은 치병治病 위에 있다.'라는 기록이 있습니다. 또 "옛 성인들은 이미 난 병은 치료하지 않고, 아직 생기지 않은 병을 치료했고, 이미 어지럽혀진 것은 바르게 잡지 않고, 아직 어지럽혀지지 않은 것은 바로잡았다고 함이 이를 두고 이름이다. 보통 병이 이미 생겨난 후 약을 쓰고, 어지럽혀진 후 바로잡으려 하니, 이는 목마른 자 우물 찾는 격이라, 문에서부터 병사로 하여금 지키게 하면 이는 늦은 것이 아니다."라고 했습니다.

이제 병을 예방하고 건강을 지키려면 우리 땅, 산과 들에 자생하는 나물로 안전하고 맛있는 식탁을 생각할 때입니다. 제철에 나오는 나물들로 건강한 삶을 영위하시길 기원합니다.

끝으로 가정에는 미흡한 모습만 보여 주면서 산을 오르는 저를 염려해 주시는 어머님과 분신인 두 아이에게 미안한 마음과 함께 감사를 드립니다. 그리고 직장 동료, 숲에서 힘든 산행을 함께 해 주신 산행지기님들, 나물에 관한 좋은 정보와 가르침을 주신 분들에게도 감사의 인사를 드립니다. 특히 추천사로 격려해 주신 김운경 드라마 작가님과, 이 책이 출판되기까지 협조를 아끼지 않으신 아카데미북의 양동현 사장님께도 깊은 감사를 드립니다.

2015년 봄날, 이형설

목차

추천사 _ 4 | 머리말 _ 6

나물 산행에 앞서 알아두어야 할 것

옷차림과 준비물 _ 14 | 나물 하는 법 _ 15 | 산나물과 독이 있는 식물 구별법 _ 17
나물 보관법과 조리법 _ 18 | 산나물, 들나물 장아찌 만드는 법 _ 20
산야초(생재) 식초 만드는 법 _ 21

산나물

각시취 ………… 24	광대수염 ………… 43	노루오줌 ………… 60
개곽향 ………… 25	구릿대 ………… 44	눈개승마 ………… 62
개미취 ………… 26	구와취 ………… 45	는쟁이냉이 ………… 63
개별꽃 ………… 27	구절초 ………… 46	단풍취 ………… 64
개시호 ………… 28	궁궁이 ………… 47	달래 ………… 65
거북꼬리 ………… 29	금낭화 ………… 48	당개지치 ………… 66
고려엉겅퀴 ………… 30	기름나물 ………… 49	당분취 ………… 67
고비 ………… 32	기린초 ………… 50	더덕 ………… 68
꿩고비 ………… 33	애기기린초 ………… 51	도라지 ………… 70
고사리 ………… 34	까실쑥부쟁이 ………… 52	돌단풍 ………… 72
왕지네고사리 ………… 36	까치고들빼기 ………… 53	둥굴레 ………… 74
참새발고사리 ………… 37	꿀풀 ………… 54	용둥굴레 ………… 75
고추나물 ………… 38	꿩의다리아재비 ………… 55	등골나물 ………… 76
고추냉이 ………… 39	꿩의비름 ………… 56	딱지꽃 ………… 77
곤달비 ………… 40	나비나물 ………… 57	땅두릅 ………… 78
곰취 ………… 41	노란장대 ………… 58	뚝갈 ………… 80
골무꽃 ………… 42	노랑갈퀴 ………… 59	마타리 ………… 81

돌마타리 ········· 82	서덜취 ········· 112	전호 ········· 144
만삼 ········· 83	속단 ········· 113	절굿대 ········· 145
멸가치 ········· 84	솔나물 ········· 114	졸방제비꽃 ········· 146
모시대 ········· 85	솔체꽃 ········· 116	좀꿩의다리 ········· 147
묏미나리 ········· 86	솜나물 ········· 117	좀담배풀 ········· 148
물레나물 ········· 87	솜방망이 ········· 118	쥐오줌풀 ········· 149
미나리냉이 ········· 88	송이풀 ········· 119	지치 ········· 150
미역취 ········· 89	수리취 ········· 120	짚신나물 ········· 151
밀나물 ········· 90	수영 ········· 121	참나물 ········· 152
바디나물 ········· 91	쉽싸리 ········· 122	큰참나물 ········· 153
바위솔 ········· 92	앵초 ········· 123	참당귀 ········· 154
박주가리 ········· 94	큰앵초 ········· 124	참마·마 ········· 156
박쥐나물 ········· 95	양지꽃 ········· 125	참반디·붉은참반디 158
박하 ········· 96	약모밀 ········· 126	애기참반디 ········· 159
방아풀 ········· 97	어수리 ········· 127	참배암차즈기 ········· 160
백하수오 ········· 98	얼레지 ········· 128	참취 ········· 161
벌깨덩굴 ········· 99	엉겅퀴 ········· 130	천궁 ········· 162
범꼬리 ········· 100	지느러미엉겅퀴 ··· 131	초롱꽃·섬초롱꽃 163
병풍쌈 ········· 101	큰엉겅퀴 ········· 132	큰뱀무 ········· 164
북분취 ········· 102	영아자 ········· 134	터리풀 ········· 165
비비추 ········· 103	오이풀 ········· 135	톱풀 ········· 166
비짜루 ········· 104	왜갓냉이 ········· 136	파드득나물 ········· 167
뻐꾹채 ········· 105	왜우산풀 ········· 137	풀솜대 ········· 168
사창분취 ········· 106	우산나물 ········· 138	하늘말나리 ········· 169
산마늘 ········· 107	원추리 ········· 139	향유 ········· 170
산부추 ········· 108	으아리·큰꽃으아리 140	호장근 ········· 171
산비장이 ········· 109	은분취 ········· 141	홀아비꽃대 ········· 172
삼지구엽초 ········· 110	잔대 ········· 142	활량나물 ········· 173
삽주 ········· 111	장대나물 ········· 143	황기 ········· 174

들나물

가락지나물 ……… 178	명아주 ………… 206	씀바귀 ………… 232
가막사리 ………… 179	모시풀 ………… 207	벋음씀바귀·벌씀바귀 233
갈퀴나물 ………… 180	무릇 …………… 208	선씀바귀 ……… 234
갓 ……………… 182	물냉이 ………… 209	좀씀바귀 ……… 235
개갓냉이 ……… 183	물칭개나물 …… 210	연꽃 …………… 236
개망초 ………… 184	미나리 ………… 211	왕고들빼기 …… 238
큰망초 ………… 185	민들레 ………… 212	유채 …………… 239
고들빼기 ……… 186	방가지똥 ……… 214	자리공 ………… 240
광대나물 ……… 187	큰방가지똥 …… 215	제비꽃 ………… 241
괭이밥 ………… 188	배초향 ………… 216	조뱅이 ………… 242
선괭이밥·애기괭이밥	뱀딸기 ………… 217	지칭개 ………… 243
·큰괭이밥 …… 189	벌개미취 ……… 218	질경이 ………… 244
깨풀 …………… 190	비름 …………… 219	차즈기 ………… 245
꽃다지 ………… 191	뽀리뱅이 ……… 220	참나리 ………… 246
꽃마리 ………… 192	사데풀 ………… 221	큰까치수염 …… 248
냉이 …………… 194	삽잎국화 ……… 222	털진득찰 ……… 249
달맞이꽃 ……… 196	소리쟁이 ……… 223	피마자 ………… 250
닭의장풀 ……… 198	쇠무릎 ………… 224	한련초 ………… 251
도깨비바늘 …… 199	쇠비름 ………… 225	황새냉이 ……… 252
돌나물 ………… 200	쇠서나물 ……… 226	
뚱딴지 ………… 201	쑥 ……………… 227	
머위 …………… 202	쑥부쟁이 ……… 228	
메꽃 …………… 204	미국쑥부쟁이 … 230	
애기메꽃 ……… 205	섬쑥부쟁이 …… 231	

나무나물

가래나무 ········ 254	마가목 ········ 276	오미자 ········ 294
고광나무 ········ 256	매발톱나무 ········ 277	으름덩굴 ········ 295
고추나무 ········ 257	머루 ········ 278	음나무 ········ 296
광대싸리 ········ 258	미역줄나무 ········ 279	조팝나무 ········ 297
구기자나무 ········ 259	박쥐나무 ········ 280	좀깨잎나무 ········ 298
국수나무 ········ 260	병꽃나무 ········ 281	죽순대 ········ 299
귀룽나무 ········ 261	복사나무[돌복숭아] 282	진달래 ········ 300
꾸지뽕나무 ········ 262	붉나무 ········ 283	찔레꽃 ········ 302
노박덩굴 ········ 263	뽕나무 ········ 284	차나무 ········ 304
누리장나무 ········ 264	산뽕나무 ········ 285	참죽나무 ········ 306
느릅나무 ········ 265	사위질빵 ········ 286	청가시덩굴 ········ 308
다래 ········ 266	산겨릅나무[벌나무] 287	청미래덩굴 ········ 309
개다래 ········ 268	산초나무 ········ 288	칡 ········ 310
두릅나무 ········ 270	초피나무 ········ 289	헛개나무 ········ 312
들메나무 ········ 272	생강나무 ········ 290	화살나무 ········ 314
등칡 ········ 273	아까시나무 ········ 291	회잎나무 ········ 315
딱총나무 ········ 274	오갈피나무 ········ 292	
땃두릅나무 ········ 275	가시오갈피나무 ··· 293	

바닷가나물

갯기름나물 ········ 318
갯까치수염 ········ 319
갯방풍 ············ 320
갯완두 ············ 321
갯질경이 ·········· 322
나문재 ············ 323
방석나물 ·········· 324
번행초 ············ 325
수송나물 ·········· 326
칠면초 ············ 327
퉁퉁마디 ·········· 328
해홍나물 ·········· 329

독이 있는 풀과 나무

개구리발톱 ········ 332
갯메꽃 ············ 333
괴불주머니 ········ 334
꽈리·가시꽈리 ···· 336
꿩의다리 ·········· 337
대극 ·············· 338
동의나물 ·········· 339
매발톱 ············ 340
모데미풀 ·········· 341
미나리아재비 ······ 342
미치광이풀 ········ 343
바람꽃 ············ 344
꿩의바람꽃 ········ 345
나도바람꽃 ········ 346
너도바람꽃 ········ 347
홀아비바람꽃 ······ 350
회리바람꽃 ········ 351
박새 ·············· 352
반하 ·············· 354
큰반하 ············ 355
백부자 ············ 356
복수초 ············ 357
산자고 ············ 358
삿갓나물 ·········· 359
상사화 ············ 360
노랑상사화 ········ 361
석산 ·············· 362
새모래덩굴 ········ 363
앉은부채 ·········· 364
애기앉은부채 ······ 365
애기나리 ·········· 366
애기똥풀 ·········· 367
여로 ·············· 368
옻나무 ············ 370
개옻나무 ·········· 371
요강나물 ·········· 372
윤판나물 ·········· 373
은방울꽃 ·········· 374
젓가락나물 ········ 376
족도리풀 ·········· 377
지리강활 ·········· 378
진범 ·············· 379
천남성 ············ 380
두루미천남성 ······ 381
철쭉 ·············· 382
큰연영초 ·········· 383
투구꽃 ············ 384
노랑투구꽃 ········ 385
파리풀 ············ 386
피나물 ············ 387
한계령풀 ·········· 388
할미꽃 ············ 390
현호색 ············ 392
흰독말풀 ·········· 393

나물 산행에 앞서 알아두어야 할 것

옷차림과 준비물

- 산행하기 전, 시간과 장소를 정하고 일기 예보를 본다(비 올 때를 대비해 비옷을 준비한다).
- 장갑, 긴 소매 웃옷, 긴 바지, 모자, 목수건, 등산화(스패치를 할 것)나 장화, 약초 괭이를 준비한다. 가시, 날카로운 나뭇가지 또는 곤충, 벌, 뱀한테서 몸을 보호하기 위해서이다.
- 배낭과 허리에 매는 보자기나 주머니를 준비한다.
- 물, 도시락, 비상 식량을 준비한다.
- 비상약품을 준비한다. 일회용 밴드, 소화제, 해열제, 진통제, 연고, 벌레 퇴치 스프레이, 칼, 바늘 등.
- 지도, 나침반, 무전기, 손전등, 호루라기, 밧줄 등을 준비한다(비상시를 대비해서).
- GPS를 준비하고 스마트폰(GPS앱 설치)을 휴대한다.
- 휴대전화가 잘되는지 확인한다. 전화가 되지 않는 곳에서는 동행자가 보이는 곳에서 산행한다.
- 산행 장소와 하산 시간을 미리 주변 사람에게 알려 둔다.
- 식물도감이나 나물도감을 준비한다. 나물과 독초를 구분하기 위해서 필요하다.

나물 하는 법

- 자연을 보호하고, 감사하는 마음으로 산행한다.
- 특산식물, 멸종위기식물, 희귀식물은 보호한다.
- 손으로 뜯는다(칼이나 호미 등을 사용하면 뿌리를 다치게 할 수 있다).
- 잎과 줄기를 나물로 하는 식물(참취·고사리·어수리 등)들은 뿌리째 뽑지 않는다(뿌리까지 뜯으면 뿌리가 다쳐 죽을 수 있으니 주의한다).
- 여러 포기나 군락을 이룬 곳이라도 조금씩만 채취하고, 주변 다른 식물들이 다치지 않게 조심한다.
- 냉이나 달래는 뿌리째 캐되, 한곳에서 많이 캐지 않는다.
- 더덕, 잔대, 도라지 같이 잎과 뿌리를 나물로 먹는 것은 가급적 잎만 채취하고, 뿌리는 큰 것만 골라 캔다(작은 뿌리는 그대로 둔다).
- 나무나 덩굴을 베거나 잘라서 나물을 채취하지 않는다.
- 도심이나 경작지 주변에 자라는 식물은 오염되었거나, 농약이 묻었을 가능성이 있으므로 채취하지 않는다.
- 솔잎혹파리 방제를 한 곳에서는 나물을 채취하지 않는다.
- 말벌이나 뱀, 멧돼지 등이 보이면 자극하지 말고, 그 자리를 빨리 피한다.
- 산나물과 비슷한 독초들도 많이 있으니 확실하게 아는 나물만 채취한다.

- 싹(고사리·취나물·엉겅퀴 등)의 일부만 뜯는다(뿌리를 뽑지 않도록 주의한다).
- 순(두릅·음나무 등) 전체를 채취하면 나무가 고사枯死하므로 맨 위의 순만 채취한다.
- 덩굴(다래·노박덩굴·으름덩굴 등)을 자르지 않고 심하게 당기지 않으며, 손이 닿는 곳만 채취한다.
- 나무(참죽나무·두릅·음나무·산겨릅나무·박쥐나무 등)를 자르지 않고 심하게 당기지 않으며, 손이 닿는 곳만 채취한다.
- 꽃(구절초·생강나무·진달래 등)은 번식을 위해 한 나무에서 많이 따지 않는다.
- 뿌리(더덕·잔대·황기·도라지 등)는 작은 것은 그대로 두고 큰 것만 골라 캔다.
- 국립공원, 자연보호 구역, 자연 휴식년제 구역은 식물 채취가 금지되어 있다.
- 국유림 : 식물 채취가 금지되어 있으며, 허가를 받고 입산한다.
- 사유지 : 소유자의 허락을 받고 입산한다.
- 금지된 곳에서 나물을 채취하면 〈산림 자원의 조성 및 관리에 관한 법률〉에 따라 7년 이하의 징역이나 2천만 원 이하의 벌금형을 받는다.

산나물과 독이 있는 식물 구별법

독초는 조금만 먹어도 구토·복통·설사·발진·현기증·호흡곤란 등의 부작용이 생길 수 있고, 심하면 생명을 잃게 될 수 있으니 주의한다.

- '나물'이라는 이름이 붙어 있는 독초들도 많으니 주의한다. 동의나물·삿갓나물·요강나물·윤판나물·젓가락나물·피나물 등.
- 나물은 잎이나 줄기를 뜯어 냄새를 맡아 보면 향긋한 냄새가 나는 반면, 독초는 역하거나 좋지 않은 냄새가 난다.
- 초식 동물들이 먹는 식물은 대부분 나물로 먹을 수 있다고 하고, 벌레 먹은 흔적이 있는 식물 또한 나물로 먹을 수 있다고 하지만, 그렇지 않은 경우가 종종 있으니 주의한다.
- 독초는 윤기 나는 것이 많이 있으므로 잎과 꽃, 열매에 유난히 윤기가 나면 주의한다. 개구리자리·앉은부채·산자고·윤판나물·은방울꽃·족도리풀·천남성 등.
- 독초는 독특하고 꽃이 화려한 것이 있으니 주의한다. 바람꽃 종류, 박새·여로·한계령풀·현호색·투구꽃 등.
- 독초는 꽃 색깔이 어두운 것도 있으니 주의한다. 미치광이풀·족도리풀 등.
- 독초는 나물과 비슷한 것들이 많이 있으니 주의한다. 꽈리·반하·큰반하·동의나물·모데미풀·미치광이풀·박새·산자고·삿갓나물·앉은부채·애기나리·여로·윤판나물·은방울꽃·족도리풀·지리강활·천남성·큰연영초·투구꽃·피나물 등.
- 식물의 맛을 보고 독초인지 구별하는 것은 매우 위험하다. 독이 혀끝에 살짝만 닿아도 중독 현상이 일어날 수 있기 때문이다.
- 독초가 피부에 닿으면 발진 현상이 일어나거나 가려움, 따가움을 느낄 수 있다. 손목 안쪽에 즙을 내어 바르면 물집이나 발진이 생기기도 한다.
- 확실히 아는 나물만 채취하는 것이 가장 중요하고, 전문가나 나물을 많이 뜯어 본 경험자에게 조언을 듣는 것이 좋은 방법이다.

나물 보관법과 조리법

- 나물을 채취한 후 이물질을 제거하고 먼지와 흙을 털어 내거나 물에 씻는다.
- 나물은 채취한 후 가능하면 빨리 생으로 먹거나 데쳐서 먹는 것이 좋다.
- 데친 나물은 물에 깨끗이 헹구어 냉장실에 보관한다.
- 데친 나물을 오랫동안 보관하려면 데친 물을 식혀 나물과 함께 냉동 보관한다. 데친 물을 함께 넣는 것은 맛과 향이 사라지지 않게 하기 위해서이다.
- 뿌리까지 채취하는 나물(냉이·달래·더덕·도라지·잔대 등)은 흙이 묻은 채로 신문지에 싸서 냉장실에 보관하면 신선도가 더 오래 유지된다.
- 나물을 데쳐서 말려 두었다가 나물이 없는 시기부터 이듬해 봄까지 먹는 것을 '묵나물'이라고 한다. 묵나물로 많이 먹는 고사리·취나물·엉겅퀴 등은 끓는 물에 데쳐서 햇볕에 바짝 말린다. 그러면 맛과 향이 오래 간다.
- 말린 나물은 서늘하고 바람이 잘 통하는 곳에, 비닐봉지나 지퍼팩에 밀봉하여 보관한다. 습기가 많은 곳이나 햇빛이 들어오는 곳에 두면 곰팡이가 필 수 있으니 주의한다.
- 습도가 높은 장마철이나 여름철에는 나물이 눅눅해졌는지 확인하고, 눅눅해졌으면 햇볕에 다시 말려서 보관한다.

조리법

- 산나물은 한두 종류만 먹는 것보다 여러 종류를 섞어서 먹으면 맛과 향이 더욱 좋다.
- 생이나 쌈, 데쳐서 먹는 나물, 국, 장아찌, 묵나물로 구분한다.
- 생이나 쌈으로 먹는 나물들은 고추장·된장·쌈장에 찍어 먹는다.
- 데쳐서 먹는 나물은 초고추장·고추장·된장·조선간장·파·마늘·참깨 등을 넣어 무치고, 들기름을 넣어 마무리한다. 이때 참기름을 넣으면 맛과 향을 느낄 수 없다.

묵나물 조리법

- 묵나물(고사리·취나물·엉겅퀴 등)이 충분히 잠기도록 찬물이나 미지근한 물을 붓고 1~2시간 정도 불린다.
- 불린 묵나물을 끓는 물에 20~30분 정도 줄기가 말랑말랑해질 때까지 삶는다. 지나치게 오래 삶으면 물러지고, 시간이 모자라면 뻣뻣해진다.
- 삶은 묵나물을 찬물에 헹구어 꼭 짠다.
- 채취할 때부터 뻣뻣한 종류의 묵나물은 물기를 꼭 짜지 않고 조리한다.
- 독이 있는 나물(얼레지·자리공·호장근 등)은 찬물에 충분히 우려낸다.
- 파·마늘·조선간장 등으로 양념하여 들기름에 볶는다. 삶은 것이므로 오래 볶지 않는다.

산나물, 들나물 장아찌 만드는 법

나물 장아찌 담그는 방법은 일반 고추나 마늘장아찌 담는 방법과 같다.

1 산나물과 들나물을 깨끗이 씻어 물기를 빼고 그늘에서 말린다.
2 항아리(용기)에 나물을 차곡차곡 넣는다.
3 간장·식초·술(청주)을 1 : 1 : 1의 비율로 함께 끓인 뒤 되도록이면 간장을 식혀서 붓는다. 매실이나 산야초 발효액을 첨가해도 좋다(짠맛은 간장 비율로 조정한다).
4 나물이 푹 잠기도록 간장을 붓고 들뜨지 않도록 돌로 눌러 놓는다.
5 담근 것은 냉장고에 보관하며, 3~4일 뒤에 다시 간장을 끓여서 붓는다(2~3회 반복하여 냉장 보관한다. 색깔이 진하면 소금을 넣는다).
6 기호에 따라 설탕이나 다른 양념을 추가한다. 설탕은 마늘·고추장아찌보다 훨씬 적게 넣어야 하며, 단맛을 싫어하면 아예 넣지 않아도 된다.
7 단시간에 장아찌를 먹고 싶을 때는 나물을 살짝 데쳐서 용기에 차곡차곡 담고 간장을 달여서 부으면 며칠 후에 먹을 수 있다. 나물을 데치지 않았다면 뜨거운 간장을 붓는다.

고추장·된장 장아찌 만드는 법

1 장아찌 담글 나물을 준비한다.
2 이물질을 제거하고 깨끗이 씻어서 물기를 뺀 뒤 그늘에서 말린다. 재료에 물기가 있으면 물이 생기고 변질될 수 있으므로 약간 꾸덕꾸덕하게 말리는 것이 좋다.
3 항아리 속의 고추장이나 된장에 나물을 박아 넣는다.
4 재료에 따라 2~4주가량 넣어 둔다. 깊은 맛을 원하면 2~3개월가량 넣어 둔다.

산야초(생재) 식초 만드는 법

식초는 우리 몸에 이로운 최고의 식품 중의 하나이다. 피와 살을 깨끗이 하고 혈액을 맑게 해 주는 작용으로 인체의 신진 대사를 촉진하여 자연 치유력을 높여 준다.

준비물
산야초(손질한 것) 1kg, 설탕 100g(이스트나 드라이이스트 1g, 또는 생막걸리나 누룩), 도자기 용기(입구가 좁은 것) 또는 갈색병(증발을 최소화하고 빛을 차단. 금속제품 불가)

만드는 순서
1 잡티나 이물질을 제거한다. ➪ 2 흐르는 물에 씻어서 물기를 빼 놓는다. ➪ 3 산야초를 잘게 자르거나 으깬다(이때 믹서기나 분쇄기는 사용하지 않는다). ➪ 4 용기의 70%만 채운다. ➪ 5 설탕과 이스트를 넣어 으깬 산야초와 잘 섞는다. ➪ 6 뚜껑 대신 한지나 면보를 이중으로 덮고 고무줄로 동여 맨다(공기 중의 초산균이 들어가야 식초가 되므로 밀봉하지 않아야 하며, 개미들이 고무 냄새를 싫어하여 접근하지 않는다). ➪ 7 덮개 위에 10원짜리 동전을 올린다. ➪ 8 보관 장소는 온도가 일정하고 직사광선이 들지 않는 곳이 좋으며 장소를 옮기지 않는 것이 좋다. ➪ 9 적정 온도는 26~29℃이다. ➪ 10 3~4개월 뒤, 초가 되어 10원짜리 동전이 초록색으로 변할 때 흰 초막이 생긴다. 이때는 자주 저어 준다. ➪ 11 재료(건지)를 거르고 나서 약 4~6개월가량 그대로 두면 풍미 있는 천연 산야초 식초가 완성된다.

먹는 방법
1 3~5배의 자연수로 희석해서 음료로 마신다. 위가 약한 사람은 식후에 바로 마신다.
2 요리 재료로 활용한다.

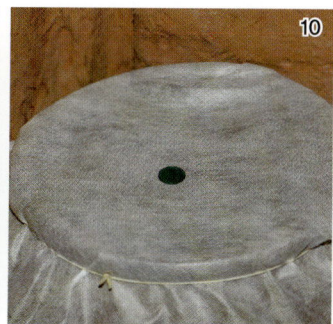

  # 산나물

↑ 꽃 핀 모습, 7월 16일

자라는 모습, 5월 7일 ↘

↑ 뜯은 나물, 5월 7일   묵나물 볶음, 11월 10일 ↗

↓ 새순이 올라오는 모습, 4월 30일   ↓ 많이 자란 모습, 5월 23일

각시취

미화풍모국 美花風毛菊, 나래취, 큰잎솜나물, 깨나물 · 색시취(방언)

국화과 / 취나물속 / 쌍떡잎식물
자라는 곳 산, 양지 바른 풀밭 크기 30~150cm
꽃 필 때 8~10월

잎의 앞뒷면에 작은 털이 있다가 꽃이 필 때쯤에는 없어진다. 줄기가 길게 깨처럼 올라와서 '깨나물'이라고도 한다. 자주색 꽃이 원줄기와 가지 끝에 핀다.

　민간에서는 몸에 상처가 났을 때 출혈을 멎게 하고, 그로 인한 통증을 없애는 용도로 각시취를 썼다. 봄철 춘곤증을 이기게 하는 대표적인 나물로, 잎에는 사우린saurine과 아스코르브산ascorbic酸 성분이 함유되어 있다. 해열(解熱 : 몸에 오른 열을 풀어 내림) · 진통(鎭痛 : 아픈 것을 가라앉혀 멎게 함) · 지혈(止血 : 나오는 피를 멎게 함) · 진해(鎭咳 : 기침을 멎게 함)의 효능이 있어, 감기로 인한 두통 · 간염 · 황달 · 고혈압 · 관절염 치료에 좋다. 풍을 제거하고 화火를 가라앉히며 습기를 없애는 효과가 있다.

나물의 채취와 이용	
시 기	4월 말~5월 중순
채취법	연한 잎을 뜯는다.
조리법	데쳐서 간장에 무친다. 된장국을 끓인다. 묵나물을 볶으면 맛과 향이 좋다.
음 식	나물 무침, 묵나물 볶음, 된장국
효 능	해열, 진통, 지혈
주 의	데칠 때 증기가 눈에 들어가면 매우므로 주의한다.

꽃 핀 모습, 7월 11일 ↑

↑ 새순이 올라오는 모습, 5월 7일   묵나물 볶음, 12월 31일 ↑

자람 모습, 5월 11일

개곽향
좀곽향

꿀풀과 / 쌍떡잎식물 / 여러해살이풀
자라는 곳 우리나라 전역, 산과 들의 약간 습한 곳　**크기** 30~70cm
꽃 필 때 7~8월

긴 타원형 잎은 마주나며 뒷면 잎맥에 짧은 털이 나 있다. 줄기는 사각형이고 밑쪽에 굵은 잔털이 있다. 꽃은 연한 붉은색으로 잎겨드랑이에서 핀다. 콩잎 '곽藿', 향기 '향香'인데 냄새가 나지 않아서 '개곽향'이 되었다.

민간에서는 염증이나 피부병에, 개곽향을 태워 얻은 재를 들기름에 개어 상처 부위에 발랐다. 항균 작용이 있어 식중독을 예방하고 입맛을 돋우며, 천연 방부제 역할을 한다. 생선 조림이나 국에 개곽향을 조금 넣으면, 음식이 상하기 쉬운 봄여름에도 쉽게 상하지 않는다. 개곽향 삶은 물로 양치를 하면 세균 억제 작용이 있어 입 냄새 제거에 좋고, 소화를 촉진하는 효과도 볼 수 있다. 가래·목감기·인후염·해수咳嗽·폐렴을 치료하는 데 좋다.

나물의 채취와 이용	
시 기	4월 말~5월 중순
채취법	연한 잎을 뜯는다.
조리법	데친 후 무친다. 생선 조림·생선 매운탕에 넣는다. 묵나물은 볶는다.
음 식	나물 무침, 묵나물 볶음, 생선 조림, 생선 매운탕
효 능	항균 작용
주 의	다른 나물과 섞어 조리하면 다른 나물 특유의 맛이 사라지므로 조금 넣는다.

군락을 이루어 새순이 자라는 모습, 5월 1일 | 뜯은 나물, 5월 1일 | 새순이 자라는 모습, 5월 1일

꽃 핀 모습, 7월 29일

자란 모습, 6월 11일 | 묵나물 볶음, 11월 25일

개미취

자완紫菀, 자원紫苑, 삼백채, 소판

국화과 / 쌍떡잎식물 / 여러해살이풀
자라는 곳 산기슭, 들판 크기 120~150cm
꽃 필 때 7~10월

 길쭉한 타원형 모양의 잎은 어긋나고, 뿌리에 달린 잎은 꽃이 필 무렵 없어진다. 꽃은 하늘색이나 연한 자주색으로 피며 10~11월에 맺는 열매는 수과(瘦果 : 씨는 하나로, 작고 익어도 터지지 않음)이고 털이 있다.
 민간에서는 개미취에 살충 효과가 있다고 해서 전초를 잘 말려 모깃불 대용으로 태웠으며, 냄새를 제거하기 위해 화장실이나 축사에 넣어 두기도 했다. 개미취에는 섬유질과 플라보놀의 유도체인 쿼세틴 quercetin 성분이 함유되어 있다. 급성질환보다는 만성질환에 효과적이고, 나물은 특히 기관지염과 폐질환에 좋다. 진해·거담祛痰·이뇨·항균 작용을 하여, 감기·몸살·천식·폐결핵성 기침·만성 기관지염을 개선하고 치료하는 데 도움이 된다.

나물의 채취와 이용

시기	4월 말~5월 중순
채취법	연한 잎을 뜯는다.
조리법	데쳐서 양념하거나 말려서 묵나물을 만든다. 생선 조림의 밑나물로 쓴다. 꽃을 말려서 차를 우려내어 마신다.
음식	나물 무침·볶음, 생선 조림 밑나물, 묵나물 볶음, 꽃차
효능	살충, 항균, 이뇨, 진해, 거담
주의	묵나물이 생나물보다 맛과 향이 좋다.

↑ 뿌리, 3월 30일

↑ 꽃 핀 모습, 4월 8일(꽃이 핀 것은 연한 부분만 꽃과 함께 뜯는다)   꽃과 싹이 올라오는 모습, 3월 30일(나물하기 좋은 때)↓

↑ 데쳐서 무침, 4월 7일   뿌리 초고추장 무침, 4월 7일↑

개별꽃
들별꽃

석죽과 / 쌍떡잎식물 / 여러해살이풀
자라는 곳 산의 숲, 들   크기 8~15cm
꽃 필 때 3~5월

개별꽃은 산과 들에서 흔히 볼 수 있는 여러해살이풀이다. 큰개별꽃과의 차이는 키에 있는데, 이름과 반대로 키가 크면 개별꽃, 키가 작으면 큰개별꽃이다. 흰털이 있는 줄기는 뿌리 하나에서 1~2개씩 나온다. 바소꼴 잎은 마주나고 위로 갈수록 작아진다. 앙증맞은 하얀색 꽃은 꽃잎과 꽃받침을 각각 5개씩 가진다. 열매는 둥근 달걀 모양으로 6~7월에 익는다.

  민간에서는 뿌리를 '태자삼太子參'이라 하는데 먹어 보면 인삼맛이 난다. 열이 많아 인삼을 먹지 못하는 사람이 인삼 대용으로 먹으면 좋다. 또한 기를 보해 주는 효능이 있어 폐가 약해 잔기침을 하는 사람에게 좋다. 개별꽃과 유근피(느릅나무 뿌리껍질)를 함께 달여 먹으면 위장이 튼튼해진다.

나물의 채취와 이용	
시기	3월 초~4월 초 : 잎 초봄, 늦가을 : 뿌리
채취법	연한 잎과 뿌리를 채취한다.
조리법	데쳐서 무친다. 손질한 뿌리를 초고추장에 무친다.
음식	나물 무침, 뿌리 초고추장 무침
효능	기혈 보강
주의	뿌리를 씻어 햇볕에 한나절 말린 후 비벼 잔뿌리를 제거한다.

↑ 꽃 핀 모습, 7월 20일

↓ 자라는 모습, 5월 10일 　　↓ 자란 모습, 5월 23일 　　새순이 올라오는 모습, 4월 6일 →　　↑ 뜯은 나물, 5월 15일 　　묵나물 볶음, 11월 3일 ↓

개시호

큰시호, 대엽시호 大葉柴胡

산형과 / 쌍떡잎식물 / 여러해살이풀
자라는 곳 깊은 산의 풀밭, 나무 밑　크기 40~150cm
꽃 필 때 7~8월

잎은 2줄로 어긋난다. 뿌리에 달린 긴 타원형 잎은 모여 나며 잎자루가 길다. 줄기에 달린 잎은 잎자루가 없고 밋밋하다. '시호'를 닮아서 '개시호'라 불리는데 잎이 '시호'보다 넓고 원줄기를 감싸는 것이 특징이다. 뒷면은 회백색이고 잎맥이 뚜렷하다. 줄기나 가지 끝에 노란색 꽃이 5~13개씩 복산형꽃차례로 핀다. 자주색 열매는 타원형으로 달리며 골돌과(蓇葖果 : 여러 개의 씨방으로 이루어졌으며, 익으면 벌어짐)이다.

　민간에서는, 대표적인 여성 질환인 월경불순과 생리통을 치료한다고 하여 개시호를 나물로 많이 먹었다. 해열 · 소종消腫 · 진정 · 진통 · 발한 작용이 있어 감기와 몸살, 어지럼증이나 입이 쓴 증상이 있을 때 먹으면 효과를 볼 수 있다.

나물의 채취와 이용	
시 기	5월 초~ 6월 중순
채취법	연한 잎과 줄기를 뜯는다.
조리법	고추장 · 된장에 찍어 먹는다. 데친 후 무친다. 묵나물은 볶는다.
음 식	쌈, 나물 무침, 묵나물 볶음
효 능	월경불순과 생리통을 완화하고 개선한다.
주 의	-

꽃 핀 모습. 7월 24일 ↑

↑ 뜯은 나물. 5월 8일

묵나물 볶음. 5월 12일 ↓

자란 모습. 6월 6일

꽃대가 올라오는 모습. 6월 20일 ↑

자란 모습. 6월 6일 ↑

거북꼬리

큰거북꼬리, 거복꼬리

쐐기풀과 / 쌍떡잎식물 / 여러해살이풀
자라는 곳 계곡의 숲, 약간 그늘진 곳 **크기** 1m
꽃 필 때 7~8월

잎 가장자리에 톱니가 양쪽으로 4~5개 일정하게 나 있는 것이 거북이 모양을 닮았다. 달걀 모양의 잎은 마주나고 끝이 3갈래로 갈라지는데, 가운데 갈라진 조각이 거북이 꼬리처럼 길게 뻗친다. 네모진 줄기는 곧게 자라며 붉은색을 띤다. 꽃은 연한 녹색으로 잎겨드랑이에 달리고 암꽃은 여러 개가 모여 작은 공 모양을 이룬다. 열매 역시 여러 개가 모여 둥근 모양으로 달린다.

민간에서는 거북꼬리의 줄기를 천연 섬유 재료로 사용했다. 상처가 났을 때 피를 멎게 하고 몸속의 열과 독을 없애는 작용이 있다. 소변에 피가 섞여 나오는 증상을 치료하는 효능이 있다.

나물의 채취와 이용	
시기	5월 초~5월 중순
채취법	어리고 연한 잎과 줄기를 뜯는다.
조리법	데쳐서 무친다. 묵나물은 볶는다. 연한 잎으로 장아찌를 담근다.
음식	나물 무침, 묵나물 볶음, 장아찌
효능	지혈, 제독, 혈뇨 치유
주의	-

↓ 자라는 모습, 5월 18일(나물하기 좋은 때)

↑ 꽃과 큰흰줄나비, 8월 14일

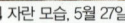
↓ 새순이 올라오는 모습, 5월 8일   ↓ 자란 모습, 5월 27일   ↓ 뜯은 나물, 5월 18일   곤드레밥, 1월 10일 ↓

고려엉겅퀴

곤드레, 곤드레나물, 구멍이, 딱죽이(방언)

국화과 / 쌍떡잎식물 / 여러해살이풀
자라는 곳 산과 들 크기 50~100cm
꽃 필 때 7~10월

바람이 불면 잎이 술 취한 사람처럼 흔들거려서 '곤드레'다. 줄기 속이 비어 꺾었을 때 딱 소리가 나서 '딱죽이'라고도 한다. 먹을 것이 많지 않던 시절, 밥의 양을 늘리는 구황식물로 이용했다. 줄기는 곧게 서고 가지는 사방으로 퍼진다. 붉은자줏빛 꽃은 원줄기와 가지 끝에 한 송이씩 핀다. 열매는 수과로 긴 타원형이며 11월에 익는다.

민간에서는 관절염에 좋다고 생잎을 쌈으로 먹었다. 잎에는 알칼로이드·정유·비타민 A·단백질·칼슘·섬유질·탄수화물·무기질 등이 풍부하다. 피부 미용·다이어트·피로 해소·혈액순환에 효과가 크다. 코피·토혈·소변 출혈·자궁 출혈 등에 지혈 작용을 하며, 고혈압·당뇨병·감기·폐렴·장염·대하증·종기·피부염에도 좋다. 위가 약하거나 설사가 잦은 사람은 많이 먹지 않는 것이 좋다.

나물의 채취와 이용	
시기	5~6월
채취법	연한 잎과 순을 뜯는다.
조리법	간장, 된장에 무친다. 된장국을 끓여 먹는다. 묵나물로 볶음·죽·밥을 한다.
음식	쌈, 나물 무침, 묵나물 볶음, 나물밥, 죽, 된장국·찌개, 장아찌
효능	항산화, 항염, 간 보호
주의	위가 약하거나 설사를 자주 하는 사람은 한번에 많이 먹지 않는다.

곤드레나물 말리는 법

1 곤드레나물을 물에 씻어서 준비한다. 2 끓는 물에 천일염을 약간 넣고 데친다(소금을 넣으면 끓는점이 높아져 데치는 시간이 줄고, 나물 색이 선명해진다). 3 데친 나물은 찬물에 헹구어 햇볕이 적당한 곳에서 말린다(아파트 베란다에서 말릴 때는 빨래 건조대에 얹으면 더 빨리 마른다).

곤드레밥 만드는 방법

재료 곤드레, 불린 쌀, 소금, 들기름, 물(밥용) 양념장 간장, 참기름, 다진 마늘, 다진 파, 후추·깨소금 약간씩

1. 쌀을 씻어서 30분가량 불린다. 2 끓는 물에 곤드레나물을 넣어 살짝 데쳐서 물에 헹구어 물기를 빼고 꼭 짜서 잘게 썬다. 3 2의 곤드레에 들기름과 소금을 넣고 간이 배도록 무친다. 4 쌀만 건져서 냄비에 담고 양념해 놓은 곤드레를 얹고 밥물을 붓는다. 5 약한 불에서 밥을 짓다가 밥이 거의 다 됐을 때 주걱으로 위아래를 고루 섞은 뒤 뜸을 들인다. 6 곤드레밥이 뜸드는 동안 양념장을 만든다. 7 곤드레밥을 그릇에 퍼 담고 양념장을 넣고 비벼 먹는다.

↑ 영양엽 싹이 올라오는 모습. 4월 9일(나물하기 좋은 때)   자라는 모습. 4월 25일 ↓

↑ 잎이 펼쳐지는 모습. 4월 18일   고비파전. 12월 5일 ↓

고비

구척, 고비나물, 꼬치미

고비과 / 양치식물 / 여러해살이풀
자라는 곳 산의 습기 있는 곳 크기 60~100cm
홀씨 맺는 시기 3~5월

짧고 굵은 땅속줄기에는 실뿌리가 나 있으며 많은 잎이 뭉쳐 난다. 주먹처럼 둥글게 감겨 있는 어린잎은 하얀 솜털로 덮여 있다. 영양엽은 새 깃털 모양으로 2회 갈라지고, 창처럼 길고 뾰족한 잎조각 가장자리에는 톱니가 있다. 영양엽보다 먼저 나오는 포자엽은 곧게 서고 자루가 있다. 잎 조각은 줄 모양으로 짙은 갈색이며 포자낭이 포도송이처럼 빼곡히 달린다. 포자는 9~10월에 익는다. 채취할 때는 잎이 펴지기 전에 어리고 부드러운 싹을 꺾어야 한다.

민간에서는 구충제로, 뿌리를 캐서 말려 달여 먹거나 가루를 내어 복용했다. 비타민 A·B·C, 단백질·펜토산·니코틴산 등이 들어 있어 시력 보호에 좋다. 해열·지혈·구충 작용을 하여, 감기·코피·토혈·혈변·과다월경·기생충 구제에 효과가 있다.

나물의 채취와 이용	
시기	봄
채취법	잎이 펴지기 전에 어리고 부드러운 싹을 꺾는다.
조리법	데쳐서 들깻가루를 넣어 무친다. 탕·산적·파전을 한다. 묵나물은 볶는다.
음식	묵나물 볶음, 산적, 탕, 파전
효능	해열, 지혈, 구충
주의	묵나물을 불려 떫은맛을 우려낸다.

↑ 영양엽 싹이 올라오는 모습, 4월 9일(나물하기 좋은 때)

↑ 영양엽 싹이 올라오는 모습, 4월 9일(나물하기 좋은 때)   자라는 모습, 4월 15일(이때도 나물하기 좋다) ↑

↑ 꺾은 모습, 4월 15일   들깻가루 볶음, 10월 5일 ↑

꿩고비

청고비 · 청고비나물(방언)

고비과 / 양치식물 / 여러해살이풀
자라는 곳 산의 습기 있는 곳   크기 30~80cm
홀씨 맺는 시기 7~9월

굵은 뿌리줄기 끝에 잎이 모여 나며, 어린잎은 주먹처럼 둥글게 감겨 하얀 솜털로 덮여 있다. 잎은 곧게 서고 끝 부분이 뒤로 젖혀진다. 영양엽은 끝이 뾰족하고 새의 깃털 모양으로 갈라지며 황색을 띤 녹색이다. 포자엽은 작고, 새의 깃털 모양으로 2회 갈라지며, 포자낭은 붉은 갈색이다. 꺾은 싹은 빨리 세므로, 채취할 때 밑부분을 손으로 꼭 눌러 물이 나오게 해야 부드러운 나물을 먹을 수 있다. 하얀 솜털은 손으로 훑거나, 물에 데친 후 손으로 치대 제거한다.

민간에서는 대변 출혈이 있을 때 지혈하기 위해 꿩고비의 뿌리를 달여 환부를 씻었다. 해열 · 지혈 · 구충 등의 작용이 있어 감기 · 토혈 · 혈변 · 자궁 출혈 · 대하증을 치료하고, 촌충 등의 기생충을 구제하는 효능이 있다.

나물의 채취와 이용	
시 기	봄
채취법	잎이 펴지기 전에 어리고 부드러운 싹을 꺾는다.
조리법	물에 불린 뒤 삶아 볶는다. 산적이나 전을 만든다. 탕을 끓일 때 넣는다.
음 식	묵나물 볶음, 산적, 탕
효 능	해열 · 지혈 · 구충
주 의	묵나물을 불려 떫은맛을 우려낸다.

↑ 고사리에 앉은 왕자팔랑나비

자라는 모습, 5월 15일

↓ 자라는 모습, 5월 15일   ↓ 자라는 모습, 5월 15일   ↑ 꺾은 모습, 5월 15일   생선 조림, 5월 25일 ↓

고사리

구사리(방언)

고사리과 / 양치식물 / 여러해살이풀
자라는 곳 양지 바른 산과 들   크기 30~100cm
홀씨 맺는 시기 7~9월

9월까지 꺾을 수 있다고 해서 '구사리'라고도 하는 고사리는, 꽃이 피지 않고 홀씨로 번식하는 양치식물이다. 잎자루는 연한 황토색이고 땅에 묻혀 있는 부분에는 털이 있다. 작은 잎 조각은 갈라지지 않고 길게 자라며 줄기 가장 아래 잎이 제일 크다. 채취할 때, 꺾은 부분을 손으로 꼭 눌러 물이 나오게 하면 시간이 지나도 부드럽다. 삶은 후 말리지 않은 고사리는 미끌거리므로 되도록 말리는 것이 먹기 좋다.

민간에서는 잔병치레를 많이 하는 사람과 불면증이 있는 사람에게 고사리를 먹였다. 석회질이 풍부해 뼈를 강화하고 골다공증을 예방하는 효능이 있으며, 철분이 풍부하여 빈혈 치료에도 좋다. 피부 미용·면역력 강화·다이어트에 효과가 있고, 살균·해독 작용을 한다. 고사리를 장복하면 남성력을 약하게 하므로 꾸준히 먹지 않는다.

나물의 채취와 이용	
시 기	봄~초여름
채취법	잎이 펴지지 않은 어린 순을 꺾는다.
조리법	데쳐서 1~2일 우려내어 미끈거리는 식감을 제거한다.
음 식	나물 무침. 들깨 넣어 볶음. 육개장·닭개장·생선 조림 밑나물
효 능	살균·해독 작용
주 의	오랫동안 많이 먹으면 남성의 성 기능이 약해진다.

불난 자리에 고사리와 둥굴레가 먼저 난다. 고사리 단풍

↑ 자라는 모습, 4월 26일(나물하기 좋은 때)

자란 여름 모습, 8월 4일 ↓

↑ 새순이 올라오는 모습, 4월 20일

↑ 자라는 모습, 4월 26일(나물하기 좋은 때)   산적, 1월 8일 ↓

왕지네고사리

청고비 · 청고사리 (방언)

면마과 / 양치식물 / 여러해살이풀
자라는 곳 깊은 산, 숲 속 **크기** 60cm
홀씨 맺는 시기 8월

굵고 짧은 뿌리에서 잎이 모여 나며 잎자루는 광택이 나고 넓은 피침형이다. 둥근 달걀 모양의 기다란 잎몸은 새의 깃털처럼 2회 갈라지고 끝이 뾰족하다. 우편(羽片 : 양치식물의 쪽잎 하나)은 창처럼 긴 계란형이고, 소우편은 끝에 뾰족한 톱니가 있다. 포자낭군은 작은 잎 조각의 중축을 이루는 큰 맥에 1열로 달리고 포막은 둥근 콩팥 모양이다. 채취할 때, 꺾은 부분을 손으로 눌러 세는 것을 막고, 손으로 훑어 털을 제거한다. 데친 뒤에 손으로 치대면 쉽게 털을 제거할 수 있다.

민간에서는 불면증에 뿌리를 말려 달인 물을 마셨다. 해열 · 이뇨 작용이 있어 몸의 열을 내려 주고 독소를 배출하는 효과를 볼 수 있다.

고혈압 환자는 나물을 한번에 많이 먹지 않는다.

나물의 채취와 이용	
시 기	봄
채취법	잎이 펴지기 전 어린 싹을 꺾는다.
조리법	묵나물은 볶는다. 탕 · 산적에 넣는다.
음 식	묵나물 볶음, 탕, 산적
효 능	해열, 이뇨, 독소 배출
주 의	고혈압 환자는 나물을 한번에 많이 먹지 않는다.

↑ 자라는 모습. 5월 3일(이때도 나물하기 좋다)

↑ 싹이 올라오는 모습. 4월 28일(나물하기 좋은 때)   자란 여름 모습. 8월 20일 ↓

↑ 꺾은 모습. 5월 3일   묵나물 볶음. 10월 3일 ↓

참새발고사리

팥고비·팥고사리(방언)

면마과 / 양치식물 / 여러해살이풀
자라는 곳 산의 그늘진 곳   크기 60cm
홀씨 맺는 시기 8월

뿌리줄기는 짧고 덩이를 이루며 잎이 무더기로 나온다. 잎은 깃털 모양으로 3회 깊게 갈라지고 난상 피침형이다. 잎조각은 긴 타원형으로 끝이 뾰족하다. 포자낭군(홀씨주머니 무리)은 잎 뒷면 중앙에 1열로 달리고 갈고리 모양의 포막이 있다. 잎이 펴지기 전의 어린 싹을 채취한 뒤, 꺾은 부분을 손으로 눌러 세는 것을 막아 준다. 손으로 훑어 털을 제거한다. 데친 뒤에 손으로 치대면 쉽게 털을 제거할 수 있다.

민간에서는 회충·요충 등의 기생충을 구제하기 위해, 뿌리를 캐어 잔뿌리를 제거한 뒤 말려서 달여 마셨다. 물 항아리에 뿌리를 넣어 놓으면 물속의 벌레와 균을 제거하여 여름철 식중독을 예방한다고 한다. 해열·해독·살충·살균 등의 작용을 하기 때문에 감기·장염·이질 등을 치료하고 기생충을 구제하는 효능이 있다.

나물의 채취와 이용	
시 기	봄
채취법	잎이 펴지기 전 어린 싹을 꺾는다.
조리법	묵나물은 볶는다. 탕·전에 넣는다.
음 식	묵나물 볶음, 탕, 전
효 능	해열, 해독, 살충, 살균
주 의	고혈압 환자는 나물을 한번에 많이 먹지 않는다.

↓ 새순이 자라는 모습, 5월 11일(나물하기 좋은 때)

↑ 꽃 핀 모습, 8월 10일

↓ 새순이 올라오는 모습, 4월 23일   ↓ 뜯은 나물, 5월 11일   ↓ 열매 맺은 모습, 10월 18일   묵나물 볶음, 11월 5일 ↓

고추나물

배초, 배향초, 소연교小連翹, 고추풀(방언)

물레나물과 / 쌍떡잎식물 / 여러해살이풀
자라는 곳 습기 있는 산기슭, 개울가 크기 20~60cm
꽃 필 때 7~8월

하늘을 향해 자라는 작은 열매 모양이 고추를 닮았다. 잎은 마주나고, 잎자루가 없는 것이 특징이다. 꽃은 가지 끝에 취산꽃차례를 이루며 많이 달린다. 열매는 삭과(蒴果 : 익으면 과피가 말라 쪼개지면서 씨를 퍼뜨리는, 여러 개의 씨방으로 된 열매)로 10월에 익는다.

민간에서는 여름에 잎을 채취하여 말려 구충제로 사용했다. 타박상·종기·외상 출혈·코피·토혈·혈변·월경불순에 효과가 있다. 몸속에 수습[水]이 고여 눈과 얼굴, 팔, 다리, 가슴과 배 등 온몸이 붓는 질환을 '수종水腫'이라 하는데 고추나물을 먹으면 수종이 개선된다.

그러나 형광물질의 일종인 히페리진hiperzine이 들어 있으므로 한번에 많은 양을 먹는 것은 좋지 않다.

나물의 채취와 이용	
시 기	5월
채취법	어리고 연한 잎과 줄기를 뜯는다.
조리법	데쳐서 1~2일 정도 우려낸 후, 간장이나 소금에 무친다.
음 식	나물 무침
효 능	구충, 수종 개선
주 의	히페리진이 들어 있으므로 한번에 많이 먹지 않는다.

꽃 핀 모습, 5월 13일

↑ 나물하기 좋은 때, 5월 7일   뜯은 나물, 5월 7일 ↓

↑ 땅속줄기, 5월 1일   장아찌, 6월 10일 ↑

고추냉이

와사비냉이 · 매운냉이 (방언)

십자화과 / 쌍떡잎식물 / 여러해살이풀
자라는 곳 산속의 물이 흐르는 곳, 울릉도 크기 30cm
꽃 필 때 4~5월

매운맛이 나고 꽃이 냉이를 닮아서 '고추냉이'다. 잎은 심장형으로 둥글고 가장자리에 톱니가 있다. 꽃은 흰색이고, 과실은 견과(堅果 : 씨는 하나로, 단단한 껍데기에 싸여 있는 열매)로 구부러지고 돌기가 있다. 잎은 깨끗이 씻어 고기를 싸 먹거나 장아찌를 담가 삼겹살이나 수육을 싸 먹는다. 뿌리(땅속줄기)는 갈아서 생선회를 찍어 먹는데 향과 맛이 독특하다.

민간에서는 잇몸질환과 충치를 예방하는 데 고추냉이를 썼다. 또한 몸 안의 습기를 제거하는 효능이 있다고 하며, 생선 중독에는 고추냉이 잎을 생으로 먹었다. 비타민 C가 풍부하여 식욕을 증진시키고, 두통·발한·편도선염·급성폐렴에 효과가 있다. 류머티즘과 신경통에는 생 뿌리를 찧어 환부에 바르면 효과가 좋다. 강력한 항균 작용이 있어 식중독 예방에 탁월한 효능이 있다.

나물의 채취와 이용	
시기	5월
채취법	부드러운 잎과 꽃봉오리, 땅속줄기를 채취한다.
조리법	장아찌를 담근다. 땅속줄기를 갈아서 생선회를 찍어 먹는다.
음식	잎·꽃 : 쌈, 장아찌 땅속줄기 : 향신료
효능	식욕 증진, 항균
주의	자극성이 강하므로 한번에 많이 먹지 않는다.

↑ 나물하기 좋은 때, 5월 7일 　　곰취(좌)와 곤달비(우) 비교 사진, 5월 10일 ↓

↑ 꽃 핀 모습, 8월 19일

↑ 뜯은 나물, 5월 7일　　장아찌, 6월 9일 ↓

곤달비

곰달유

국화과 / 쌍떡잎식물 / 여러해살이풀
자라는 곳 남부 지방, 깊은 산 습지　크기 60~90cm
꽃 필 때 8~9월

　곤달비의 잎과 꽃은 곰취와 거의 비슷한데, 잎의 크기가 곰취보다 작다. 잎은 심장 모양으로 둥글며 밑동이 깊게 패어 있다. 줄기에서 나는 잎은 3장 내외이고, 노란색 꽃은 줄기 끝에 총상꽃차례로 달리며 밑에서 위로 핀다. 열매는 수과로 10월에 익는다. 맛과 향이 좋아 쌈채소로 각광을 받는 나물이다.

　민간에서는 곤달비에 혈당을 낮추고 당뇨와 관절염을 치료하는 효능이 있다고 믿었다. 곤달비는 폐에 특히 좋고, 감기·천식·황달·고혈압·부인병에 좋은 효능이 있다.

나물의 채취와 이용	
시 기	5월
채취법	연한 잎과 줄기를 뜯는다.
조리법	생으로 또는 장아찌를 담가서 삼겹살을 싸 먹는다. 데쳐서 된장에 무친다.
음 식	쌈, 겉절이, 된장 무침, 묵나물 볶음, 장아찌
효 능	혈당 저하, 폐 기능 강화
주 의	-

↑꽃 핀 모습, 9월 26일

↑뜯은 나물, 쌈, 5월 10일　　장아찌, 5월 24일↓

↑나물하기 좋은 때, 5월 10일　　꽃대가 올라오는 모습, 7월 29일↓

곰취
곰밭바닥나물(방언)

국화과 / 쌍떡잎식물 / 여러해살이풀
자라는 곳 고산지대의 습지　크기 1~2m
꽃 필 때 7~9월

곰취의 잎은 심장 모양으로 크고 둥글다. 잎은 녹색이고 뒷면은 엷은 녹색을 띤다. 잎 가운데에서 자주색을 띤 꽃대가 올라오며 꽃은 노란색이다. 줄기에 넓은 잎이 3~4장 달린다.

민간에서는 곰취에 섬유질이 많아 쌈채소로 먹으면 변비에 좋다고 했고, 비타민 C가 풍부하여 노화 방지에 특효가 있다고 했다. 고기를 구워 먹을 때 쌈채소로 좋고, 장아찌를 담가 먹으면 색다른 맛이 있다.

곰취는 암세포의 성장을 억제하는 효능이 있고, 기 순환을 조절하여 혈액순환을 촉진함으로써 통증을 풀어 주는 작용을 한다. 따라서 기침·해수咳嗽·기관지염·각혈을 치료하는 효과가 있고 근육통·타박상·몸살에도 좋다.

음액陰液이 많은 사람은 나물을 먹지 않는 것이 좋다.

나물의 채취와 이용	
시 기	봄~초여름
채취법	연한 잎과 줄기를 뜯는다.
조리법	생쌈(삼겹살). 겉절이. 장아찌를 만든다. 묵나물은 볶는다.
음 식	생쌈. 겉절이. 나물 무침. 묵나물 볶음, 장아찌
효 능	변비 해소, 노화 방지, 진통, 항암
주 의	음액陰液이 많은 사람은 나물을 먹지 않는다.

자라는 모습, 4월 19일(이때도 나물하기 좋다)

↓ 꽃 핀 모습, 5월 20일

↓ 뜯은 나물, 4월 19일

꽃 핀 모습, 5월 20일   나물 무침, 4월 20일 ↓

골무꽃

골무, 연관초烟管草, 한신초韓信草

꿀풀과 / 쌍떡잎식물 / 여러해살이풀
자라는 곳 산기슭, 숲 가장자리   크기 15~30cm
꽃 필 때 5~6월

열매가 골무를 닮아서 '골무꽃'이다. 줄기는 곧게 서고 모나며 짧은 털이 있다. 둥근 심장 모양의 잎은 마주나고 양면에 털이 나 있으며 가장자리에 톱니가 있다. 자주색 꽃은 총상꽃차례를 이루며 핀다. 열매는 골돌과로 7월에 익는다.

　민간에서는 타박상과 벌레에 물렸을 때 골무꽃의 생잎을 짓찧어 환부에 발라 치료약으로 사용했다. 거풍(祛風 : 밖으로부터 들어온 풍사風邪를 없앰)·활혈(活血 : 혈액순환을 원활하게 함)·해열·해독·지통(止痛 : 통증을 멈춤)의 효능이 있어 각종 통증과 위장병·폐렴에 효과가 있다.

나물의 채취와 이용

시 기	봄
채취법	연한 잎과 순을 뜯는다.
조리법	데친 후 무친다. 생선 조림 밑나물을 한다. 묵나물은 볶는다.
음 식	나물 무침, 묵나물 볶음, 생선 조림 밑나물
효 능	해열, 해독, 지통
주 의	—

↑꽃 핀 모습, 5월 4일　묵나물 볶음, 12월 1일↓　　새순이 올라오는 모습, 4월 26일(나물하기 좋은 때)　꽃 핀 모습, 5월 4일↓　　꽃 핀 모습, 5월 4일↓

광대수염

수모야지마鬚毛野芝麻, 꽃수염풀, 산광대

꿀풀과 / 쌍떡잎식물 / 여러해살이풀
자라는 곳 숲속의 그늘진 곳　크기 30~60cm
꽃 필 때 4월 말~6월

꽃 모양이 광대나물과 비슷하고 꽃받침에 난 털이 수염 같아서 무대 위의 삐에로를 연상시키는 독특한 모습이다. 잎은 뾰족하고 밑부분은 둥근 심장 모양이다. 줄기는 네모지고 털이 있다. 꽃은 흰색이나 연한 홍자색으로 5~6송이씩 모여 핀다. 열매는 7~8월에 달린다.

　음식을 할 때 생선 조림 밑나물로 쓰기 좋고, 묵나물은 간장이나 된장에 볶아 먹는다. 꽃은 잘 말려 차로 우려 마신다.

　민간에서는 꽃을 달여 마시면, 여성은 월경불순, 자궁 질환에 좋고 남성은 비뇨기 질환에 좋다고 한다. 감기·토혈·혈뇨·종기·타박상에도 잘 듣는 효능이 있다. 그러나 한번에 지나치게 많은 양을 섭취하면 혈액 또는 말초 신경계에 장애를 초래할 수 있으므로 조금씩 먹는다.

나물의 채취와 이용	
시기	봄(꽃봉오리가 생기기 전)
채취법	연한 잎과 줄기, 꽃을 채취한다.
조리법	데쳐서 무치거나 볶는다. 된장국을 끓인다.
음식	나물 무침, 묵나물 볶음, 된장국
효능	월경불순, 자궁 질환(여성), 비뇨기 질환(남성) 치료
주의	많이 먹으면 혈액 또는 말초 신경계 장애를 일으킬 수 있다.

↑ 새순이 올라오는 모습, 4월 30일(나물하기 좋은 때)   자라는 모습, 5월 16일(이때도 연한 잎을 나물하기 좋다) ↓

↑ 꽃봉오리 모습, 6월 16일

↑ 자란 모습, 5월 29일   데쳐서 초고추장 무침, 5월 2일 ↓

구릿대

백지白芷, 흥안백지興安白芷, 굼배지, 구리대

미나리과 / 쌍떡잎식물 / 두해살이 또는 여러해살이풀
자라는 곳 산과 들, 산기슭 물가 크기 1~2m
꽃 필 때 6~8월

구릿빛을 띤 줄기가 대나무를 닮았다. 잎은 2~3번 갈라지고 3줄 깃꼴잎이며, 부풀어 오른 잎이 줄기를 감싼다. 꽃은 흰색이고, 9~10월에 열리는 열매는 골돌과로 넓은 타원형이다. 구릿대와 개구릿대는 봄철 잎이 올라올 때에는 구별하기 어렵다. 줄기가 많이 자랐을 때 구릿빛을 띠는 것이 개구릿대이다. 구릿대 나물은 독특한 향과 매운맛이 있어서 생선찌개나 조림에 넣으면 비린내를 없앨 수 있다.

민간에서는 피부 질환에 잎과 줄기를 짓찧어 환부에 붙였다. 나물을 먹으면 천식을 치료하고, 혈액순환을 좋게 하고, 고름을 없애며, 새살을 돋게 한다고 한다. 한방에서는 뿌리를 '백지百芷'라는 약재로 쓰는데, 두통·편두통·치통·안면신경통·요통으로 인한 통증을 없애는 효능과 진정 작용이 있다.

나물의 채취와 이용	
시 기	봄~초여름
채취법	연한 잎과 줄기를 뜯고 자랐을 때에는 속잎만 뜯는다.
조리법	데쳐서 쌈, 고추장에 무친다. 생선찌개 밑나물로 쓴다. 묵나물은 볶는다.
음 식	숙쌈, 생선찌개, 묵나물 볶음
효 능	통증 완화, 진정 작용
주 의	매운맛을 제거하려면 데쳐서 물에 한참 우려낸다. 지상부에 약간의 독성이 있어 체질에 따라 가벼운 설사를 할 수 있다. 고혈압인 사람은 먹지 않는다.

꽃 핀 모습. 9월 27일 ↑

↑자란 모습. 5월 24일   묵나물 볶음. 11월 9일 ↓

새순이 자라는 모습. 5월 7일(나물하기 좋은 때)

자란 모습. 5월 24일 ↓   노란색으로 변한 잎 모습. 6월 10일 ↓

구와취

참수리취, 쇠수리취, 북서덜취

국화과 / 쌍떡잎식물 / 여러해살이풀
자라는 곳 깊은 산의 양지   크기 30∼120cm
꽃 필 때 8∼9월

줄기는 곧게 서고 가지를 친다. 잎은 둥근 모양 또는 긴 타원형이며 끝은 뾰족하고 톱니가 있다. 뿌리에서 난 잎과 줄기 아랫부분에서 난 잎은 새의 깃처럼 갈라지고, 갈라진 잎은 다시 갈라진다. 갈라진 조각은 달걀을 거꾸로 세운 모양이며 톱니가 있다. 꽃은 줄기와 가지 끝에 연한 홍자색으로 피는데 산방꽃차례를 이룬다. 열매는 수과로 검은색이다.

민간에서는 구와취를 나물로 먹으면 기관지염, 인후통, 고혈압에 좋다고 했고, 나물 데친 물을 피부에 바르면 건선을 치료한다고 했다.

나물의 채취와 이용	
시 기	봄
채취법	연한 잎과 순을 뜯는다.
조리법	데쳐서 간장이나 된장에 무친다. 묵나물은 볶는다.
음 식	나물 무침, 묵나물 볶음
효 능	건선 치료
주 의	-

↑ 새순이 올라오는 모습, 5월 5일(나물하기 좋은 때)

↑ 꽃 핀 모습, 9월 28일(수정이 끝나 흰색)

↑ 꽃 핀 모습, 9월 7일(수정하기 전 연분홍색) ↑ 뜯은 나물, 5월 5일 ↑ 구절초꽃차 나물 무침, 5월 8일 ↓

구절초

들국화, 구일초九日草, 선모초仙母草, 넓은잎구절초

국화과 / 쌍떡잎식물 / 여러해살이풀
자라는 곳 산기슭, 풀밭 크기 50~100cm
꽃 필 때 9~10월

음력 9월 9일에 9개의 마디가 생긴다고 한다. 우리나라에 자생하는 구절초는 30여 종류가 넘고 대부분 들국화로 불린다. 잎은 타원형으로 가장자리가 얇게 갈라진다. 꽃은 연분홍색으로 피는데, 수정이 끝나면 흰색으로 변한다. 열매는 수과로 10~11월에 익는다.

민간에서는 두통·어지럼증·불면증이 있을 때 꽃과 잎을 말려 베갯속에 넣었다. 몸을 따뜻하게 하고 기를 순환시키며 장 운동을 돕는 효능이 있어, 생리통·월경불순·자궁냉증·불임증 등의 여성 질환에 탁월한 효과를 발휘한다. 해열·해독·항균·항바이러스 작용이 있어 눈과 머리를 맑게 하고 감기·두통·기관지염·비염·불면증·설사·복통·위장병·폐렴·고혈압에 좋다. 손발이 차고 온몸이 찬 사람, 몸이 약하고 기운이 부족한 사람은 나물을 먹지 않는 것이 좋다.

나물의 채취와 이용

시 기	잎 : 봄 / 꽃 : 가을 잎과 줄기 : 여름(말려 차로 마신다.)
채취법	연한 잎과 꽃을 채취한다.
조리법	쓴맛이 강하므로 데쳐서 흐르는 물에 하루 정도 우려낸다.
음 식	나물 무침, 묵나물 볶음, 꽃차
효 능	여성 질환에 특효
주 의	손발이 찬 사람, 몸이 허약한 사람, 기운이 부족한 사람은 먹지 않는다.

새순이 올라오는 모습, 4월 16일(나물하기 좋은 때)

자라는 모습, 4월 24일

↑ 뜯은 나물, 4월 18일   데쳐서 무침, 4월 18일↓

꽃 핀 모습, 9월 19일

자란 모습, 6월 2일↓

궁궁이

개강활, 괴근당귀, 다형당귀, 도랑대(방언)

미나리과 / 쌍떡잎식물 / 여러해살이풀
자라는 곳 산골짜기, 냇가   크기 80~150cm
꽃 필 때 8~9월

잎은 갈라져 나오고 끝은 뾰족하며 톱니가 있다. 작고 하얀 꽃들이 20~40개가량 줄기 끝에 뭉쳐 핀다. 열매는 10~11월에 납작하게 달린다. 궁궁이와 천궁을 흔히 같은 식물로 아는데 다른 종류의 식물이다.

민간에서는 당귀와 함께 나물로 먹으면 부인병에 좋다고 하며, 자궁 출혈로 인한 빈혈·월경불순·생리통·산후 복통·폐경 치료에 많이 썼다. 보혈·강장 작용으로 피를 맑게 하고 혈액순환을 원활하게 한다. 뿌리 달인 물과 나물을 함께 먹으면 두통, 허리 통증, 옆구리 통증 완화에 좋다.

열매로 술을 담가 먹을 때에는 반드시 증류한 술로 담근다. 자궁 수축 작용이 있으므로 임산부는 나물을 먹지 않는 것이 좋다.

나물의 채취와 이용	
시 기	봄~초여름
채취법	연한 잎과 순을 뜯는다.
조리법	생쌈으로 먹는다. 데쳐서 쌈으로 먹거나 무친다. 묵나물은 볶는다.
음 식	생쌈, 숙쌈, 나물 무침, 묵나물 볶음
효 능	보혈, 강장 여성 질환 개선
주 의	자궁 수축 작용이 있으므로 임산부는 나물로 먹지 않는다.

자라는 모습, 4월 16일(나물하기 좋은 때)

↑ 흰꽃, 5월 4일

↑ 꽃 핀 모습, 5월 9일   묵나물 잡채, 10월 5일 ↓

↑ 꽃봉오리 모습, 4월 21일   ↑ 나물 무침, 4월 27일

금낭화

며느리주머니, 며늘취, 하포목단, 복주머니꽃(방언)

양귀비과 / 쌍떡잎식물 / 여러해살이풀
자라는 곳 산지의 돌이 많은 곳, 계곡 옆   크기 30~60cm
꽃 필 때 5~6월

줄기는 곧게 서고 가지를 친다. 잎은 어긋나고 잎자루는 길며 새의 깃 털처럼 갈라진다. 가장자리에는 깊이 패어 들어간 톱니가 있다. 비단 주머니처럼 생긴 연홍색 꽃이 줄기를 따라 아래에서 위로 올라가며 핀다. 긴 타원형 열매는 6~7월에 달리는데 종자는 검고 윤기가 난다.

민간에서는 악성 종기와 타박상에 생잎을 짓찧어 환부에 붙이거나 말려 가루를 내어 붙였다. 통증이 심할 때, 뿌리껍질을 짓찧어 술에 타 서 마시면 깊은 잠을 잘 수 있다. 전초를 채취하여 말린 것을 '금낭金 囊'이라고 하며, 어혈을 풀고 혈액의 성분을 고르게 하며 종기를 가시 게 하는 효능이 있다. 종기·타박상으로 인한 멍을 치료하는 데 좋다.

성질이 따뜻하여 몸에 열이 많은 사람은 많이 먹지 않는 것이 좋고, 독성이 있으므로 데친 후 흐르는 물에 우려내야 한다.

나물의 채취와 이용	
시 기	봄
채취법	연한 잎과 순을 뜯는다.
조리법	데친 후 초고추장에 무친다. 묵나물은 볶거나 잡채, 불고기를 한다.
음 식	나물 무침, 묵나물 볶음, 묵나물 잡채, 묵나물 불고기
효 능	소종, 진통
주 의	독성이 있으므로 생으로 먹지 않고 데친 후 흐르는 물에 우려낸다.

↑ 기름나물 꽃 핀 모습, 8월 6일

↑ 기름나물 새순, 5월 6일(나물하기 좋은 때)

↑ 묵나물, 5월 11일　　묵나물 볶음, 1월 3일

기름나물
참기름나물

산형과 / 쌍떡잎식물 / 여러해살이풀
자라는 곳 양지바른 산기슭, 풀밭　크기 30~90cm
꽃 필 때 7~10월

잎과 줄기가 기름을 바른 것처럼 반질반질해서 '기름나물'이다. 잎은 어긋나고 잎자루가 있으며 끝은 뾰족하고 넓은 달걀 모양이다. 줄기는 곧추서고 가지가 많다. 하얀색 꽃이 줄기와 가지 끝에 겹산형꽃차례를 이루며 핀다. 열매는 골돌과이며 타원형이다. 잎은 연한 것으로, 꽃 피기 전까지만 채취한다.

민간에서는 감기·기침·기관지염·중풍·신경통에, 뿌리를 달인 물과 나물을 함께 먹었다. 열을 내리고 기침을 그치게 하며, 몸 밖에서 들어온 풍사風邪를 없애는 효능이 있다.

나물의 채취와 이용	
시 기	봄~초여름
채취법	연한 잎과 순을 뜯는다.
조리법	생쌈이나 초고추장에 무쳐 먹는다. 데쳐서 무친다. 묵나물은 볶는다.
음 식	쌈, 나물 무침, 묵나물 볶음
효 능	해열, 진해, 소풍
주 의	잎은 꽃 피기 전까지만 채취한다.

↑ 자라는 모습, 4월 17일(나물하기 좋은 때)   ↑ 자라는 모습, 4월 22일(이때도 나물하기 좋다)

꽃 핀 모습, 7월 21일 ↓

↑ 뜯은 나물, 4월 22일   데쳐서 무침, 4월 24일 ↓

기린초

각시기린초, 넓은잎기린초

돌나물과 / 쌍떡잎식물 / 여러해살이풀
자라는 곳 산의 풀밭이나 바위 틈 크기 20~30cm
꽃 필 때 6~7월

꽃과 잎이 기린을 닮았다. 줄기는 원줄기에서 뭉쳐 나고 원기둥 모양이다. 두툼한 잎은 어긋나고, 넓고 둥근 모양 또는 긴 타원 모양으로 가장자리에 톱니가 있다. 노란색 꽃은 취산꽃차례를 이루며 핀다. 열매는 9~10월에 검은색으로 달린다.

민간에서는 피가 섞인 가래가 나오는 증상과 코피 치료에, 나물을 삶은 물이나 봄~여름에 채취한 잎을 달인 물을 마셨고 종기와 타박상에는 생잎을 짓찧어 환부에 붙였다. 기린초에는 약간의 독이 있지만 끓는 물에 데치면 독이 제거되므로 생으로 먹지 않는다. 혈액순환을 원활히 하고 신경을 안정시키는, 인삼과 비슷한 정도의 강장 작용을 하고, 상처로 인한 출혈, 토혈·옹종·종기·타박상·위염·관절염·고혈압을 치료한다. 지혈·이뇨·진정·소종 등의 효능이 있다.

나물의 채취와 이용	
시 기	봄
채취법	연한 잎과 순을 뜯는다.
조리법	소금·참기름으로 무친다. 초고추장·된장에 무친다. 묵나물 볶아 비빔밥
음 식	쌈. 나물 무침. 묵나물 볶음. 비빔밥
효 능	강장, 지혈, 이뇨, 진정, 소종
주 의	생으로 먹지 않는다.

↑새순이 돋아나는 모습, 4월 25일↑

↑묵은 줄기 사이에 자라는 모습, 4월 30일(나물하기 좋은 때)   꽃 핀 모습, 7월 1일↑

↑뜯은 나물, 4월 30일   묵나물 볶음, 12월 3일↑

애기기린초

각시기린초, 버들기린초, 구경천, 바위기린초, 애기꿩의바름

돌나물과 / 쌍떡잎식물 / 여러해살이풀
자라는 곳 높은 산 바위 틈 양지 크기 10~20cm
꽃 필 때 6~8월

겨울 동안 밑부분이 10cm가량 살아 있다가 싹을 틔운다. 줄기는 지난해 목질화 된, 묵은 줄기 사이에서 무더기로 자란다. 잎은 창처럼 긴 모양으로 마주나고 가장자리 한쪽에 톱니가 있다. 꽃은 줄기의 윗부분에 노란색으로 피는데 취산꽃차례를 이룬다. 열매는 8~9월에 쪽꼬투리 모양으로 열린다.

민간에서는 위장병 치료에 어린순이나 잎의 생즙을 내어 마셨다. 나물을 오래 꾸준히 먹으면 혈액 손실을 일으키는 단백대사장애를 치료하는 효과를 볼 수 있다. 지혈·활혈·소종·해독 등의 효능이 있어 위장병·타박상·폐결핵·각혈·신체 허약 등의 치료에 좋다.

나물의 채취와 이용	
시기	봄
채취법	연한 잎 순을 뜯는다.
조리법	데쳐서 무치거나 볶는다. 묵나물은 볶는다.
음식	나물 무침·볶음, 묵나물 볶음
효능	단백대사장애 치료, 지혈, 활혈, 소종, 해독
주의	

자라는 모습, 4월 26일(나물하기 좋은 때)

↑ 꽃 핀 모습, 9월 22일

뜯은 나물, 5월 8일 　　　　묵나물 볶음, 1월 3일 ↓

↓ 새순이 올라오는 모습, 4월 19일　　　↓ 자란 모습, 5월 2일(이때도 나물하기 좋다)

까실쑥부쟁이

곰의수해, 부지깽이나물(방언)

국화과 / 쌍떡잎식물 / 여러해살이풀
자라는 곳 들판, 양지쪽 숲, 산지의 길가, 둑 크기 40~100cm
꽃 필 때 8~10월

잎이 까칠까칠해서 붙여진 이름이다. 잎은 어긋나고 긴 바소꼴로 끝이 뾰족하다. 땅속줄기를 벋어 번식하며 윗부분의 줄기는 갈라진다. 꽃은 자주색이나 연보라색으로 줄기 끝에 핀다. 열매는 수과로 11월에 익는다. 잎과 줄기를 뜯고 나서 며칠 지나면 뜯은 곳에 다시 연한 잎과 줄기가 올라오며, 올라올 때마다 뜯는다. 꽃은 말려서 차로 우려 마신다.

　민간에서는 뱀이나 벌레에게 물렸을 때 해독제로, 까실쑥부쟁이 생풀을 짓찧어 즙을 내어 환부에 발랐다. 감기·기침·기관지염·편도선염·종기 치료를 위해서는 잎, 줄기, 꽃을 말려서 달여 먹었다. 해열·진해·거담·해독·소염 등의 효능이 있다.

나물의 채취와 이용	
시 기	봄~초여름
채취법	어리고 연한 잎과 순, 꽃을 채취한다.
조리법	나물 무침, 볶음을 하고 묵나물은 볶는다. 말린 꽃은 우려 마신다.
음 식	쌈, 나물 무침, 묵나물 볶음, 꽃차
효 능	해열, 진해, 거담, 해독, 소염
주 의	—

↑꽃 핀 모습, 8월 26일

새순이 자라는 모습, 6월 28일(나물하기 좋은 때)

무침, 6월 30일↓　　　뜯은 나물, 6월 28일↓　　　열매를 맺은 모습, 9월 30일↓

까치고들빼기

까치고들빼이

국화과 / 쌍떡잎식물 / 한두해살이풀
자라는 곳 산의 햇볕이 잘 드는 숲 가장자리　크기 20~50cm
꽃 필 때 9~10월

까치고들빼기는 한두해살이풀이다. 잎과 줄기를 뜯으면 하얀 즙이 나오고 다른 고들빼기처럼 맛이 쓰다. 잎은 어긋나고 새의 깃털 모양으로 뚜렷하게 갈라지며 갈라진 조각은 서로 떨어져 있다. 잎자루는 위쪽으로 갈수록 짧아진다. 줄기 밑에서 가지가 갈라지고 꽃은 가지의 끝 부분과 원줄기 끝 부분에 노란색으로 달린다. 열매는 수과로 10월에 익으며, 관모는 흰색이다. 꽃이 핀 후에도 잎과 줄기가 연하면 나물로 먹을 수 있지만 쓴맛이 강해지므로, 쓴맛을 싫어하면 꽃이 피기 전에 뜯는다. 다른 나물들과 섞어 무치거나 데치면 쓴맛이 제거된다.

민간에서는 부종을 삭히는 치료약으로 까치고들빼기의 생잎을 찧어 즙을 내어 마셨다. 몸의 독을 제거하고 열을 내리는 효능이 있어 감기로 인한 열·인후염·두통에 좋다.

나물의 채취와 이용	
시기	봄~여름
채취법	어리고 연한 잎과 순을 뜯는다.
조리법	된장이나 쌈장에 찍어 먹거나 무친다.
음식	쌈, 겉절이, 나물 무침, 비빔밥
효능	해독, 해열
주의	데쳐서 맑은 물에 한참 우려내어 쓴맛을 제거한다.

↑ 꽃 핀 모습, 6월 7일　　↓ 새순이 올라오는 모습, 4월 23일(나물하기 좋은때)

↑ 꽃 핀 모습, 6월 7일

↑ 뜯은 나물, 4월 23일　　묵나물 볶음, 11월 3일

↓ 분홍색 꽃, 6월 11일

꿀풀

가지골나물, 꿀방망이(방언)

꿀풀과 / 쌍떡잎식물 / 여러해살이풀
자라는 곳 산기슭, 양지 바른 곳, 풀밭　크기 30cm
꽃 필 때 6~7월

꽃에 향기로운 꿀이 많이 들어 있다. 잎은 마주나고 긴 타원 모양이나 긴 달걀 모양으로 가장자리에 톱니가 있다. 전초에 짧은 흰털이 나 있고 줄기는 네모지다. 자주색 꽃은 줄기 위에 층층이 모여 달리며, 앞으로 나온 꽃잎은 입술 모양이다. 열매는 7~8월에 황갈색으로 달린다.

꿀풀은 우리나라 5대 항암 약초로 꼽힌다. 민간에서는 머리에 오르는 열로 인한 탈모를 예방해 준다고 해서 나물로 많이 먹었고, 베인 상처에는 꿀풀을 짓찧어 환부에 붙였다. 꽃이 필 때 전초를 채취해 말린 것을 '하고초夏枯草'라고 하며, 간경에 작용하여 눈을 밝게 하고, 해열·해독 작용을 한다. 급성 편도선염이나 인후동통에도 효과가 있으며, 이뇨·혈압 강하·강압·억균 작용을 한다.

장이 약하고 설사를 자주 하는 사람은 먹지 않는 것이 좋다.

나물의 채취와 이용	
시 기	봄
채취법	연한 잎과 순을 뜯는다.
조리법	데친 후 간장·고추장·된장에 무친다. 묵나물은 볶는다.
음 식	나물 무침, 묵나물 볶음
효 능	항암, 해열, 해독, 이뇨, 혈압강하
주 의	장이 약하고 설사를 자주하는 사람은 먹지 않는다.

↑ 꽃 핀 모습, 6월 22일

↑ 열매 모습

나물하기 좋은 때, 5월 15일

묵나무 볶음, 10월 28일 ↑　　뜯은 나물, 5월 15일 ↓　　새순이 올라오는 모습, 5월 6일 ↓

꿩의다리아재비

매자나무과 / 쌍떡잎식물 / 여러해살이풀
자라는 곳 깊은 산의 나무 밑　크기 40~80cm
꽃 필 때 6~7월

홍모칠, 개음양곽, 가락풀나물, 줄기잎나물 (방언)

줄기가 꿩의 다리처럼 가늘다. 잎은 어긋나고 여러 장의 잔잎으로 이루어지며, 식물 전체에 털이 거의 없다. 잔잎의 가장자리는 밋밋하거나 2~3갈래로 나누어져 있다. 꽃은 녹색을 띤 노란색으로 줄기 끝에 핀다. 꽃잎은 꿀샘처럼 아주 작아 6장의 꽃받침이 꽃잎처럼 보인다. 둥근 열매는 하늘색에서 점점 검정색으로 바뀌면서 익는다.

　맵고 쓴맛이 강한 식물이기 때문에 조리하기 전에 데쳐서 흐르는 물에 우려내야 한다.

　한방에서는 꿩의다리아재비 뿌리를 '홍모칠'이라고 하며, 타박상·관절염·월경불순 치료에 쓴다. 민간에서는 꿩의다리아재비 전초로 술을 담가 1년 정도 숙성시킨 뒤에 복용하면 고혈압과 편도선염에 좋다고 한다.

나물의 채취와 이용	
시기	봄
채취법	연한 잎과 줄기를 뜯는다.
조리법	데친 후 초고추장에 무친다. 묵나물은 볶는다.
음식	나물 무침, 묵나물 볶음
효능	타박상, 관절염, 월경불순 치료
주의	데쳐서 흐르는 물에 우려 맵고 쓴맛을 제거한다.

↑ 새순이 올라오는 모습, 4월 28일(나물하기 좋은 때)

↑ 꽃 핀 모습, 8월 19일

↑ 뜯은 나물, 4월 28일   나물 무침, 4월 29일 ↓

↑ 자란 모습, 5월 15일

↑ 꽃봉오리가 올라오는 모습, 7월 20일

꿩의비름

구화鳩火, 경천景天, 신화慎火

돌나물과 / 쌍떡잎식물 / 여러해살이풀
자라는 곳 산지의 햇볕이 잘 드는 곳 크기 30~70cm
꽃 필 때 8~9월

잎은 마주나거나 어긋나며 타원 또는 긴 타원 모양이고 육질이다. 줄기는 둥글고 분처럼 흰빛을 띠며, 가지는 갈라지지 않는 것이 특징이다. 꽃은 흰색 또는 붉은색이 도는 흰색으로 산방상 취산꽃차례로 달리고 열매는 골돌과이다. 약간 떫은맛과 신맛이 나므로, 나물을 할 때는 데쳐서 맑은 물에 우려내야 한다.

민간에서는 열이 나거나 피를 토할 때 생잎을 달여 먹었으며, 해열·지혈 작용이 있어 좋은 약이 되었다고 한다. 종기·습진·안질을 다스리려면 전초를 말려 차로 마시는 것이 좋고, 상처로 인해 출혈이 생겼을 때에도 효과가 있다.

소화 기능이 약해 설사를 자주 하는 사람은 나물을 한번에 많이 먹지 않는 것이 좋다.

나물의 채취와 이용	
시 기	봄
채취법	어리고 연한 잎과 줄기를 뜯는다.
조리법	데쳐서 초고추장에 무친다. 묵나물은 볶는다.
음 식	나물 무침, 묵나물 볶음
효 능	해열, 지혈
주 의	약간 떫은맛과 신맛이 나므로 데쳐서 물에 우려낸다.

꽃 핀 모습, 8월 24일 ↑

↑ 열매, 10월 3일

새순이 올라오는 모습, 4월 23일(나물하기 좋은 때)

자란 모습, 5월 9일 ↓

나물 무침, 4월 25일 ↑

자란 모습, 5월 9일 ↓

나비나물

콩나물 · 콩대가리나물(방언)

콩과 / 쌍떡잎식물 / 여러해살이풀
자라는 곳 산과 들 크기 50~100cm
꽃 필 때 6~8월

잎과 턱잎이 나비를 닮았다. 어긋나는 잎은 한 자리에 2장씩 나며 달걀 모양 또는 타원형으로 끝이 뾰족하다. 줄기는 네모지고 처음 올라올 때부터 딱딱하고 여러 개의 줄기가 한곳에서 자란다. 꽃은 붉은색이 강한 자주색으로 피고 열매는 콩깍지처럼 긴 타원형으로 열린다.

봄에 어리고 연한 잎과 줄기를 뜯어서 나물로 먹으며, 여름에는 꽃만 딴다.

민간에서는 나비나물에 강장 작용이 있어 허약 체질을 개선한다고 한다. 열이 나는 증상과 호흡기 질환을 치료하는 효능이 있고, 현기증과 어지럼증을 개선하며 피로를 해소하는 효과도 좋다. 또한 소변 배설을 촉진하여 몸 안의 독소를 제거하는 이뇨 작용도 한다.

나물의 채취와 이용	
시기	봄 : 연한 잎줄기 여름 : 꽃
채취법	어리고 연한 잎과 줄기를 뜯고, 여름에는 꽃만 딴다.
조리법	데친 후 간장 · 된장에 무친다. 묵나물은 볶는다. 꽃은 튀긴다.
음식	나물 무침, 묵나물 볶음, 꽃 튀김
효능	강장, 해열, 이뇨
주의	—

↑ 꽃 핀 모습, 5월 20일

자란 모습, 4월 29일(나물하기 좋은 때)

↑ 새순이 올라오는 모습, 4월 18일(나물하기 좋은 때)   ↑ 뜯은 나물, 4월 18일   ↑ 꽃 핀 모습, 5월 20일   묵나물 볶음, 12월 30일 ↓

노란장대

노랑장대, 행화초, 헤스페리초, 무시나물(방언)

겨자과 / 쌍떡잎식물 / 여러해살이풀
자라는 곳 산과 들의 양지, 골짜기   크기 70~120cm
꽃 필 때 5~6월

노란장대는 귀화식물이고 전초에 털이 있다. 잎은 무 잎처럼 갈라지며 어긋나고 긴 타원형의 바소꼴이다. 줄기는 곧게 서고 가지를 친다. 노란색 꽃이 총상꽃차례를 이루며 피는데, 키가 커서 '노란장대'라는 이름이 붙었다.

민간에서는 강장 작용이 있어 기력 회복에 좋다고 했다. 몸속의 열을 내리고 독을 없애며, 진통·이뇨·소종 작용이 있어 위통·설사·관절염 등을 치료하는 효능이 있다.

나물의 채취와 이용	
시 기	봄
채취법	어리고 연한 잎과 줄기를 뜯는다.
조리법	묵나물은 볶는다. 생선 조림 밑나물로 쓴다.
음 식	나물 무침, 묵나물 볶음, 생선 조림
효 능	강장, 해열, 해독, 진통, 이뇨, 소종
주 의	–

꽃 핀 모습, 6월 28일 ↑

↑ 뜯은 나물, 5월 6일   묵나물 잡채, 12월 7일 ↑   새순이 올라오는 모습, 5월 6일(나물하기 좋은 때)   겨울 모습, 2월 7일 ↑

노랑갈퀴

노랑갈키, 노랑말굴레풀, 조선갈키나물, 싸리대 · 싸리대나물(방언)

콩과 / 쌍떡잎식물 / 여러해살이풀
자라는 곳 산기슭 **크기** 80cm
꽃 필 때 6월

줄기는 곧게 서고 가지를 친다. 잎은 어긋나고 잎자루가 있으며, 잎자루에 나란히 줄지어 붙어 새의 깃 모양으로 갈라지는 끝 부분에 덩굴손의 흔적이 있다. 2~3장씩 달리는 작은 잎은 긴 달걀 모양으로, 밑은 둥글고 끝은 뾰족하다.

자줏빛을 띤 노란색 꽃은 잎겨드랑이 사이의 긴 꽃자루에 달리며, 밑을 향해 총상꽃차례를 이룬다. 열매는 협과(莢果 : 열매가 꼬투리로 맺히고, 성숙한 열매가 건조해지면 심피 씨방이 두 줄로 갈라져 씨가 튀어나옴)로 선상 타원형이고 2~4개의 씨가 들어 있다.

민간에서는 타박상으로 멍이 들었을 때 생잎과 줄기를 짓찧어 환부에 붙였다. 해독 · 소종 · 진통 작용이 있어, 종기 · 장염 · 신경통 · 타박상 치료에 효과적이다.

나물의 채취와 이용	
시 기	봄
채취법	연한 잎과 순을 뜯는다.
조리법	데쳐서 무친다. 묵나물은 볶는다.
음 식	나물 무침, 묵나물 볶음
효 능	해독, 소종, 진통
주 의	-

↑ 새순이 올라오는 모습, 4월 18일 ↑ 자란 모습, 5월 1일 자라는 모습, 4월 23일(나물하기 좋은 때)

↑ 꽃 핀 모습, 8월 21일

↑ 뜯은 나물, 4월 23일   묵나물 볶음, 12월 10일 ↓

노루오줌

큰노루오줌, 적승마

범의귀과 / 쌍떡잎식물 / 여러해살이풀
자라는 곳 산지의 냇가, 습한 곳 **크기** 30~70cm
꽃 필 때 7~8월

뿌리에서 노루 오줌 냄새가 난다고 해서 붙여진 이름이다. 잎은 넓은 타원형으로 끝이 길고 뾰족하며 잎 가장자리는 깊게 패어 있고 톱니가 있다. 연분홍색 꽃은 줄기 끝에 원추꽃차례로 달린다. 잎과 줄기에 긴 털들이 많으므로 삶기 전에 말끔히 제거한다.

　민간에서는 전신의 통증이 있을 때 좋다고 하여, 뿌리를 달인 물과 함께 노루오줌 나물을 먹었다. 감기에 걸렸을 때 몸속의 열을 내려 주고 기침을 멎게 하며 통증을 완화하는 작용을 하여, 감기로 인한 두통·가래·해수를 치료하는 효능이 있다. 혈액순환을 원활하게 하여 어혈을 없애고, 타박상, 관절통, 수술 후의 통증 치료에도 좋다. 해독 작용이 있다.

나물의 채취와 이용	
시 기	봄
채취법	어리고 연한 잎을 뜯는다.
조리법	데쳐서 무친다. 묵나물은 볶는다. 장아찌를 담근다.
음 식	나물 무침, 묵나물 볶음, 장아찌
효 능	해열, 진통, 해독, 혈액순환 개선
주 의	삶기 전에 털을 말끔히 제거한다.

꽃핀 모습. 8월 21일

↑ 꽃 핀 모습, 6월 28일

↓ 새순이 올라오는 모습, 5월 4일(나물하기 좋은 때) ↓ 잎이 펴지는 모습, 5월 19일   잎이 조금 자란 모습, 5월 12일(이때에도 나물하기 좋은 때)↑   ↑ 뜯은 나물, 5월 12일   장아찌, 6월 18일↓

눈개승마

눈산승마, 삼나물 · 찔뚝바리 · 삐뚝바리(방언)

장미과 / 쌍떡잎식물 / 여러해살이풀
자라는 곳 높은 산 크기 30~100cm
꽃 필 때 5~8월

잎은 어긋나고 끝이 뾰족하며 윤기가 나는 긴 잎자루를 가지고 있다. 줄기는 곧추서고 반질반질하다. 노란빛이 도는 하얀색 꽃은 암수딴그루로 핀다. 열매는 골돌과이며 긴 타원형으로 밑을 향해 열리고 윤기가 난다. 채취할 때는 잎이 펴지기 전의 어리고 연한 잎과 순을 뜯는다. 조리할 때 지나치게 삶으면 쫄깃한 맛이 사라지므로 살짝 데쳐야 맛있는 나물을 먹을 수 있다.

민간에서는 해독 · 지혈 · 강정제로 눈개승마 나물을 먹었다. 혈액순환을 촉진하여 뇌경색 · 뇌질환 · 심근경색을 예방한다고 하여 귀하게 여겨지는 나물이다. 인삼처럼 사포닌을 함유하고 있어 생활습관병(성인병)을 예방하고, 피로를 해소하며, 몸의 통증을 없애는 효능이 있다. 몸이 허약한 사람에게 좋다.

나물의 채취와 이용	
시 기	봄
채취법	잎이 펴지기 전에 어리고 연한 잎과 순을 뜯는다.
조리법	초고추장에 무친다. 전을 부친다.
음 식	초고추장 무침, 비빔밥, 전, 국, 잡채, 묵나물 볶음
효 능	해독, 지혈, 강정
주 의	너무 삶으면 쫄깃한 맛이 사라진다.

꽃 핀 모습. 5월 16일 ↑

새순이 올라오는 모습. 4월 13일(나물하기 좋을 때)

↑ 물김치. 4월 23일   장아찌. 5월 26일 ↓

자라는 모습. 4월 19일(이때도 나물하기 좋다) ↓

꽃대를 올린 모습. 5월 8일 ↓

는쟁이냉이

산갓, 산갓나물, 숟가락냉이, 주격냉이, 숟가락황새냉이, 능쟁이·주격냉이(방언)

겨자과 / 쌍떡잎식물 / 여러해살이풀
자라는 곳 산기슭의 그늘진 냇가   크기 20~50cm
꽃 필 때 5~8월

전체에 털이 없고 줄기는 곧게 서며 가지는 위쪽으로 향한다. 잎은 계란 모양과 흡사한 둥근꼴이며 자주색이 돈다. 뿌리 쪽에서 자라는 잎은 깃털 모양으로 갈라지는 것도 있다. 하얀색 꽃은 줄기와 가지 끝에서 갈라진 여러 대의 긴 꽃자루 끝에 한 송이씩 핀다. 매콤하고 톡 쏘는 맛이 있어 '산에 나는 갓'이라 부르며 봄철 잃어버린 입맛을 돋운다. 생선회와 삼겹살을 먹을 때 겨자 대용으로 먹는다.

위장 운동을 원활하게 하여 식욕 향상에 좋다. 항산화물질인 카로티노이드가 다량 함유되어 있어, 노화를 방지하고 항암 작용을 한다. 풍부한 비타민 A·C와 무기질이 면역 기능을 강화하여 감기와 각종 질병을 예방하고, 콜레스테롤 수치를 낮추어 심혈관계 질환을 예방하는 효능이 있다.

나물의 채취와 이용	
시기	4월 중순
채취법	뿌리잎, 어린잎, 줄기를 뜯는다.
조리법	삼겹살·생선회 쌈. 장아찌·물김치를 담근다. 묵나물은 볶는다.
음식	무침, 쌈, 비빔밥, 물김치, 묵나물 볶음, 장아찌
효능	노화 방지, 항암, 면역력 강화
주의	-

↑ 새순이 올라오는 모습, 4월 23일(나물하기 좋은 때)   군락을 이루어 자란 모습, 5월 16일 ↓

↑ 꽃 핀 모습, 9월 15일

↑ 뜯은 나물, 4월 23일   묵나물 볶음, 9월 20일 ↓

단풍취

개발땅취, 게발딱지, 장이나물, 좀단풍취, 개발딱주·종이취(방언)

국화과 / 쌍떡잎식물 / 여러해살이풀
자라는 곳 산속의 숲　**크기** 35~80cm
꽃 필 때 7~9월

잎이 단풍잎을 닮아서 붙여진 이름이다. 새순이 올라올 때에는 전초에 긴 갈색 털이 나 있다. 꽃은 7~9월에 흰색으로 피는데 꽃대 끝에 꽃자루 없이 많이 모여 핀다. 열매는 수과이고 넓은 타원 모양이다. 조리하기 전에 잎에 있는 갈색 털을 말끔히 제거해야 한다.

민간에서는 봄철에 입맛을 잃어 피부가 거칠어졌을 때 단풍취 나물을 먹었다. 비타민 A와 B가 풍부하고 향과 씹는 맛이 독특해 봄철 잃어버린 입맛을 돋우고, 피로 해소와 피부 미용에 좋다. 단풍취에 들어 있는 플라보노이드 성분의 아피게닌apigenin은 항산화물질로 숙취를 해소하고, 콜레스테롤 수치를 낮추며 중풍을 예방하는 효능이 있다. 초기 중풍에 나물과 전초 달인 물을 함께 먹으면 효과를 볼 수 있다. 동맥경화·고혈압·류머티스 관절염·장염에도 효능이 있다.

나물의 채취와 이용

시기	봄
채취법	어리고 연한 잎과 줄기를 뜯는다.
조리법	생쌈이나 숙쌈, 겉절이, 묵나물로 볶는다. 장아찌를 담근다.
음식	쌈, 나물 무침, 장아찌, 된장국
효능	식욕 증진, 피로 해소, 피부 미용
주의	잎에 있는 털을 말끔히 제거한다.

↑ 꽃봉오리 맺힌 모습, 3월 20일

나물하기 좋은 때, 4월 2일

↑ 뿌리째 캔 것, 4월 2일

초고추장 무침, 4월 6일

장아찌, 5월 10일

달래전과 달래 양념장, 4월 6일

달래

소산小蒜, 산산山蒜, 애기달래, 달롱이(방언)

백합과 / 외떡잎식물 / 여러해살이풀
자라는 곳 산과 들　크기 10~20cm
꽃 필 때 3~4월

잎은 1~2개이고 여러 개가 뭉쳐 난다. 꽃은 3~4월에 흰색이나 붉은 빛이 도는 흰색으로 잎 사이에서 나온 꽃줄기 끝에 1~2개가 달린다. 알리신allicin 성분이 들어 있어 매운맛이 난다. 비타민 A·B·C, 칼슘·단백질·무기질·당질 등이 풍부한 알카리성 식품으로 입맛을 돋우고 신진대사를 활성화하는 효능이 있다. 특히 여성들에게 좋은 나물로, 월경불순·하혈 등의 부인과 질환에 매우 좋으며, 체내 콜라겐 합성을 도움으로써 피부 세포 재생 효과가 있어 기미·주근깨·주름 예방에 효과가 좋다. 열량이 낮아 다이어트에도 효과적이다. 항균·항염·소염 작용으로 각종 염증을 예방하고 면역력을 강화하며, 몸속에 있는 나트륨의 배출을 도와 지나친 염분 섭취로 인해 발생하는 생활습관병을 예방하는 데 도움이 된다.

나물의 채취와 이용	
시기	봄
채취법	어리고 연한 잎, 줄기, 뿌리줄기를 채취한다.
조리법	생으로 무친다. 된장국에 넣는다. 전을 부친다. 생선 조림 양념으로 쓴다.
음식	쌈, 무침, 된장국, 부침
효능	항균, 항염, 소염, 피부 세포 재생
주의	성질이 따뜻하므로 열이 많은 사람은 많이 먹지 않는다.

↑ 꽃대가 올라오는 모습, 4월 30일(이때도 나물하기 좋다)   자라는 모습, 4월 26일(나물하기 좋은 때)↓

↑ 꽃 핀 모습, 5월 5일(이때도 나물하기 좋다)

↑ 뜯은 나물, 5월 5일   묵나물 볶음, 12월 6일↓

당개지치

당꽃마리, 송곳나물, 개지치(방언)

지치과 / 쌍떡잎식물 / 여러해살이풀
자라는 곳 산의 숲 속, 그늘지고 습한 곳   크기 40cm
꽃 필 때 5~6월

잎은 어긋나고 잎 가장자리와 표면에 흰색의 긴 털이 있다. 줄기는 가지가 없고 곧게 선다. 꽃은 5~6월에 자줏빛으로 잎겨드랑이에서 나온 긴 꽃대에서 핀다. 열매는 8~9월에 윤기 있는 검은색으로 여문다. 당개지치에는 핵산이 많아 소금이나 간장 이외의 다른 양념을 하면 특유의 맛을 잃어버릴 수 있으니 다른 양념을 쓰지 않는다.

민간에서는 기침·천식·만성 변비·식욕부진에 좋다고 하여 나물로 먹었다. 신경통과 근육통에도 효과가 좋다.

나물의 채취와 이용	
시 기	봄
채취법	어리고 연한 잎과 순을 뜯는다.
조리법	데쳐서 나물하거나 묵나물을 만든다.
음 식	나물 무침, 묵나물 볶음
효 능	식욕 증진, 변비 해소
주 의	양념은 소금, 간장만 쓴다.

꽃 핀 모습. 등칡이 감고 올라갔다. 9월 16일

자란 모습. 5월 31일(줄기에 날개가 있는 모습)

새순이 올라오는 모습. 5월 10일(나물하기 좋은 때)

↑ 뜯은 나물. 5월 10일   묵나물 볶음. 11월 4일 ↑

당분취

큰꽃수리취, 키다리분취, 숙은분취, 신서방 · 날개나물(방언)

국화과 / 쌍떡잎식물 / 여러해살이풀
자라는 곳 높은 산 크기 50~90cm
꽃 필 때 8~9월

잎은 달걀 모양의 삼각형으로 끝이 뾰족하고 가장자리에는 톱니가 있다. 줄기 윗부분에 가지를 치고 날개가 있는 것이 특징이다. 자주색 꽃은 꽃대 끝에 꽃자루 없이 많이 모여 핀다. 쓴맛이 강하지 않으므로 데쳐서 바로 조리해도 되고, 묵나물로 먹으면 맛과 향이 더욱 좋은 나물이다. 약간의 쓴맛도 싫다면 데쳐서 맑은 물에 우려낸다. 생선 조림이나 생선탕에 밑나물로 쓰면 비린내가 제거된다.

민간에서는 당분취 나물을 먹으면 기관지염 · 인후통 · 고혈압에 좋다고 했으며, 건선(psoriasis)을 치료하기 위해 나물 데친 물을 피부에 발랐다.

나물의 채취와 이용	
시기	봄
채취법	어리고 연한 잎을 뜯는다.
조리법	데쳐서 무친다. 묵나물은 볶는다. 생선 조림에 밑나물로 쓴다.
음식	나물 무침, 묵나물 볶음
효능	건선 치료
주의	-

↑꽃 핀 모습, 7월 26일　↑자라는 모습, 5월 30일　↑뿌리, 4월 15일　뜯은 나물, 4월 28일↑

더덕

사삼, 백삼

초롱꽃과 / 쌍떡잎식물 / 여러해살이풀
자라는 곳 산속　크기 2m
꽃 필 때 8~9월

산속에서 자라는 여러해살이 덩굴식물로, 주변의 나무나 물체를 감으며 자란다. 타원 모양의 잎은 짧은 가지 끝에 4장씩 접근해서 피고, 앞면은 녹색, 뒷면은 하얀색이다. 잎·줄기·뿌리·어느 부분이든 자르면 하얀 즙이 나온다. 종 모양의 자주색 꽃은 아래를 향해 핀다. 뿌리의 아린맛은 얇게 다져 맑은 물에 우려내면 없어진다.

민간에서는 '산에서 나는 고기', '나무에서 나는 우유'라고 부르며 보약처럼 귀하게 여긴다. 사포닌saponin과 이눌린inulin 성분이 들어 있어 위를 튼튼하게 하고, 폐·신장·기관지를 보호하는 자양강장 효능이 있다. 치열·거담·폐열 제거 작용이 있어 가래·기침·만성 해수·천식·기관지염·인후염·편도선염·호흡기 질환 등의 치료에 좋다. 당뇨병 환자가 한번에 많이 먹으면 당 수치가 올라갈 수 있다.

나물의 채취와 이용	
시 기	봄 : 잎줄기 / 여름 : 꽃 늦가을~초봄 : 뿌리
채취법	어리고 연한 잎, 줄기, 꽃, 뿌리를 채취한다.
조리법	잎·줄기 : 쌈, 나물 무침, 밥 / 꽃 : 샐러드 / 뿌리 : 초고추장 무침, 구이, 장아찌
음 식	나물 무침, 꽃 샐러드, 초고추장 구이
효 능	자양강장, 치열, 거담, 폐열 제거
주 의	당뇨병 환자는 많이 먹지 않는다.

더덕꽃샐러드

더덕꽃 *드레싱 : 매실효소액 간장 드레싱, 요거트 드레싱 등 입맛에 맞는 것

1 오염이 안 된 곳에서 더덕꽃을 딴다.
2 물에 가볍게 씻어서 물기를 없애고 접시에 담는다.
3 준비해 둔 드레싱을 뿌려 먹는다.

↑ 꽃 샐러드, 7월 28일

더덕순나물

더덕순, 양념장 : 된장, 고추장, 마늘, 깨, 들기름

1 끓는 소금물에 살짝 데쳐서 지긋이 짜 준다.
2 양념장을 만들어 살살 버무린다.

더덕순나물밥

더덕순, 양념 : 간장 양념(간장, 고춧가루, 참기름, 통깨) 또는 된장양념(집된장, 들기름, 고춧가루, 양파)

1 더덕순을 끓는 소금물에 살짝 데쳐서 지긋이 짜 준다.
2 1의 더덕순에 참기름·소금·깨소금을 넣고 무친다.
3 냄비에 참기름을 바르고 밥을 담는다.
4 밥 위에 2를 올린다.
5 뚜껑을 덮어 더덕순의 향이 밥에 배도록 2~3분 중약 불에서 뜸을 들인다.

↑ 초고추장 무침, 5월 2일

더덕고추장양념구이

더덕, 양념 : 고추장, 고춧가루, 매실액, 간장, 참기름, 통깨, 다진 마늘, 다진 파

1 더덕을 물에 깨끗이 씻어서 물기를 없앤다.
2 더덕 껍질을 벗겨 반을 갈라 방망이로 두들긴다. 더덕의 쓴맛을 싫어하는 사람은 소금물에 담가 쓴맛을 뺀다.
3 무침 그릇에 양념장을 만들어 둔다.
4 손질한 더덕을 양념장이 담긴 그릇에 넣어 버무린다.
5 달군 프라이팬에 기름을 조금 두르고 더덕을 가볍게 익힌다. 숯불에 살짝 구워도 좋다.

↑ 나물밥, 5월 2일

고추장 양념구이, 4월 25일 →

↑ 뿌리, 10월 22일　　↑ 꽃대가 올라 온 모습, 6월 21일　　새순이 올라오는 모습, 5월 1일(나물하기 좋은 때)　　↑ 꽃 핀 모습, 7월 9일　　흰 꽃, 7월 20일 ↑

도라지

길경, 질경, 백약, 도랏

초롱꽃과 / 쌍떡잎식물 / 여러해살이풀
자라는 곳 산과 들　크기 40~100cm
꽃 필 때 7~8월

달걀 모양의 잎은 어긋나고 톱니가 있다. 앞면은 녹색이고 뒷면은 회백색을 띤 파란색이다. 줄기는 곧게 자라고, 자르면 흰 즙이 나온다. 종 모양의 꽃은 흰색 또는 보라색으로 핀다. 뿌리의 껍질을 벗겨 내고 쭉쭉 찢어서 소금으로 여러 번 주무르면 쓰고 아린맛이 제거된다.

민간에서는 벌에게 쏘였을 때, 도라지 즙을 바르거나 생으로 먹으면 붓기가 빠지고 벌독이 제거된다고 한다. 도라지에 들어 있는 사포닌 성분이 면역력을 높여 주고 콜레스테롤 수치를 낮추어 고혈압에 좋다고 한다. 또한 감기·천식·호흡기 질환·폐에도 좋은 효능이 있다. 혈당을 낮추어 당뇨병에도 좋고 침 분비를 촉진하여 위산 분비 효과가 있으며 철분이 많아 골다공증에도 좋다. 돼지고기와 함께 먹는 것을 피하며, 하체(단전 아래)가 허한 사람은 먹지 않는다.

나물의 채취와 이용	
시 기	봄 : 잎 가을 : 뿌리
채취법	어리고 연한 잎, 순, 뿌리를 채취한다.
조리법	뿌리의 껍질을 벗겨내고 쭉쭉 찢어서 소금으로 여러 번 주물러 씻는다.
음 식	나물 무침, 초고추장 무침, 구이
효 능	면역력 강화, 해독, 혈당 강하
주 의	돼지고기와 함께 먹지 않으며, 하체(단전 아래)가 허한 사람은 먹지 않는다.

도라지순나물

도라지순, 통깨, 들기름 *양념장 : 다진 마늘, 다진 파, 간장

1 도라지순을 깨끗이 씻는다.
2 팔팔 끓는 물에 살짝 데친 후 먹기 좋은 크기로 자른다.
3 양념장을 만들어 살살 버무린다.
4 통깨와 들기름으로 마무리한다.

↑ 뜯은 나물, 5월 1일

도라지오이무침

도라지, 오이, 양파, 당근, 통깨 양념장 : 고추장, 고춧가루, 설탕, 물엿, 다진 마늘, 식초, 국간장, 굵은 소금

1 도라지를 찬물에 1시간 담갔다가 굵은 소금으로 주물러 씻는다.
2 먹기 좋은 크기로 자른다.
3 양파와 당근은 채 썰고, 오이는 어슷 썬다.
4 오이에 굵은 소금을 뿌려 10분간 절인다.
5 양념장을 만들어 준비한 채소를 넣고 버무린다.
6 통깨로 마무리한다.

↑ 나물 무침, 5월 3일

도라지나물

도라지, 참기름, 다진 파, 다진 마늘, 통깨, 굵은 소금

1 도라지를 찬물에 1시간 담갔다가 굵은 소금으로 주물러 씻는다.
2 먹기 좋은 크기로 자른다.
3 끓는 물에 소금을 넣고 3~5분 정도 데친다.
4 달군 팬에 기름을 두르고 3과 다진 마늘을 넣고 볶는다.
5 참기름·다진 파·통깨로 마무리한다.

↑ 초고추장 무침, 10월 26일

볶음, 10월 26일 →

↑ 자라는 모습, 4월 25일(이때도 나물하기 좋다)   꽃 핀 모습, 5월 6일 ↓

↑ 새순이 올라오는 모습, 4월 15일(나물하기 좋은 때)

↑ 뜯은 나물, 4월 25일   묵나물 볶음, 10월 29일 ↓

돌단풍

돌나리, 노호장, 바우다리, 추엽초

범의귀과 / 쌍떡잎식물 / 여러해살이풀
자라는 곳 물가의 바위 틈 크기 30cm
꽃 필 때 5월

단풍잎처럼 생긴 잎을 가진 식물이 바위틈에서 자란다고 해서 '돌단풍'이라는 이름이 붙었다. 잎은 모여 나고 5~7개로 깊게 갈라진 손바닥 모양이다. 줄기는 살이 찌고 옆으로 벋는다. 백색 또는 엷은 홍색 꽃은 원뿔형의 취산꽃차례로 핀다.

민간에서는 돌단풍 나물이 입맛을 돋우고, 심장을 강하게 하여 심장 박동이 빠른 것을 정상으로 돌려놓는다고 한다. 또한 이뇨 작용이 있어 다이어트에 효과적인 나물이다. 숙취 해소 효과가 있으며, 비만, 당뇨병, 비알코올성 지방간 등에도 좋은 효능이 있다.

나물의 채취와 이용	
시 기	봄
채취법	어리고 연한 잎과 순을 뜯는다.
조리법	데쳐서 무친다. 묵나물은 볶는다.
음 식	나물 무침, 묵나물 볶음
효 능	심장 강화, 이뇨, 숙취 해소
주 의	-

열매 맺는 모습 7월 8일

↑새순이 올라오는 모습. 4월 15일(나물하기 좋은 때)

↑꽃 핀 모습. 5월 24일

↓단풍과 익은 열매, 10월 30일

↓우산나물과 함께 자란 모습, 5월 14일   ↓뜯은 나물, 4월 20일   데쳐서 무침, 4월 20일↓

둥굴레

애기둥굴레, 좀둥굴레, 황정, 옥죽, 산옥죽, 위유

백합과 / 외떡잎식물 / 여러해살이풀
자라는 곳 산, 들의 양지   크기 30~60cm
꽃 필 때 6~7월

줄기에는 6개의 뾰족한 모서리가 있고 끝은 비스듬히 처진다. 긴 타원 모양의 잎은 어긋나고 한쪽으로 치우쳐 퍼진다. 초록빛을 띤 흰색 꽃이 1~2개씩 잎겨드랑이에 달린다. 열매는 9~10월에 장과(漿果 : 과육과 액즙이 많고, 속에 씨가 들어 있는 열매)로 검게 익는다.

민간에서는 허약 체질 치료에 인삼이나 황기 대용으로 사용했을 정도로 효능이 뛰어나다. 뿌리는 '황정黃精'이라고 하며, 말려서 볶아 차로 마셨다. 나물은 식은땀이 나는 증세와 피로 해소에 좋고, 타박상과 요통에는 잎과 줄기를 생으로 짓찧어 환부에 붙인다. 기침·기관지염·위염·고혈압·당뇨병·불면증·신경통·관절염·요통·피부노화·허약 체질·비만 등에 효과가 있다. 비장과 위장이 차서 연하고 묽은 변을 보는 경우에는 나물로 먹지 않는 것이 좋다.

나물의 채취와 이용	
시 기	봄 : 연한 순 늦가을~이듬해 봄 : 뿌리
채취법	연한 잎과 순을 뜯는다.
조리법	뿌리는 캐서 흙을 씻고 잔뿌리를 제거한 후 증기에 쪄서 말린 후 볶는다.
음 식	나물 무침, 쌈, 묵나물 볶음, 뿌리(차)
효 능	자양강장, 피로 해소, 소염
주 의	묽은 변을 보는 사람은 피한다.

↑ 꽃 피기 시작하는 모습, 5월 24일

자란 모습과 꽃봉오리 모습, 5월 18일

↑ 꽃 핀 모습, 5월 30일   묵나물, 4월 30일 ↓

자란 모습과 꽃봉오리 모습, 5월 18일 ↓

열매, 7월 19일 ↓

용둥굴레

둥굴레, 옥죽, 산옥죽, 위유, 황정

백합과 / 외떡잎식물 / 여러해살이풀
자라는 곳 산, 들의 양지　크기 30~60cm
꽃 필 때 6~7월

둥굴레와 생태와 모양이 거의 비슷하다. 다만 용둥굴레는 꽃에 포가 있다는 점이 다르다.

　비위가 차서 연하고 묽은 변을 보는 경우에는 복용을 피한다. 고혈압에는 둥굴레를 보리차 대신 끓여 놓고 수시로 마시면 도움이 된다. 만성적인 갈증에 말린 둥굴레를 가루로 만들어 한번에 10g씩 하루 세 번 먹는다. 미열과 오한이 있을 때 뿌리를 채취하여 그늘에서 말린 것 5Kg을 가루로 만들어 한번에 7~8g씩 식전에 물에 타서 먹는다.

나물의 채취와 이용

시 기	봄 : 연한 순 늦가을~이듬해 봄 : 뿌리
채취법	연한 잎과 순을 뜯는다.
조리법	뿌리는 캐서 흙을 씻고 잔뿌리를 제거한 후 증기에 쪄서 말린 후 볶는다.
음 식	나물 무침, 쌈, 묵나물 볶음, 뿌리(차)
효 능	자양강장, 피로 해소, 소염
주 의	묽은 변을 보는 사람은 피한다.

자라는 모습, 4월 15일(나물하기 좋은 때)

↑ 꽃봉오리, 8월 10일

↑ 꽃 핀 모습, 8월 28일

↓ 새순이 올라오는 모습, 4월 3일 ↓ 자란 모습, 활량나물 꽃, 7월 14일   묵나물 볶음, 11월 30일 ↓

등골나물

벌등골나물, 새등골나물

국화과 / 쌍떡잎식물 / 여러해살이풀
자라는 곳 산과 들   크기 100cm
꽃 필 때 7~10월

잎은 마주나고 녹색이며, 검은색 또는 투명한 점이 있고 양면에 털이 있다. 둥글고 긴 타원형으로 가장자리에 톱니가 있다. 원줄기는 곧게 서고 자줏빛의 점이 있다. 자줏빛을 띤 흰색 꽃은 여러 송이가 다닥다닥 한데 모여서 한 송이처럼 보인다. 열매는 10~11월에 익으며 종자는 흰색 갓털(씨방의 맨 끝에 붙은 솜털 같은 것)을 달고 있다.

민간에서는 벌레나 뱀에 물렸을 때 생잎을 짓찧어 환부에 발랐다. 항바이러스·해열·해독·소종·활혈·거풍 등의 효능이 있어 감기·인후염·편도선염·기관지염·관절염·월경불순 치료에 좋다. 열량이 낮아 다이어트에 효과적이고, 신경성 두통·소화불량·복부 팽만에도 등골나물을 먹으면 좋은 효과를 볼 수 있다.

기가 허하거나 위가 약한 사람은 나물을 먹지 않는다.

나물의 채취와 이용	
시 기	봄
채취법	연한 잎과 순을 뜯는다.
조리법	맵고 쓴맛이 강하므로 데친 후 하루 정도 맑은 물에 우려낸다.
음 식	나물 무침, 묵나물 볶음
효 능	항바이러스, 해열, 해독, 소종, 활혈
주 의	기가 허하고 위가 약한 사람은 피한다.

꽃 핀 모습, 7월 25일

↑뜯은 나물, 4월 20일   묵나물 볶음, 1월 7일

새순이 올라오는 모습, 4월 20일(나물하기 좋은 때)

자라는 모습, 4월 26일(이때도 나물하기 좋다)↓   꽃봉오리 모습, 5월 22일↓

딱지꽃

계조초, 위릉채, 황연미, 함마초

장미과 / 쌍떡잎식물 / 여러해살이풀
자라는 곳 들, 강가, 바닷가   크기 30~60cm
꽃 필 때 6~7월

잎이 바닥에 붙어 있는 모습이 딱지 같다. 잎은 어긋나고 깃꼴겹잎이며 작은 잎은 다시 깃꼴로 갈라진다. 앞면에는 털이 조금 있거나 없고, 뒷면에는 흰 솜털이 많다. 보랏빛 줄기는 여러 개가 뭉쳐나고, 줄기잎에는 털이 많으며, 잎자루에 작은 잎 15~25개가 마주 붙는다. 꽃은 노란색으로 피며, 열매는 8~9월에 익고 종자는 1개이다.

민간에서는 혈변, 장출혈, 피부의 열, 수포에, 나물 삶은 물 또는 가을에 채취한 잎과 줄기를 달여 마셨다. 전초를 '위릉채萎陵菜'라 하며, 가을에 채취한 것을 말려 달여 마신다. 위릉채 차는 해독·보신·해열·이뇨 작용을 하여 소변을 잘 보게 하는 효능이 있다. 감기·옴·피부의 염증·근육통·이질·자궁내막염·간질·중풍으로 인한 반신불수 치료에도 좋다.

나물의 채취와 이용	
시기	봄
채취법	연한 잎과 순을 뜯는다.
조리법	데쳐서 무친다. 묵나물은 볶는다.
음식	나물 무침, 묵나물 볶음
효능	해독, 보신, 해열, 이뇨
주의	–

↓ 새순이 올라오는 모습, 5월 7일(나물하기 좋은 때)　↓ 자라는 모습, 5월 18일(이때도 나물하기 좋다)

↓ 자라는 모습, 5월 18일(이때도 나물하기 좋다)　↓ 꽃 핀 모습, 8월 25일　↓ 열매를 맺은 모습, 9월 20일(열매 장아찌 하기 좋은 때)

땅두릅

뫼두릅, 멧두릅, 구안독활, 독오초

두릅나무과 / 쌍떡잎식물 / 여러해살이풀
자라는 곳 산　크기 150cm
꽃 필 때 7~8월

바람에 움직이지 않는다는 뜻으로 '독활'이다. 바람이 없을 때는 홀로 움직인다 하여 '독오초'라고도 한다. 잎과 줄기 전체에 약간의 털이 있다. 타원형의 잎은 어긋나고 2~3회 홀수깃꼴겹잎이며 표면은 녹색이고 뒷면은 흰빛이 도는 녹색이다. 흰색 꽃은 원추상 취산꽃차례를 이룬다. 열매는 장과로 9월에 검게 익는다.

　민간에서는 치통이 있을 때 뿌리를 달인 물로 양치를 했고, 땅두릅으로 술을 담가 먹으면 구안와사를 고친다 했다. 땅두릅은 풍증을 다스리고 습기를 없애며, 한기를 몰아내어 근육통·관절염·요통에 좋다. 풍으로 인한 마비 증상과 두통·신경통·만성 기관지염·감기 등에도 좋은 효과를 볼 수 있다. 몸이 찬 사람, 기운이 없거나 맥이 약하고 식욕이 없는 사람은 나물을 피한다.

나물의 채취와 이용

시 기	봄
채취법	어리고 연한 잎과 순을 뜯는다. 열매는 단단해지기 전에 딴다.
조리법	데쳐서 무친다. 초고추장에 찍어 먹는다. 묵나물은 볶는다. 장아찌
음 식	나물 무침, 묵나물 볶음, 장아찌
효 능	진통, 진정, 혈관 확장
주 의	몸이 차고, 맥이 약한 사람은 피한다.

땅두릅 열매 장아찌

1 열매가 딱딱하게 익지 않았을 때 채취한다.
2 간장·식초·술(소주, 정종)을 1 : 1 : 1의 비율로 함께 끓인 뒤 식혀서 열매가 푹 잠기도록 간장을 붓고 열매가 들뜨지 않도록 돌로 눌러 준다.
3 담근 것을 냉장고에 보관하고, 3~4일 뒤에 다시 간장을 끓여 붓는다(2~3회 반복하여 냉장 보관한다).

땅두릅회

땅두릅, **초고추장** : 고추장, 식초, 설탕, 잣
1 땅두릅을 연한 소금물에 파랗게 살짝 데친다.
2 먹기 좋은 크기로 쪼개거나 썰어 둔다.
3 고추장, 식초, 설탕을 넣어서 새콤달콤하게 초고추장을 만들고 잣을 섞는다.
4 데친 땅두릅에 초고추장을 곁들여 낸다.

땅두릅 장아찌

땅두릅, **달임장** : 간장, 까나리액젓, 식초, 마늘, 대파, 레몬, 자른 다시마, 물, 매실청, 마른 고추
1 땅두릅을 손질하여 줄기 부분을 반 또는 십자 모양으로 자른다.
2 소금을 넣은 끓는 물에 줄기 부분을 먼저 넣고 삶다가 잎을 넣어 데친다.
3 2를 한나절 정도 말린다.
4 레몬과 다시마를 제외한 모든 재료를 넣고 달임장을 끓인다.
5 팔팔 끓으면 불을 끄고 레몬과 다시마를 넣고 식힌 후 체에 거른다.
6 꾸덕해진 땅두릅을 통에 담고 달임장을 부어 누름돌로 눌러 놓는다.
7 1주일 후에 먹는다.

↑ 뜯은 나물, 5월 18일

↑ 열매 장아찌, 10월 10일

↑ 데쳐서 초고추장 찍어 먹기, 5월 19일

장아찌, 6월 15일 →

↑ 자라는 모습, 5월 15일(나물하기 좋은 때)

↑ 꽃 핀 모습, 7월 30일

↑ 뜯은 나물, 5월 15일

↓ 새순이 올라오는 모습(잎이 갈라지지 않음), 5월 3일   새순이 올라오는 모습(잎이 갈라짐), 5월 3일

묵나물 볶음, 12월 8일 ↓

뚝갈

뚝갈, 고채, 고직, 녹장, 녹수, 녹사

마타리과 / 쌍떡잎식물 / 여러해살이풀
자라는 곳 산과 들 크기 80~150cm
꽃 필 때 7~8월

전체에 흰색 털이 빽빽이 나 있다. 달걀처럼 둥근 모양의 잎은 마주나고 깃꼴로 깊게 갈라진다. 꽃은 가지 끝에 흰색으로 핀다. 열매는 달걀을 거꾸로 세운 모양으로, 둘레에 날개가 있다.

 민간에서는 여름에는 전초를, 가을에는 뿌리를 채취하여 말려서 달여 먹었으며, 위장병에 따르는 통증과 위궤양을 치료하는 효과가 있다고 한다. 뿌리는 '패장敗醬'이라고 하며, 진통제·해독제로 사용한다. 열로 인한 맹장염과 종기에 소염(消炎 : 염증을 없앰)·배농(排膿 : 고름을 뽑아냄) 작용을 하고, 어혈로 인한 통증에 효과가 있다. 간 기능 장애·산후 복통·안질·옹종·자궁내막염 등의 치료에도 사용한다. 활혈 작용이 강하므로 수술 전후나 산후 과다 출혈이 있을 때는 나물로 먹지 않는다.

나물의 채취와 이용	
시기	봄
채취법	어리고 연한 잎과 순을 뜯는다.
조리법	잎과 순에서 특유의 좋지 않은 냄새가 나므로 데친 후 맑은 물에 우려낸다.
음식	나물 무침, 묵나물 볶음, 된장국
효능	진통, 해독, 소염, 배농
주의	수술 전후, 산후 과다출혈이 있을 때에는 피한다.

꽃 핀 모습, 8월 30일

자라는 모습, 5월 12일(이때도 나물하기 좋다)

↓묵나물 생선 조림, 12월 23일   뜯은 나물, 4월 30일↓

새순이 올라오는 모습, 4월 30일(나물하기 좋은 때)↓

자란 잎 모습, 7월 10일↓

마타리

가암취, 가암취, 여영화, 패장, 황화용화

마타리과 / 쌍떡잎식물 / 여러해살이풀
자라는 곳 산이나 들 크기 60~150cm
꽃 필 때 7~9월

잎은 2장씩 마주난다. 잎자루는 짧고 깃털 모양으로 깊게 갈라지며 거친 톱니가 있다. 줄기는 곧게 서고 윗부분에서 가지가 갈라진다. 넓은 종 모양의 노란색 꽃들이 가지 끝과 원줄기 끝에 모여 우산 형태로 핀다. 열매는 9~10월에 익는데 타원형이다. 쓴맛이 있으므로 데쳐서 맑은 물에 우려낸다. 무칠 때 식초를 넣으면 맛이 더욱 좋아진다.

민간에서는 위장 통증과 복통이 있을 때 멥쌀과 나물로 죽을 쑤어 먹었고, 옴 같은 피부 질환에는 생풀을 짓찧어 발랐다. 해열·해독·배농·이뇨·소종·진통 등의 효능이 있어 어혈·위궤양·대하증·유행성이하선염·산후 복통·자궁내막염을 치료하고, 간을 보호하는 작용이 있어 간염·간 기능 개선에도 효과가 있다. 자궁 수축 작용이 있으므로 임신부와 위 또는 비장이 약한 사람은 나물을 먹지 않는다.

나물의 채취와 이용	
시 기	봄
채취법	어리고 연한 잎과 순을 뜯는다.
조리법	데친 후 맑은 물에 우려낸다. 나물을 무칠 때 식초를 넣으면 맛이 더 좋다.
음 식	나물 무침, 죽, 묵나물 볶음, 된장국
효 능	해열, 해독, 배농, 이뇨, 소종, 진통, 간 기능 개선, 자궁 수축 작용
주 의	임산부, 위·비가 약한 사람은 피한다.

↑ 자라는 모습, 5월 3일(이때도 나물하기 좋다) 꽃봉오리 모습, 8월 10일 ↓

↑ 꽃 핀 모습, 8월 16일

↑ 뜯은 나물, 5월 3일   묵나물 볶음, 12월 5일 ↓

돌마타리

들마타리, 돌개미취 (방언)

마타리과 / 쌍떡잎식물 / 여러해살이풀
자라는 곳 산, 반그늘의 바위틈   크기 20~60cm
꽃 필 때 7~9월

'바위 곁에 자라는 마타리'라는 뜻에서 붙여진 이름이다. 긴 타원 모양의 잎은 마주나고 깃꼴로 깊게 갈라지며 뾰족하고, 톱니가 있는 것도 있고 없는 것도 있다. 뒷면의 잎맥 위에는 털이 조금 나 있다. 줄기는 뭉쳐 나고 곧게 선다. 꽃은 위쪽 가지 끝에 노란색으로 핀다. 열매는 10월에 편평하고 납작하게 달린다. 채취할 때 줄기는 잎에 비해 빨리 세므로 연한 것으로 골라 뜯는다.

민간에서는 이질과 장염 치료에 돌마타리 전초를 말려 달여 마셨다. 해열·소염·이뇨·해독·청열(淸熱 : 성질이 찬 약으로 열을 내림)·활혈·배농 작용이 있어 어혈·이질·장염·충수염·간염을 치료하는 효능이 있다. 임산부나, 오래된 병으로 인해 위장이나 비장이 약한 사람은 나물을 먹지 않는다.

나물의 채취와 이용	
시 기	봄
채취법	연한 잎과 순을 뜯는다.
조리법	데쳐서 무친다. 묵나물은 볶는다.
음 식	나물 무침, 묵나물 볶음
효 능	해열, 소염, 이뇨, 해독, 청열, 활혈, 배농
주 의	임산부, 위·비가 약한 사람은 피한다.

↑ 꽃 핀 모습, 7월 20일

↑ 자라는 모습, 5월 6일

뿌리를 채취한 모습, 10월 26일 ↓

↑ 새순, 4월 27일   뿌리죽, 10월 28일 ↓

만삼

당삼, 태삼, 참더덕, 선초군, 삼엽채

도라지과 / 여러해살이풀 / 여러해살이풀
자라는 곳 깊은 산속 그늘   크기 1~2m
꽃 필 때 7~8월

잎의 양면과 줄기 전체에 털이 있으며 뒷면은 흰색이고 잎과 줄기, 뿌리에서 흰 유액이 나온다. 잎은 어긋나지만 작은 가지에서는 마주나는 것이 특징이며 달걀 모양의 타원형으로 가장자리가 밋밋하다. 종 모양의 자주색 꽃은 곁가지 끝에 1개씩 달린다.

 민간에서는 연한 잎과 줄기는 나물로 먹고, 뿌리는 달여 마시거나 죽을 쑤어 먹었다. 몸이 허약하고 기운이 없을 때, 입맛이 없고 소화가 안 될 때, 병을 앓고 난 후, 만성피로에 좋다. 뿌리는 산후 회복이나 만성 소모성 질병·만성 호흡기 질병·빈혈·당뇨병·만성위염·만성 소대장염·콩팥염으로 인한 단백오줌·붓기에 쓴다. 스테로이드 배당체가 강장 작용, 혈압을 낮추는 작용, 유기체의 저항성을 높이고 적혈구와 혈색소 양을 늘리는 작용, 억균 작용을 한다.

나물의 채취와 이용

시 기	5월 중순~6월 중순 : 잎줄기 이른 봄, 늦가을 : 뿌리
채취법	연한 잎, 줄기, 꽃, 뿌리를 채취한다.
조리법	데쳐 무친다. 뿌리는 찹쌀을 넣어 죽을 쑤어 먹는다.
음 식	쌈, 나물 무침, 꽃 샐러드, 죽
효 능	강장, 혈압 강하, 면역력 강화, 억균
주 의	열이 많고 과체중인 사람은 피한다.

↑ 자라는 모습, 5월 12일

↑ 열매 모습, 8월 29일

새순이 올라오는 모습, 5월 4일

↑ 뜯은 나물, 5월 12일

↑ 꽃 핀 전체 모습, 8월 13일   묵나물 볶음, 1월 17일 ↓

멸가치

멸치나물 · 개머위 (방언)

국화과 / 초롱꽃목 / 여러해살이풀
자라는 곳 산과 들에 다소 습기가 있는 곳 크기 50~100cm
꽃 필 때 8~10월

잎의 앞면은 윤기가 나고, 뒷면은 희고 솜털이 있다. 잎은 어긋나고 세 모난 심장 모양이다. 꽃은 흰색으로 피고 열매는 곤봉 같은 모양으로 달려 방사상으로 퍼진다.

민간에서는 피부가 거칠어졌을 때, 멸가치를 생으로 찧어 바르거나 달인 물로 세수를 했으며, 옷감을 염색하는 용도로도 달인 물을 사용 했다. 지혈 · 소염 · 이뇨 작용이 있고, 기침 · 심한 기침, 골절로 부었 을 때에 멸가치를 먹으면 효과가 있다.

몸에 열이 많은 사람은 한번에 나물을 많이 먹지 않는다.

나물의 채취와 이용	
시 기	4월 말~5월 중순
채취법	연한 잎을 뜯는다.
조리법	끓는 물에 데쳐 찬물에 우려낸 후 조리를 한다.
음 식	나물 무침, 묵나물 볶음, 된장국
효 능	지혈, 소염, 이뇨
주 의	열이 많은 사람은 많이 먹지 않는다.

꽃 핀 모습, 8월 12일 ↑

자란 모습, 5월 20일(이때도 나물하기 좋다)

↑ 뜯은 나물, 5월 20일   데쳐서 무침, 5월 23일 ↑

자라는 모습, 5월 15일(나물하기 좋은 때)   자란 여름 모습, 6월 24일

모시대

모싯대, 도라지잔대, 도라지모싯대

초롱꽃과 / 쌍떡잎식물 / 여러해살이풀
자라는 곳 산의 그늘진 숲 속   크기 40~100cm
꽃 필 때 7~9월

줄기는 곧게 선다. 달걀 모양 또는 넓은 피침형의 잎은 어긋나고 끝이 뾰족하며 가장자리에 톱니가 있다. 아래에 나는 잎은 둥근 심장형이다. 연한 자주색 꽃은 원줄기 끝에서 종 모양으로 핀다. 열매는 삭과이고 10~11월에 여문다.

　민간에서는 목감기, 인후염 치료에 사용했으며, 모시대 잎을 찧어 생즙을 내어 마시거나, 뿌리를 도라지처럼 초고추장에 무쳐 먹거나, 말려서 달여 마셨다. 종기가 나거나, 벌레나 뱀에게 물렸을 때 뿌리를 짓찧어 환부에 붙였다. 거담·해독·강장(强壯 : 몸을 건강하고 혈기 왕성하게 함) 작용을 하여 종기·감기·기관지염·폐결핵·인후염·위장병·간염·만성 식체·식욕부진을 치료하는 효능이 있다.

나물의 채취와 이용	
시 기	봄~초여름 : 잎줄기 늦가을~이듬해 봄 : 뿌리
채취법	어리고 연한 잎·순·뿌리를 채취한다.
조리법	생으로 무친다. 데쳐서 무친다. 묵나물은 볶는다. 뿌리는 초고추장에 무친다.
음 식	나물 무침, 묵나물 볶음
효 능	거담, 해독, 강장
주 의	-

↑ 꽃 핀 전체 모습, 9월 4일

새순이 올라오는 모습, 4월 20일(나물하기 좋은 때)
↓ 자라는 잎 모습, 6월 9일 ↓ 열매 모습, 10월 7일 ↑ 뜯은 모습, 4월 20일 김치, 4월 2일 ↓

묏미나리

멧미나리

미나리과 / 쌍떡잎식물 / 여러해살이풀
자라는 곳 산지의 계곡 옆, 습기가 많은 곳 크기 1~1.5m
꽃 필 때 8~9월

미나리와 비슷한 모양으로, 줄기는 곧게 서고 약간의 가지를 친다. 잎은 깃털 모양으로 2회 갈라지고 겹잎으로 큰 세모꼴을 이룬다. 잎 조각은 계란꼴로 가장자리에 톱니가 있다. 줄기에서 자라는 잎은 간격이 넓고 어긋나며 2~3회 깃털 모양으로 갈라지고 겹잎을 이룬다. 흰색의 작은 꽃들이 뭉쳐 우산 모양 꽃차례를 이룬다. 열매는 골돌과로 타원형이며 10월에 익는다.

민간에서는 땀띠가 났을 때, 생잎과 줄기를 찧은 즙을 환부에 발랐다. 미나리와 함께 손꼽는 대표적인 향채로 비타민 A·B₁·B₂·C, 칼슘·철분·인·단백질 등이 풍부한 알칼리성식품이다. 두통·구토·황달·심장병·신경통·류머티스 관절염을 치료하고 혈압을 내리는 효능이 있다. 몸이 차고 설사가 잦은 사람은 나물을 먹지 않는다.

나물의 채취와 이용	
시 기	봄
채취법	연한 잎과 순을 뜯는다.
조리법	겉절이, 김치를 담근다. 전을 부친다. 복어국·생선탕에 넣는다.
음 식	나물 무침, 김치, 전, 복어 국, 생선탕
효 능	해열, 진통, 소염
주 의	몸이 찬 사람은 피한다.

단풍과 열매가 익어 가는 모습, 10월 23일

자라는 모습, 5월 10일(이때도 나물하기 좋다)

꽃 핀 모습, 8월 17일

↑뜯은 나물, 5월 10일   나물 무침, 5월 13일

물레나물

물네나무, 연교, 대연교, 금사호접

물레나물과 / 쌍떡잎식물 / 여러해살이풀
자라는 곳 산과 들의 양지 쪽 풀밭 크기 50~100cm
꽃 필 때 6~8월

다섯 장의 노란색 꽃잎이 마치 물레방아가 돌아가는 것처럼 역동적인 모습으로 피어 독특한 느낌을 준다. 잎은 마주나고 뾰족하며 밑부분이 줄기를 감싼다. 줄기는 곧게 서고 가지가 갈라진다. 꽃은 줄기와 가지 끝에 핀다. 열매는 삭과이고 달걀 모양이다. 종자에는 작은 그물맥이 있고 한쪽에 모가 난 줄이 있다.

민간에서는 급성 신장염을 치료하기 위해 물레나물 생즙을 내어 마셨다. 전초를 채취하여 말려 달여 마시면 입안 염증과 인후염을 치료한다고 한다. 간을 보호하며, 지혈 작용이 있다. 두통·고혈압·토혈·림프절염·외상·부종·종기·간염에 효과가 있다.

물레나물은 성질이 차기 때문에 몸이 차거나 설사가 잦은 사람은 많이 먹지 않는다.

나물의 채취와 이용	
시 기	봄~초여름
채취법	연한 잎과 순을 뜯는다.
조리법	데쳐서 무친다. 묵나물은 볶는다.
음 식	나물 무침, 묵나물 볶음
효 능	지혈, 소염, 간 기능 개선
주 의	설사를 자주 하는 사람은 피한다.

↑ 꽃 핀 모습, 6월 4일

새순이 올라오는 모습, 4월 16일(나물하기 좋은 때)

↑ 뜯은 나물, 4월 25일

↓ 자라는 모습, 4월 30일(이때도 나물하기 좋다) ↓ 무침, 4월 27일   비빔밥, 4월 27일 ↓

미나리냉이

미나리황새냉이, 승마냉이, 삼나물(방언)

십자화과 / 쌍떡잎식물 / 여러해살이풀
자라는 곳 계곡 옆, 산지의 그늘진 곳   크기 40~70cm
꽃 필 때 6~7월

잎은 미나리를 닮고 꽃은 냉이를 닮았다. 줄기는 곧게 서고 부드러운 털이 있으며 위쪽에서 가지가 갈라진다. 잎은 어긋나고 새의 깃털처럼 갈라진다. 작은 잎은 5~7개로 이루어진 겹잎이고 달걀 모양의 긴 타원형이며 끝이 뾰족하고 가장자리에 톱니가 있다. 꽃은 가지와 줄기 끝에 흰색으로 피는데 총상꽃차례를 이룬다. 열매는 장각과(長角果 : 익으면 끝이 붙은 채 갈라지는 열매)이다.

민간에서는 기침과 호흡기 질환, 관절염에 나물로 먹거나 생즙을 먹었으며 생잎을 짓찧어 환부에 붙였다. 어린아이의 경련성 기침에는 잎과 줄기를 달여 먹이기도 했다. 알칼로이드·플라보노이드·테르펜·스테로이드 등의 성분이 함유되어 있어 기침·감기·백일해·호흡기 질환·관절염·타박상을 치료하는 효과가 있다.

나물의 채취와 이용	
시 기	봄
채취법	어리고 연한 잎과 순을 뜯는다.
조리법	생으로 무친다. 데쳐서 무친다. 묵나물은 볶는다.
음 식	나물 무침, 묵나물 볶음.
효 능	해열, 소염, 진통
주 의	—

꽃 핀 모습, 9월 12일

새순이 올라오는 모습, 4월 19일(나물하기 좋은 때)

↑ 뜯은 나물, 4월 24일   묵나물 볶음, 11월 27일 ↓

새순이 올라오는 모습, 4월 19일(나물하기 좋은 때)   자라는 모습, 4월 24일(이때도 나물하기 좋다) ↓

미역취

돼지나물, 미역나물 (방언)

국화과 / 여러해살이풀 / 여러해살이풀
자라는 곳 산과 들의 햇볕이 잘 드는 풀밭   크기 30~85cm
꽃 필 때 7~10월

특이하게도 나물에서 미역맛이 난다. 잎은 달걀 모양 또는 긴 타원 모양이며 표면에 약간의 털이 있고 톱니가 있다. 줄기는 곧게 서고 윗부분에서 가지가 갈라진다. 노란색 작은 꽃들이 꽃대 끝에 모여 핀다. 열매는 수과로 원통 모양이다. 쓴맛이 강하므로 데쳐서 맑은 물에 우려낸다. 나물을 무치거나 볶을 때 참기름을 넣으면 식물성 지방을 보충하는 효과가 있고 맛도 더욱 좋아진다.

민간에서는 종기나 피부염, 타박상에, 미역취를 짓찧어 즙을 내 환부에 발랐다. 미역취에는 비타민 C · 사포닌 · 식이섬유 · 엽산 · 칼륨 · 칼슘 등이 풍부하게 함유되어 있으며, 해열 · 이뇨 · 진해 · 건위(健胃 : 위를 튼튼하게 함) 작용을 하여, 감기 · 두통 · 황달 · 피부염 · 신장염 · 방광염을 개선한다.

나물의 채취와 이용	
시기	봄
채취법	연한 잎과 순을 뜯는다.
조리법	쓴맛이 강하므로 데친 후 맑은 물에 우려낸다. 참기름을 넣어 무친다.
음식	나물 무침, 묵나물 볶음
효능	해열, 이뇨, 진해, 건위
주의	—

↑ 꽃 핀 모습, 6월 1일

↑ 풋열매, 9월 23일 　 묵나물 볶음, 1월 3일 ↑

↓ 자란 잎 모습, 6월 12일 　 ↓ 뜯은 나물, 5월 8일

밀나물

우미채, 밀, 먹나물, 멧순

백합과 / 외떡잎식물 / 덩굴성 여러해살이풀
자라는 곳 산, 들 　**크기** 2~3m
꽃 필 때 5~7월

가지가 많이 갈라지고 줄기는 연하며, 잎겨드랑이로부터 자라는 덩굴손이 주변 나무나 다른 물체를 감으면서 자란다. 달걀 모양 또는 심장 모양의 긴 타원형 잎은 어긋나는데, 끝 부분은 뾰족하고 가장자리는 밋밋하다. 노란빛을 띤 녹색 꽃은 암수딴그루로, 잎겨드랑이에서 나온 꽃대의 꼭대기 끝에 여러 송이가 방사형으로 달린다. 열매는 장과로 둥글고 검은색으로 익는다.

민간에서는 타박상 치료에 밀나물을 썼으며, 생잎과 줄기를 짓찧어 환부에 붙였다. 밀나물에는 스테로이드steroid, 사포닌이 함유되어 있어 기운을 돋우고 혈액순환을 원활하게 하여 근육을 풀고 경락을 통하게 하는 작용을 한다. 감기 · 기침 · 두통 · 부종 · 폐결핵 · 타박상 · 근육통 · 관절통 · 염증 · 방광염을 치료하는 효능이 있다.

나물의 채취와 이용	
시기	봄
채취법	연한 잎과 순을 뜯는다.
조리법	데쳐서 무친다. 묵나물은 볶는다. 식초를 넣어 무친다.
음식	나물 무침, 초무침, 묵나물 볶음
효능	보양, 통경, 혈액순환 개선
주의	-

꽃 핀 모습, 9월 17일

새순이 올라오는 모습, 4월 23일(나물하기 좋은 때)

↑ 뜯은 나물, 5월 5일

나물 무침, 5월 5일 ↓

잎 전, 5월 5일

자라는 모습, 4월 29일(이때도 나물하기 좋다) ↓

바디나물

사약채, 흰사약채, 흰바디나물, 흰꽃바디나물, 개당귀나물 (방언)

미나리과 / 쌍떡잎식물 / 여러해살이풀
자라는 곳 산과 들의 반그늘, 습기가 있는 곳 크기 80~150cm
꽃 필 때 8~9월

줄기는 곧게 서고 모가 진 세로줄이 있으며 윗부분에서 가지가 갈라진다. 잎은 어긋나고 새의 깃털처럼 갈라지며 작은 잎은 3~5개가 난다. 잎의 가장자리는 깊이 패어 들어가고 톱니가 있다. 짙은 자주색 꽃은 줄기 위와 잎 사이에서 피며, 커다란 복산형꽃차례를 이룬다. 열매는 10~11월경에 익는데 골돌과로 편평한 타원 모양이다. '개당귀'라 불리는 지리강활과 잎이 비슷하므로 채취할 때 잘 살펴야 한다.

민간에서는 몸에 기력이 없을 때, 빈혈과 무기력증에, 뿌리를 넣은 닭백숙을 먹었다. 한방에서는 뿌리를 '전호前胡'라 하는데, 아랫배가 차가운 사람은 나물로만 먹어도 효과가 있다. 해열·진해·거담 작용이 있어 기침·감기·천식·기관지염·고혈압·당뇨병에 좋다. 몸이 차고 기운이 약해서 오는 기침이나 두통이 있는 사람은 먹지 않는다.

나물의 채취와 이용	
시기	봄
채취법	어리고 연한 잎과 순을 뜯는다.
조리법	데쳐서 무친다. 묵나물은 볶는다. 뿌리를 넣어 닭백숙·죽을 끓인다.
음식	나물 무침, 묵나물 볶음, 전, 닭백숙, 죽
효능	기력 보강, 해열, 진해, 거담
주의	기침·두통이 있는 사람은 피한다.

↑ 꽃봉오리 모습, 9월 7일

↑ 뜯은 바위솔, 6월 8일 샐러드, 6월 9일 ↓

↓ 정선바위솔 겨울을 나기 위한 동아, 10월 27일 ↓ 정선바위솔 꽃 핀 모습, 10월 23일

바위솔

와송, 와연화, 지붕지기, 와농

돌나물과 / 쌍떡잎식물 / 여러해살이풀
자라는 곳 바위 겉, 돌담, 기와지붕 크기 30cm
꽃 필 때 9월

여러해살이풀이지만 꽃이 피고 열매를 맺으면 죽는다. 뿌리에서 나온 잎은 방석처럼 둥글게 퍼지다가 끝이 굳어지며 가시처럼 된다. 원줄기에 달린 잎과 여름철 뿌리에서 자라는 잎은 끝이 굳지 않는다. 하얀색 꽃은 수상꽃차례를 이룬다. 열매는 골돌과로 10월에 익는다.

민간에서는 피부염과 습진이 있을 때 생잎을 찧어 환부에 바르거나 말린 것을 태운 가루를 복용했다. 토혈, 코피에는 10~15g(말린 것)을 물 1리터에 넣어 달여 마신다. 당뇨병에는 15g(말린 것)을 물 1되에 넣어 반으로 줄 때까지 은근히 달여 3~5회 나누어 마신다. 위장병·간염·간경화·신장염·고지혈증·월경불순에 좋고, 위암·폐암·대장암·자궁경부암 등에 항암 효과를 발휘하며, 노화 방지 효능이 있다. 암 환자 가운데 체중이 줄고 소화력이 약한 사람은 먹지 않는다.

나물의 채취와 이용

시기	봄~초여름, 가을(차)
채취법	연한 잎을 뜯는다. 가을에 채취해 말린다.
조리법	즙이나 차로 마신다. 샐러드를 한다. 쌀가루를 섞어 떡을 한다.
음식	즙, 샐러드, 떡, 차
효능	항암, 노화방지, 소염
주의	손발이 차고 아랫배가 찬 사람은 한번에 많이 먹지 않는다.

↓ 꽃 핀 모습, 7월 26일 ↓ 새순이 올라오는 모습, 4월 28일

↑ 열매, 자작나무를 감고 올라간 모습, 9월 30일

익모초 꽃을 감고 올라가는 모습, 5월 20일

열매찜, 10월 2일

데쳐서 무침, 5월 21일

박주가리

로아등, 뢰과, 라마자, 박조가리, 개수오(방언)

박주가리과 / 쌍떡잎식물 / 여러해살이풀
자라는 곳 들판, 풀밭 크기 3m
꽃 필 때 7~8월

박주가리는 전국 어디서나 잘 자라는, 덩굴성의 여러해살이풀이다. 긴 심장 모양의 잎은 마주나며 밋밋하고 뒷면은 분처럼 흰색을 띤다. 뿌리줄기에서 벋어 나온 덩굴이 주변 풀이나 나뭇가지들을 감고 올라간다. 꽃은 분홍색을 띤 흰색으로 피며, 열매는 뿔 모양으로 돌기가 많다. 납작한 모양의 종자는 온통 은백색 털로 덮여 있어 마치 명주실을 감고 있는 것처럼 보인다. 잎과 열매에는 고기를 부드럽게 하는 성분이 있으므로 갈비찜, 생선 조림에도 좋다.

민간에서는 출산 후 젖이 잘 나오지 않을 때 박주가리 나물을 먹었고, 정력 증강과 자양강장제로 썼다. 해독 작용이 있고, 방광염·피부염·출혈과 상처를 치료하는 효능이 있다. 잎·줄기·열매·뿌리에서 우유빛 즙이 나오는데 이 즙을 바르면 피부염이 낫는다.

나물의 채취와 이용

시 기	4월 말~5월 말 : 잎 10월 : 열매
채취법	어리고 연한 잎과 줄기를 뜯는다. 열매는 덜 익은 것을 채취한다.
조리법	데쳐서 무친다. 열매는 생으로, 찌거나 국으로 먹는다. 고기 양념으로 쓴다.
음 식	나물 무침, 갈비찜, 생선 조림
효 능	젖 분비 촉진, 정력 증강, 자양강장
주 의	자란 잎과 줄기엔 독성이 있다.

꽃 핀 모습, 7월 10일

뜯은 나물, 5월 15일   묵나물 볶음, 12월 12일

새순이 올라오는 모습, 5월 4일(나물하기 좋은 때)   자라는 모습, 5월 15일(이때도 나물하기 좋다)   꽃대가 올라오는 모습, 7월 1일

박쥐나물
산귀박쥐나물, 까막취(방언)

국화과 / 쌍떡잎식물 / 여러해살이풀
자라는 곳 높고 깊은 산   크기 60~120cm
꽃 필 때 8~9월

박쥐가 날개를 펼친 모습을 연상시키는 잎 모양 때문에 붙여진 이름이다. 세모난 창 모양의 잎은 어긋나고 아랫부분은 심장 모양이며 가장자리에 자잘한 톱니가 있다. 흰색 꽃은 줄기 끝 부분에 두상화가 원추꽃차례로 달린다.

민간에서는 간과 쓸개에 통증이 있을 때 효과가 있다고 하며, 어혈을 풀고 부종을 삭게 한다 하여 산후풍 치료에 썼다. 살충 효과가 있어 전초를 말려 모깃불로 태웠다.

데쳐서 충분히 우려내지 않으면 설사하는 경우가 있으므로 조리하기 전에 맑은 물에 한참을 우려내야 한다.

나물의 채취와 이용	
시 기	봄
채취법	어리고 연한 잎과 순을 뜯는다.
조리법	데쳐서 무친다. 묵나물은 볶는다.
음 식	나물 무침, 묵나물 볶음
효 능	어혈, 부종, 산후풍 치료, 살충
주 의	충분히 우려내지 않으면 설사한다.

↑ 새순이 올라오는 모습, 5월 1일
↑ 꽃 핀 모습, 7월 29일
샐러드, 5월 9일 ↓

↑ 향신료로 쓰기 위해 말린 잎, 5월 29일
↑ 뜯은 나물, 5월 6일

박하

구박하, 야식향, 인단초

꿀풀과 / 쌍떡잎식물 / 여러해살이풀
자라는 곳 습기가 있는 들이나 개울가 크기 60~100cm
꽃 필 때 7~9월

박하의 잎은 가장자리에 톱니가 있고 마주나며 잎자루가 있는 홑잎이다. 잎 표면에는 기름샘이 있어 기름을 분비하는 특징이 있다. 줄기는 표면에 털이 있으며 사각형이다. 엷은 보라색 꽃은 이삭 모양으로 핀다. 연한 갈색 열매 속에는 달걀 모양의 종자가 들어 있다.

민간에서는 오래 전부터 박하의 독특하고 시원한 향기 성분을 이용해 사탕이나 화장품, 청량제, 향료를 만들어 사용해 왔다. 박하의 주성분인 멘톨menthol은 단일 고리 모노테르펜monoterepene에 속하는 알코올로, 진통·구충·건위의 효능이 있다.

몸이 차고 기운이 약한 사람은 나물을 먹지 않는다.

나물의 채취와 이용

시기	5월
채취법	어리고 연한 잎을 뜯는다.
조리법	다른 채소들과 섞어 샐러드를 만든다. 겉절이 한다.
음식	샐러드, 무침, 쌈, 향신료, 사탕
효능	진통, 구충, 건위
주의	몸이 차고 기운이 약한 사람은 피한다.

꽃 핀 전체 모습, 9월 17일 ↑

새순이 올라오는 모습, 4월 16일(나물하기 좋은 때)

↑ 뜯은 나물, 4월 23일   데쳐서 무침, 4월 26일 ↓

새순이 자라는 모습, 4월 30일 ↓

자란 모습, 6월 24일 ↓

방아풀
연명초, 회채화

꿀풀과 / 쌍떡잎식물 / 여러해살이풀
자라는 곳 산과 들 크기 50~100cm
꽃 필 때 8~9월

네모진 줄기는 곧게 서고, 넓은 달걀 모양의 잎은 마주나며, 끝이 뾰족하고 가장자리에 톱니가 있다. 연한 자주색 꽃은, 줄기와 잎겨드랑이에서 자란 가지에 핀다. 열매는 분열과(分裂果 : 겹씨방에서 생긴 과실로, 성숙하면 암술을 구성하는 잎만큼 열매가 하나씩 떨어짐)로 납작한 타원형이다. 쓴맛이 있으므로 데친 후 맑은 물에 우려낸 다음 조리하는 게 좋은데, 지나치게 많이 우려내면 특유의 향이 사라지므로 주의한다.

민간에서는 벌레에 물렸을 때, 방아풀의 잎과 줄기를 짓찧어 생즙을 마시거나 환부에 발랐다. 잎과 줄기에 플렉토란틴plectoranthin이 함유되어 있어 해독·소종·건위·진통의 효능이 있다. 소화불량·복통·종기 치료에 좋은 효과를 보인다.

나물의 채취와 이용	
시 기	봄
채취법	어리고 연한 잎과 순을 뜯는다.
조리법	쓴맛이 있으므로 데친 후 맑은 물에 우려내고 조리한다.
음 식	나물 무침, 된장국
효 능	해독, 소종, 건위, 진통
주 의	많이 우려내면 특유의 향이 사라진다.

↑ 열매, 8월 7일(나물하기 좋은 때)

자라는 잎 모습, 5월 10일(나물하기 좋은 때)

↓ 꽃 핀 모습, 7월 20일　　↓ 뿌리를 캔 모습, 12월 27일　　↓ 장아찌, 6월 25일　　열매찜, 9월 20일 ↓

백하수오

큰조롱, 백수오, 은조롱, 새박풀

박주가리과 / 쌍떡잎식물 / 덩굴성 여러해살이풀
자라는 곳 산기슭 양지 풀밭, 바닷가 경사지　크기 1~3m
꽃 필 때 7~8월

백하수오를 먹으면 흰머리가 다시 검어진다는 말이 있을 만큼, 우리 몸에 필요한 각종 비타민과 단백질·탄수화물·미네랄·아미노산이 풍부하다. 노란빛을 띤 연녹색 꽃이 산형꽃차례로 달린다. 9월에 익는 열매는 골돌과이고 바소꼴이다. 종자는 희고 빛이 나며 긴 털이 있다.

민간에서는 현기증이 나거나 식은땀이 날 때, 기력이 떨어지고 몸이 허할 때, 백하수오 뿌리, 대추, 멥쌀로 죽을 끓여 먹었다. 보혈·익정·소종·자양 강장의 효능이 있어 신체 허약·조기 백발·빈혈·병후 쇠약·신경쇠약·불면증 등을 치료하는 데 좋다.

장을 유연하게 하고 수렴 작용이 있으므로 설사를 하거나 습담이 있는 경우에는 나물을 먹지 않는다. 내복자라는 약초와는 함께 사용을 금한다.

	나물의 채취와 이용
시기	봄 : 잎 / 여름 : 열매 가을~이듬해 봄 : 뿌리
채취법	연한 잎, 열매는 단단해지기 전에, 뿌리는 캔다.
조리법	잎 : 나물 무침, 묵나물 볶음, 장아찌 열매 : 생식, 찜 / 뿌리 : 차, 죽, 닭백숙, 주스
음식	나물 무침, 죽, 닭백숙, 뿌리차
효능	보혈, 익정, 소종, 자양강장
주의	내복자라는 약초와는 함께 사용하지 않는다.

꽃봉오리, 4월 26일

자라는 모습, 4월 20일(나물하기 좋을 때)

↓ 묵나물 볶음, 12월 3일   꽃 핀 모습, 5월 24일 ↑   새순이 올라오는 모습, 4월 12일 ↑   군락을 이루어 꽃 핀 모습, 4월 12일 ↓

벌깨덩굴

벌깨덩굴, 줄방아(방언)

꿀풀과 / 쌍떡잎식물 / 여러해살이풀
자라는 곳 산지의 그늘진 곳 크기 15~30cm
꽃 필 때 5~6월

들깻잎처럼 생겼는데 벌판에 자란다고 해서 붙여진 이름이다. 심장 모양의 잎은 마주나고 가장자리에 톱니가 있다. 네모진 줄기에는 털이 조금 나 있다. 꽃은 자줏빛으로 피고, 열매는 7~8월에 달걀 모양으로 달린다.

민간에서는 종기나 상처로 인해 부었을 때, 생즙을 짓찧어 환부에 붙이거나 나물 삶은 물을 발랐다. 청열·해독·소종·지통 작용이 있어서 열을 내리고 종기의 독을 풀어 통증을 완화시키는 효과가 있다. 감기·종기·통증이 있을 때 나물로 먹으면 좋고, 혈액순환에도 도움이 된다.

나물의 채취와 이용	
시기	봄
채취법	어리고 연한 잎과 순을 뜯는다.
조리법	데쳐서 무친다. 묵나물은 볶는다. 된장국을 끓인다.
음식	나물 무침, 묵나물 볶음, 된장국
효능	청열, 해독, 소종, 지통
주의	—

↑ 꽃 핀 모습, 6월 14일

↓ 새순이 올라오는 모습, 5월 4일(나물하기 좋은 때)

↑ 뜯은 나물, 5월 10일   묵나물 볶음, 12월 3일 ↓

↓ 군락을 이루어 자라는 모습, 5월 10일(나물하기 좋다)   ↓ 새순이 올라오는 모습, 5월 4일(나물하기 좋은 때)

범꼬리

만주범의꼬리

마디풀과 / 쌍떡잎식물 / 여러해살이풀
자라는 곳 깊은 산 풀밭의 양지　크기 15~50cm
꽃 필 때 6~7월

범의 꼬리를 연상시키는 독특한 꽃 모양 때문에 붙여진 이름이다. 긴 달걀 모양의 잎은 어긋나고 잎자루가 길다. 가장자리는 밋밋하고 뒷면은 흰빛이다. 꽃은 연분홍 또는 흰색으로 피며 열매는 수과로 9~10월에 익는다.

민간에서는 입 안에 염증이 있을 때 입가심용으로 사용했다. 탄닌질tannin · 클로로겐산chlorogenic acid · 카페산caffeic acid · 플라보노이드flavonoid 성분이 있어 열을 내리고 경기를 다스리며 지사 · 지혈 작용을 한다. 염증 · 종기 · 이질 · 장염 · 혈변을 치료하는 효능이 있다.

나물의 채취와 이용	
시 기	봄
채취법	어리고 연한 잎과 순을 뜯는다.
조리법	데쳐서 무친다. 묵나물은 볶는다.
음 식	나물 무침, 묵나물 볶음
효 능	해열, 소염, 소종, 지사, 지혈
주 의	-

꽃대가 올라오는 모습, 6월 23일

자라는 모습, 5월 12일(나물하기 좋다)

↑뜯은 나물, 5월 15일   장아찌, 6월 10일↓

꽃 핀 모습, 8월 16일↓

새순이 올라오는 모습, 5월 1일↓

병풍쌈

큰병풍, 병풍, 병풍취

국화과 / 박쥐나물속/ 여러해살이풀
자라는 곳 깊은 산의 숲 속   크기 1~2m
꽃 필 때 7~9월

'산나물의 여왕'이라고 불릴 만큼 맛과 향이 뛰어나다. 넓게 펼쳐진 잎이 병풍을 닮아 '병풍취'로 더 알려져 있다. 커다란 손바닥처럼 펼쳐진 잎은 원형 또는 심장형이고 불규칙한 톱니가 있으며, 앞면은 녹색, 뒷면은 연한 녹색으로 그물맥이 있고 잎맥 위에는 털이 있다. 줄기는 매우 키가 크고 종선이 있으며, 곧게 서고 줄기 하나에 잎이 하나씩 달리는 것이 특징이다. 노란색 꽃이 줄기 끝에 피며 열매는 수과이고 관모는 연한 회백색이다.

민간에서는 봄철 병풍쌈을 나물로 먹으면 초기 중풍을 고칠 수 있다고 했을 만큼 중풍 치료에 효과가 좋은 영양소들을 많이 함유하고 있다. 병풍쌈은 어지럼증을 치료하는 효능이 있고, 비타민과 섬유질이 풍부하여 다이어트와 피부 미용에도 좋다.

나물의 채취와 이용	
시기	봄
채취법	어리고 연한 잎과 줄기를 뜯는다.
조리법	데쳐서 무친다. 묵나물을 만든다. 장아찌를 담근다. 줄기는 샐러드에 넣는다.
음식	쌈, 샐러드, 나물 무침, 묵나물 볶음
효능	중풍, 어지럼증 치료, 다이어트, 피부 미용
주의	-

↑ 꽃 핀 모습, 9월 6일

↑ 뜯은 나물, 5월 9일   나물 무침, 5월 10일 ↓

↑ 자라는 모습, 5월 8일(이때도 나물하기 좋다)   ↑ 자란 모습, 6월 16일   새순이 자라는 모습, 5월 2일(나물하기 좋은 때)

북분취

호랑가시나물(방언)

국화과 / 쌍떡잎식물 / 여러해살이풀
자라는 곳 깊은 산의 양지 크기 1m
꽃 필 때 8~9월

줄기는 곧게 선다. 달걀 모양 또는 피침형의 잎은 어긋나고 밑은 뾰족하다. 가장자리에 톱니가 있거나, 불규칙한 모양으로 날카롭고 깊게 갈라진다. 갈라진 잎은 긴 타원형으로 불규칙한 치아상 톱니가 있다. 자홍색 꽃은 산방형을 이루며 핀다. 열매는 수과이고 10~11월에 여문다.

민간에서는 나물로 먹으면 기관지염·인후통·고혈압에 좋다고 했으며, 나물 데친 물을 피부에 바르면 건선을 치료한다고 했다.

데친 후 맑은 물에 쓴맛을 우려내도 되고, 쓴맛이 그다지 강하지 않기 때문에 바로 조리를 해도 된다. 묵나물로 먹으면 맛과 향이 더욱 좋다.

나물의 채취와 이용	
시 기	봄
채취법	연한 잎과 순을 뜯는다.
조리법	데쳐서 무친다. 묵나물은 볶는다.
음 식	나물 무침·볶음, 묵나물 볶음
효 능	소염, 건선 치료
주 의	-

꽃 핀 모습, 6월 30일 ↑

새순이 올라오는 모습, 5월 2일(나물하기 좋은 때)

↓ 된장국, 5월 21일   뜯은 나물, 5월 20일 ↑   자라는 모습, 5월 20일(이때도 나물하기 좋다) ↓   무늬종 비비추, 6월 26일 ↓

비비추

바위비비추, 장병백합, 장병옥잠, 미역나물(방언)

백합과 / 외떡잎식물 / 여러해살이풀
자라는 곳 산의 물가, 반그늘, 햇볕이 잘 들고 습한 곳   **크기** 30~40cm
꽃 필 때 7~8월

넓은 타원형의 잎은 진한 녹색으로 뿌리에서 돋아나 비스듬히 자란다. 종처럼 생긴 꽃이 연한 보랏빛으로 피고, 6개의 수술과 1개의 암술이 꽃 밖으로 길게 나온다. 열매는 긴 타원형으로 9~10월에 익으며, 속에 날개 달린 검은 종자를 품는다.

민간에서는 상처가 났을 때, 화상을 입었을 때, 뱀에 물렸을 때, 비비추 잎을 짓찧어 발랐다. 종기·치통·위통·인후종통 등의 통증을 완화시키고 산모의 젖몸살, 월경불순을 치료하는 효능이 있다. 피부궤양·탈모·대하·중이염·림프절결핵에도 효과가 있고 몸이 허약하고 기가 허할 때에도 좋다. 조리하기 전에 삶은 후 거품이 나지 않을 때까지 손으로 비벼 씻어야 한다. 생으로 먹거나 삶아서 거품을 제거하지 않고 바로 먹으면 체질에 따라 배앓이를 하는 경우가 있다.

나물의 채취와 이용	
시 기	봄
채취법	어리고 연한 잎과 순을 뜯는다.
조리법	삶은 후 거품이 나지 않을 때까지 손으로 비벼 씻은 후 조리한다.
음 식	나물 무침, 묵나물 볶음, 장아찌, 된장국
효 능	소염, 진통, 보양
주 의	생으로 먹거나 삶아 거품을 제거하지 않으면 체질에 따라 배앓이를 할 수 있다.

↑단풍 든 모습, 10월 13일 　↑자란 모습, 5월 30일 　↑꽃 핀 모습, 5월 17일
↑자라는 모습, 4월 20일
↑뜯은 나물, 4월 22일 　데쳐서 무침, 4월 22일↑

비짜루

-용수채, 빗자루, 닭의비짜루, 노간주비짜루, 바지깨나물·밀풀(방언)

백합과 / 외떡잎식물 / 여러해살이풀
자라는 곳 산속의 풀밭과 그늘　크기 50∼100cm
꽃 필 때 5∼6월

식물 전체의 모습이 빗자루를 닮았다. 원줄기와 굵은 가지의 잎은 밑을 향해 가시처럼 자라고, 잔가지는 잎처럼 생겼으며 줄 모양이다. 잔가지의 잎은 막질의 비늘조각으로 퇴화한다. 꽃은 연한 녹색으로 2∼6개씩 모여 피며, 암수딴그루이다. 붉은색 열매는 장과로 둥글다. 비짜루 잎은 빨리 세므로, 채취할 때 녹색이 되기 전의 연한 연두색 잎을 뜯고, 뜯은 나물은 가급적 빨리 데쳐 조리한다.

민간에서는 비짜루를 천식 약으로 썼으며, 전초를 말려 달여 마시면 효험이 있다고 한다. 지혈·강장·진해·이뇨의 효능이 있고, 기관지염을 치료하는 효과가 있다.

나물의 채취와 이용	
시 기	봄
채취법	연한 잎을 뜯는다.
조리법	데쳐서 무친다. 식초에 절임한다.
음 식	나물 무침, 초절임
효 능	지혈, 강장, 진해, 이뇨
주 의	뜯은 나물은 금방 세기 때문에 가급적 빨리 데쳐 조리한다.

꽃 핀 모습, 6월 4일 ↑

↑ 뜯은 나물, 5월 9일   묵나물 볶음, 11월 9일 ↓

자라는 모습, 5월 9일(나물하기 좋다)

새순과 꽃봉오리가 함께 올라오는 모습, 5월 9일   자란 모습, 5월 17일(이때도 나물하기 좋다) ↓

뻐꾹채

뻐꾹나물, 루로, 대화계

국화과 / 쌍떡잎식물 / 여러해살이풀
자라는 곳 산과 들의 햇빛이 잘 드는 양지   크기 30~70cm
꽃 필 때 5~8월

'뻐꾸기가 울 무렵에 꽃이 피는 풀'이라는 뜻을 알고 보면 왠지 정감이 느껴지고 남달라 보인다. 식물 전체가 흰색 털로 덮여 있고 가지는 없다. 잎은 어긋나고 끝이 둔하며 완전히 갈라진다. 붉은빛을 띤 자주색 꽃이 독특하면서도 정겹다. 쓴맛이 나므로 데쳐서 맑은 물에 우려낸 뒤 조리하는 것이 좋다.

민간에서는 뻐꾹채가 특히 쇠붙이에 다친 상처에 좋다고 하며, 생즙을 내어 붙였다. 뿌리 달인 물을 마시면 만성위염에 좋고, 해열, 해독, 두드러기를 치료하는 작용을 한다. 또한 출산 후 젖이 잘 분비되게 하고, 고름을 빼내며, 풍습으로 인한 마비와 경련, 근육과 뼈의 통증을 치료하는 효능이 있다.

나물의 채취와 이용	
시 기	봄
채취법	어리고 연한 잎을 뜯는다.
조리법	쓴맛이 나므로 데친 후 맑은 물에 우려낸다. 묵나물은 볶는다.
음 식	나물 무침, 묵나물 볶음
효 능	해열, 해독, 마비와 경련, 근육과 뼈의 통증 완화, 만성위염 치료
주 의	-

↑ 꽃 핀 모습, 9월 30일

↓ 새순이 올라온 모습, 5월 10일(나물하기 좋은 때)
↑ 뜯은 나물, 5월 10일   묵나물 볶음, 1월 10일 ↓

↓ 참나무 옆에서 자란 모습, 5월 29일   ↓ 잎 앞뒷면. 거미줄 같은 털이 있다, 5월 14일

사창분취

큰비단분취, 털분취(방언)

국화과 / 쌍떡잎식물 / 여러해살이풀
자라는 곳 강원 이북의 높은 산 크기 50~100cm
꽃 필 때 9~10월

강원 이북에 자라는 우리나라 특산식물이다. 뿌리잎은 달걀 모양이고 잎 끝은 심장 모양이며 가장자리에 잔 톱니가 있다. 잎 양면에는 거미줄 같은 털이 있으며 뒷면은 백색이다. 위쪽으로 갈수록 잎들은 피침형으로 작아진다. 줄기는 곧게 서고 가지는 갈라지며 줄이 있고 거미줄 같은 털이 있다. 꽃은 줄기와 가지 끝에 홍자색의 두상화가 모여 산방꽃차례로 달린다. 조리하기 전에 거미줄 같은 털을 깨끗이 제거한 뒤에 데친다.

  민간에서는 황달, 간염 치료약으로 사용했으며, 잎과 줄기를 말려 달여 마셨다. 지혈·토혈·활혈·진해의 효능이 있어 기관지염·인후통·고혈압·안질·폐렴을 치료하는 데 좋다.

나물의 채취와 이용	
시 기	봄
채취법	연한 잎과 순을 뜯는다.
조리법	데쳐서 무친다. 묵나물은 볶는다.
음 식	나물 무침, 묵나물 볶음
효 능	지혈, 토혈, 활혈, 진해
주 의	털을 깨끗이 제거하고 데친다.

↑ 열매 맺은 모습, 6월 7일

↑ 뜯은 나물, 4월 23일   장아찌, 5월 15일 ↑

↑ 자라는 모습, 4월 23일(나물하기 좋은 때)   어린 싹, 4월 15일 ↑   열매 맺은 모습, 6월 7일 ↑

산마늘

명이, 맹이, 멩이, 명이나물

백합과 / 외떡잎식물 / 여러해살이풀
자라는 곳 산속의 숲   크기 25~40cm
꽃 필 때 5~7월

산마늘은 맛과 냄새가 마늘을 닮았다. 잎은 2~3장이 줄기 밑에서 붙어 나고 잎몸은 달걀 모양의 타원형이다. 꽃은 꽃줄기 끝에 산형꽃차례로 달린다. 열매는 삭과로 8~9월에 익는다.

민간에서는 '보릿고개 때 목숨을 연명해 주던 풀'이라 하여 산마늘을 매우 귀하게 여겼다. 해충이나 뱀에 물렸을 때 산마늘을 먹으면 몸 속에 있는 독에 대한 저항력이 생긴다고도 전한다. 소화 기능과 신진 대사를 촉진하고, 염증과 타박상을 치료한다. 콜레스테롤을 낮추어 생활습관병을 예방하는 효능이 있으며, 스코류지닌 성분이 함유되어 있어 자양강장에 효과적이다.

끓는 물에 데치면 특유의 매운맛이 사라지므로 살짝 데치는 것이 좋다. 한번에 많이 먹으면 위의 점막을 자극하므로 조금씩 먹는다.

나물의 채취와 이용	
시 기	봄
채취법	연한 잎을 잎자루째 뜯는다.
조리법	쌈, 데쳐서 무친다. 장아찌를 담근다.
음 식	쌈, 장아찌, 나물 무침
효 능	소염, 콜레스테롤 저하, 자양강장
주 의	한번에 많이 먹으면 위의 점막을 자극한다. 끓는 물에 데치면 특유의 매운맛이 사라진다.

↑ 꽃 핀 모습, 10월 9일 　　자란 모습, 4월 17일(이때도 연한 잎은 나물하기 좋다.)

↑ 열매 모습, 10월 24일

↑ 뿌리, 4월 17일　　장아찌, 5월 30일 ↓

산부추

산구, 후피산구, 산정구지

백합과 / 외떡잎식물 / 여러해살이풀
자라는 곳 산기슭의 양지　크기 30~60cm
꽃 필 때 8~10월

비늘줄기는 창처럼 길고 끝이 뾰족하다. 둔한 삼각형 모양의 잎은 비스듬히 자라고 잿빛을 띤 흰색이며 두껍다. 붉은 자주색 꽃은 꽃자루 끝에 여러 송이가 모여 둥근 산 모양을 이룬다. 열매는 삭과이다.

민간에서는 신경통 치료에, 생 알뿌리를 짓찧어 환부에 발랐다. 생으로 먹으면 어혈을 풀어 주고, 익혀서 먹으면 위장을 튼튼하게 한다. 사포닌 성분이 함유되어 있어, 오래 먹으면 혈관계 질환·고혈압·동맥경화·심장병·협심증·당뇨병 예방에 큰 효과가 있고, 특히 간에 좋다. 청혈·해열·거담·진통 작용을 하여, 위염·장염·간염·기관지염에 좋으며, 감기·갑상선질환·천식·소화불량을 개선하는 효과가 있다. 열이 많고 더위를 많이 타거나, 고혈압 환자는 한꺼번에 많이 먹거나 오래 먹지 않는다.

나물의 채취와 이용	
시기	봄
채취법	연한 잎을 뜯고 뿌리를 캔다.
조리법	된장찌개에 넣는다. 장아찌를 담근다. 전을 부친다. 나물 잡채를 한다.
음식	무침, 된장찌개, 장아찌, 부침, 나물잡채
효능	청혈, 해열, 거담, 간 기능 개선
주의	몸에 열이 많고 더위를 많이 타는 사람, 고혈압 환자는 피한다.

꽃과 은줄표범나비, 9월 17일

↑ 뜯은 나물, 4월 27일

묵나물 볶음, 11월 7일

새순이 올라오는 모습, 4월 27일(나물하기 좋은 때)

자라는 모습, 6월 10일

산비장이
조선마화두, 큰산나물

국화과 / 쌍떡잎식물 / 여러해살이풀
자라는 곳 산의 풀밭 크기 30~140cm
꽃 필 때 7~10월

산비장이는 꽃과 잎이 엉겅퀴와 흡사하지만 가시가 없는 점이 다르다. 긴 타원형의 잎은 끝이 뾰족하고 깃털 모양으로 깊게 갈라지며, 가장자리는 불규칙한 톱니 모양이다. 꽃은 연하고 붉은 자주색으로 피고 열매는 수과로서 원통형이다. 산비장이는 조금만 자라도 억세기 때문에 가급적 빨리 채취하는 것이 좋고, 약간 쌉쓸한 맛이 나므로 데쳐서 맑은 물에 우려낸 뒤에 조리해야 맛이 좋다.

민간에서는 산비장이가 혈액 속의 콜레스테롤을 낮추고, 몸속에 쌓인 독소를 해독하는 효능이 있으며, 생리통에 잘 듣는다고 했다. 치질에는 생잎을 짓찧어 환부에 바르면 효과가 좋다고 한다.

나물의 채취와 이용	
시 기	봄
채취법	어리고 연한 잎을 뜯는다.
조리법	데친 후 맑은 물에 우려낸다. 묵나물은 볶는다. 된장국에 넣어 먹는다.
음 식	나물 무침, 묵나물 볶음, 된장국
효 능	콜레스테롤 저하, 해독, 생리통, 치질 치료
주 의	-

↑ 자라는 모습, 5월 16일   자란 모습, 6월 13일(차나 담금주용으로 좋은 때)↓

↑ 새순이 올라오는 모습, 4월 14일

↑ 꽃 핀 모습, 5월 3일   장아찌, 6월 20일↓

삼지구엽초

음양곽, 강전, 기장초, 방장초, 선령비

매자나무과 / 쌍떡잎식물 / 여러해살이풀
자라는 곳 온도가 낮은 고산   크기 30cm
꽃 필 때 4~5월

원가지에서 가지가 3개로 갈라지고 그 끝마다 잎이 3개씩 달려 붙여진 이름이다. 황록색 줄기는 가늘고 광택이 난다. 잎은 달걀처럼 한쪽이 갸름하고 둥근 심장 모양으로 끝은 뾰족하다. 가장자리는 황색이고 잔 톱니가 있다. 꽃은 황백색으로 아래를 보며 갈라진 형태로 핀다. 양끝이 뾰족한 원기둥 모양의 열매가 8월에 딱딱하게 달린다.

민간에서는 신경쇠약이나 원기 회복 약으로 썼으며, 차로 마시거나 술을 담가 마셨다. 진해 · 거담 · 혈압 강하 · 혈당 강하 · 콜레스테롤 강하 · 진정 · 소염 작용 등이 있어 고혈압 · 건망증 · 음위증 · 히스테리 · 구안와사 · 허리와 다리의 무력증 · 팔다리의 경련 · 발기력 부족에 효과가 있다. 음기가 부족하고 열이 많은 사람이나 양기가 지나치게 충만한 사람은 나물과 차를 먹지 않는다.

나물의 채취와 이용

시 기	봄 : 잎 / 여름 : 잎, 줄기
채취법	연한 잎과 줄기를 뜯는다.
조리법	잎과 줄기를 말려 차나 술을 담근다. 데쳐서 볶는다. 장아찌를 담근다.
음 식	나물 무침, 묵나물 볶음, 장아찌
효 능	원기회복, 진해, 거담, 진정, 소염, 혈압 · 혈당 · 콜레스테롤 강하
주 의	음기 부족, 열이 많은 사람, 양기 충만한 사람은 피한다.

↑ 꽃 핀 모, 9월 13일

새순이 올라오는 모습, 4월 19일(나물하기 좋을 때)

↑ 뜯은 나물, 4월 30일 묵나물, 5월 5일↓ 묵은 줄기와 함께 자라는 모습, 5월 2일↓ 꽃봉오리가 맺힌 모습, 7월 10일↓

삽주

적출, 산정, 선출, 산계, 창출, 상출

국화과 / 쌍떡잎식물 / 여러해살이풀
자라는 곳 산속의 건조한 곳 크기 30~100cm
꽃 필 때 7~10월

잎은 어긋나고 깃꼴로 갈라지며, 앞면은 광택이 나고 뒷면에는 흰빛이 돈다. 꽃은 흰색 또는 홍자색으로 원줄기 끝에 모여 핀다. 열매는 9~10월에 갈색으로 익는다.

민간에서는 소화불량일 때 뿌리를 가루로 만들어 먹었다. 삽주 뿌리에는 정유 성분이 있으므로 쌀뜨물에 하루 정도 담가 놓았다가 말려 가루를 만든다. 비장과 위장의 기능이 허약할 때, 온몸이 부을 때, 땀을 많이 흘릴 때, 병후 전신이 허약할 때 먹으면 좋다. 만성 소화불량·장염·설사·기침·가래·감기·중풍·신장염 등에 효과가 좋고, 이뇨·해열 작용을 하며, 내장기관의 풍기와 습기를 없애는 효능이 있다.

급성 세균성 장염을 앓고 있는 사람은 나물로 먹지 않는다.

나물의 채취와 이용	
시 기	봄
채취법	어리고 부드러운 잎과 순을 뜯는다.
조리법	쌈 채소로 먹는다. 데쳐서 무친다. 묵나물은 볶는다.
음 식	쌈, 나물 무침, 묵나물 볶음
효 능	허약 체질 개선, 원기 회복, 이뇨, 해열
주 의	급성 세균성 장염을 앓고 있는 사람은 피한다.

↑ 새순이 올라오는 모습, 5월 9일(나물하기 좋은 때)

↑ 꽃 핀 모습, 9월 2일

↓ 새순이 올라오는 모습, 4월 24일   ↓ 자라는 모습, 5월 16일(이때도 나물하기 좋다)   ↓ 뜯은 나물, 5월 9일   나물 무침, 5월 10일 ↓

서덜취

큰서덜취, 큰잎분취, 나울취, 자옥이 · 곤데사리 · 곤데서리(방언)

국화과 / 쌍떡잎식물 / 여러해살이풀
자라는 곳 깊은 산 **크기** 30~50cm
꽃 필 때 7~10월

서덜취는 취나물 종류의 하나로 맛과 향이 좋아 경북 지방에서는 최고의 나물로 친다. 잎은 달걀 모양 또는 둥근 삼각형 모양이고 끝이 뾰족하며 가장자리에 톱니가 있다. 줄기는 곧게 서고 윗부분에서 가지가 갈라진다. 꽃은 자주색 통꽃으로 4~6개 달린다. 열매는 10월 경에 열리고, 수과이며 흰색 새털 모양이다.

민간에서는 서덜취가 암과 생활습관병을 예방한다고 알려져 있으며, 생즙과 가열한 즙 모두 효과가 있다고 한다. 뿌리와 근경을 '호로칠胡蘆七'이라고 부르며, 타박상 · 요통을 치료하는 데 쓰이고, 각혈에 효과를 보이며, 진해 · 거담 작용을 한다.

나물의 채취와 이용	
시 기	봄
채취법	어리고 연한 잎과 순을 뜯는다.
조리법	쌈채소로 먹는다. 데쳐서 무친다. 묵나물은 볶는다. 된장국을 끓인다.
음 식	쌈, 나물 무침, 묵나물 볶음, 국
효 능	암, 생활습관병 예방, 진해, 거담
주 의	-

꽃 핀 모습, 7월 25일

새순이 자라는 모습, 5월 10일(나물하기 좋은 때)

↑ 뜯은 나물, 5월 16일

묵나물 볶음, 12월 16일

자라는 모습, 5월 16일(이때도 나물하기 좋다)↓

꽃봉오리, 7월 6일↓

속단

멧속단, 묏속단, 두메속단, 접골초

꿀풀과 / 쌍떡잎식물 / 여러해살이풀
자라는 곳 산의 풀밭 크기 100cm 정도
꽃 필 때 7월

끊어진 뼈를 이어 붙여 준다는 이름이 붙을 만큼 뼈에 좋은 식물이다. 줄기는 사각 모양이고, 전초에 부드러운 털이 있다. 끝이 뾰족한 심장 모양의 잎은 마주나고, 깔깔한 촉감의 잎 가장자리에는 톱니가 있다. 분홍빛을 띤 흰색 꽃은 줄기와 가지 끝에 입술 모양으로 층층이 뭉쳐 핀다. 열매는 9~10월 경에 달걀 모양으로 익는다.

민간에서는 관절염과 요통 치료에 말린 뿌리를 달여 차로 마셨고, 종기에는 뿌리를 가루 내어 기름에 개어서 환부에 붙였다. 나물에는 알칼로이드·비타민·정유 성분이 들어 있어 어혈로 인한 통증을 낫게 한다. 해열·소종·강장·근골 강화 작용을 하므로 감기·종기·외상 출혈·자궁 출혈·관절염·요통·중풍·산후풍 등의 치료에 좋다. 지황을 약으로 먹는 경우에는 나물을 먹지 않는다.

나물의 채취와 이용	
시 기	봄
채취법	연한 잎과 순을 뜯는다.
조리법	데쳐서 쌈으로 먹거나 무친다. 묵나물은 볶는다. 장아찌를 담근다.
음 식	숙쌈, 무침, 묵나물 볶음, 장아찌
효 능	해열, 소종, 강장, 근골 강화
주 의	지황을 약으로 먹는 경우에는 나물을 먹지 않는다. 쓴맛이 강하므로 물에 하루쯤 우려낸다.

↑ 꽃 핀 모습, 7월 3일

↓ 자라는 모습, 4월 23일(나물하기 좋은 때)

↓ 새순이 올라오는 모습, 4월 5일

↓ 새순이 올라오는 모습, 4월 17일

↑ 뜯은 나물, 4월 23일   나물 무침, 4월 24일

솔나물

큰솔나물, 연자채, 송엽초

꼭두서니과 / 쌍떡잎식물 / 여러해살이풀
자라는 곳 산과 들의 풀밭   크기 70~100cm
꽃 필 때 6~8월

소나무 잎을 닮아 '솔나물'이라고 한다. 잎은 8~10개씩 돌려나고 뒷면에는 털이 있다. 줄기는 곧게 서고 윗부분에서 가지가 갈라진다. 꽃은 잎겨드랑이와 원줄기 끝에서 노랗게 핀다.

민간에서는 각종 피부염이나 종기 치료약으로 썼으며, 생풀을 짓찧어 환부에 붙였다. 해열·해독·소종 등의 작용이 있어, 감기·인후염·월경불순·월경통을 치료하는 효능이 있다.

솔나물에는 약간의 독성이 있으므로 생으로 먹지 않는다.

나물의 채취와 이용	
시 기	봄
채취법	어린순을 뜯는다.
조리법	데쳐서 우려낸 뒤 무치거나 쌈장에 찍어 먹는다.
음 식	나물 무침, 데쳐서 쌈장 찍어 먹기
효 능	해열, 해독, 소종
주 의	약간의 독성이 있으므로 생으로 먹지 않는다.

긴산꼬리풀과 함께 꽃 핀 모습. 7월 15일

↑ 꽃과 산은줄표범나비, 9월 1일

↓ 새순이 올라오는 모습, 5월 16일(나물하기 좋은 때)   ↓ 뜯은 나물, 5월 25일   ↑ 흰색 꽃, 9월 7일   나물 무침, 5월 27일↓

솔체꽃

솔체, 체꽃, 산라복

산토끼꽃과 / 쌍떡잎식물 / 두해살이풀
자라는 곳 산기슭, 석회암 지대 양지 **크기** 50~90cm
꽃 필 때 8~9월

꽃술이 솔잎을 닮아서 '솔잎이 달린 체 모양의 꽃'이라는 이름을 가졌다. 줄기는 곧게 서고 가지는 마주나며 갈라진다. 뿌리에서 나온 잎은 창처럼 생겼으며 끝이 뾰족하고 톱니가 있다. 줄기에서 나온 잎은 마주나고 타원형 또는 긴 타원형이며 깃털처럼 깊게 갈라지고 큰 톱니가 있다. 꽃은 가지와 줄기 끝에 하늘색으로 피며 두상꽃차례를 이룬다. 열매는 수과로 10월에 익는다.

민간에서는 간염과 황달 치료에 사용했으며, 꽃을 말려 차로 마시거나 가루 또는 알약을 만들어 복용했다. 꽃에는 청열·사화瀉火의 효능이 있어 간화肝火로 인한 두통·발열, 폐열로 인한 해수, 황달 치료에 좋다.

나물의 채취와 이용	
시 기	봄 : 잎줄기 8~9월 : 꽃
채취법	연한 잎을 뜯는다. 꽃을 딴다.
조리법	꽃을 말려 차로 마신다. 데쳐서 무친다. 묵나물은 볶는다.
음 식	나물 무침, 묵나물 볶음, 꽃차
효 능	청열, 사화
주 의	-

꽃 핀 모습, 3월 25일

새순이 올라오는 모습, 4월 9일(나물하기 좋은 때)

↑ 뜯은 나물, 4월 9일   나물 무침, 4월 12일↑

새순이 올라오는 모습, 4월 9일(나물하기 좋은 때)↑

가을 꽃이 핀 모습, 10월 14일↑

솜나물

까치취, 대정초, 부싯갓나물

국화과 / 쌍떡잎식물 / 여러해살이풀
자라는 곳 산의 양지 쪽, 건조한 숲속   크기 봄 : 10~20cm, 가을 : 30~60cm
꽃 필 때 봄 : 3월 말~4월, 가을 : 9~10월

어린잎에 하얀 솜 같은 털이 나 있어서 '솜나물'이라 부른다. 다른 식물과는 달리 봄과 가을에 꽃을 피우는 것이 특징이다. 여러 장의 잎이 땅 바로 위에 뭉쳐 나고 둥글고 길쭉한 타원형으로 갈라지며 가장자리에는 거칠고 불규칙한 톱니가 있다. 떫은맛이 있으므로 데친 후 맑은 물에 우려내고 조리해야 맛있다.

민간에서는 벌레나 뱀에 물렸을 때, 독을 제거하기 위해 솜나물을 찧어 생즙을 발랐다. 한방에서는 솜나물을 '대정초大正草'라고 하며, 달여 먹거나 술을 담가 마시면 몸 안에 있는 습기와 독을 없애고 마비 증상을 완화시킨다고 한다. 폐에 생긴 열로 인해 기침이 나는 증상과 습열로 인한 이질, 외상 출혈, 풍습, 관절통의 치료에 좋다.

나물의 채취와 이용	
시 기	봄
채취법	어리고 연한 잎을 뜯는다.
조리법	데쳐서 무친다. 묵나물은 볶는다. 쌀가루를 섞어 떡을 한다.
음 식	나물 무침, 묵나물 볶음, 떡
효 능	해독, 제습
주 의	데친 후 맑은 물에 우려 떫은맛을 제거한다.

↑ 꽃 핀 모습, 4월 29일

↑ 뜯은 나물, 4월 3일   된장 무침, 4월 6일 ↑

↑ 자라는 모습, 4월 10일   ↑ 꽃 핀 모습, 4월 29일   새순이 올라오는 모습, 4월 3일 (나물하기 좋은 때)

솜방망이

구설초, 민산솜방망이, 쑥방맹이

국화과 / 쌍떡잎식물 / 여러해살이풀
자라는 곳 건조한 산과 들   크기 20~60cm
꽃 필 때 4월 말~6월

잎과 줄기 전체가 솜 같은 흰털로 덮여 있어 솜방망이가 달려 있는 것처럼 보인다. 잎은 긴 타원형이고 잔털로 덮여 있는데, 자라면서 잔털이 없어진다. 노란색 꽃이 줄기 끝에 3~9개 정도 달린다. 7~8월에 원통형으로 열리는 열매에는 털이 나 있다.

민간에서는 옴과 종기 치료에 사용했으며, 생으로 짓찧어 환부에 붙였다. 이뇨·거담·해열·소종·신장 기능 강화 등의 작용을 하며, 기침·감기·인후염·기관지염·옴·종기를 치료하는 효능이 있다.

유독 성분이 있고 쓴맛이 나므로 데쳐서 흐르는 물에 하루 정도 우려내고 나물로 먹는다. 자란 잎은 유독 성분이 더욱 강하므로 나물로 먹지 않는다. 꽃은 따서 햇볕에 말린다. 산솜방망이도 같은 방법으로 나물을 한다.

나물의 채취와 이용	
시기	봄
채취법	연한 잎과 순을 뜯는다. 꽃을 따서 햇볕에 말린다.
조리법	유독 성분이 있고 쓴맛이 나므로 데친 후 흐르는 물에 하루 정도 우려낸다.
음식	나물 무침, 떡, 꽃(차)
효능	이뇨, 거담, 해열, 소종, 신장 기능 강화
주의	자란 잎은 유독 성분이 더욱 강하기 때문에 먹지 않는다.

꽃 핀 모습, 8월 27일

↑ 꽃 핀 모습, 9월 10일   묵나물 볶음, 10월 27일

새순이 올라오는 모습, 5월 15일(나물하기 좋은 때)

뜯은 나물, 5월 15일   자라는 모습, 5월 22일(이때도 나물하기 좋다)

송이풀

구슬송이풀, 그늘송이풀, 반고마선호, 마뇨소

현삼과 / 쌍떡잎식물 / 여러해살이풀
자라는 곳 높은 산   크기 30~60cm
꽃 필 때 8~9월

잎은 어긋나거나(송이풀) 마주나고(마주송이풀) 좁은 달걀 모양으로 가장자리에 겹으로 난 톱니가 있으며 뾰족하다. 줄기는 밑에서 여러 대가 나오며 가지가 갈라진다. 꽃은 흰색 또는 홍자색으로 원줄기 끝에 이삭 모양으로 피며 열매는 끝이 뾰족하고 긴 달걀 모양으로 익는다.

민간에서는 두피염, 거칠어진 피부나 각종 피부염 치료에 사용했으며, 나물을 삶은 물이나 전초를 말려 진하게 달인 물을 환부에 바르거나 씻었다. 송이풀은 이뇨 작용이 있어 소변 배설을 촉진하고, 소염 작용이 있어 류머티스 관절염·관절의 통증에 좋은 효과를 보이며, 방광염·피부염 등 각종 염증을 치료하고, 몸 안에 생긴 열을 내리는 효능이 있다.

나물의 채취와 이용	
시 기	봄
채취법	연한 잎과 순을 뜯는다.
조리법	데쳐서 무치거나 볶는다. 된장국을 끓일 때 넣어 먹는다.
음 식	나물 무침, 묵나물 볶음, 된장국
효 능	이뇨, 소염, 해열
주 의	-

자라는 모습, 5월 26일(이때도 나물하기 좋다)

↑꽃 핀 모습, 9월 22일

↓자란 모습, 6월 15일

↓줄기 들깨 볶음, 5월 28일

↑잎 뜯은 나물, 5월 26일

수리취떡, 6월 2일↓

수리취

떡취, 개취, 산우방, 흰취

국화과 / 쌍떡잎식물 / 여러해살이풀
자라는 곳 산의 양지 크기 40~100cm
꽃 필 때 9~10월

수리취는 보릿고개를 넘기던 구황식물이며, 대표적인 세시 음식으로 단오에는 떡을 해 먹었다. 긴 타원형의 잎은 어긋나고 끝이 뾰족하다. 뒷면에는 솜털이 있고 가장자리에 톱니가 있으며 흰색이다. 그래서 '흰취'라고도 부른다. 줄기는 자줏빛이고 흰 털이 빽빽이 나 있다. 꽃은 검은 자주색 또는 흑록색으로 원줄기 끝과 가지 끝에 옆을 바라보며 핀다. 열매는 수과로 11월에 익는다.

민간에서는 부족한 열량과 당분을 보충하기 위해 쌀에 섞어서 떡을 만들어 먹었다. 수리취는 열을 식히고 독을 해독하며 염증을 가라앉게 하는 효능이 있다. 비타민 C가 풍부하게 함유되어 있어 혈액순환을 좋게 하고, 근육통·관절통·기침·가래·요통을 치료하는 데 도움이 된다. 간 해독·알코올 분해·이뇨·억균 작용을 한다.

나물의 채취와 이용	
시 기	봄
채취법	연한 잎과 줄기를 뜯는다.
조리법	줄기는 껍질을 벗겨 내고 볶는다. 줄기가 있으면 질기다.
음 식	잎 : 떡 / 줄기 : 들깨 볶음
효 능	간 해독, 알코올 분해, 이뇨, 억균
주 의	—

뜯은 나물, 3월 18일 ↑

자라는 모습, 3월 18일(나물하기 좋은 때)

↑ 무침, 3월 19일   샐러드, 3월 19일 ↑   새순이 올라오는 모습, 3월 18일(나물하기 좋은 때)   꽃 핀 전체 모습, 5월 23일 ↑

수영

시금초, 괴승애, 괴싱아, 산모, 산시금치

마디풀과 / 쌍떡잎식물 / 여러해살이풀
자라는 곳 들, 풀밭   크기 30~80cm
꽃 필 때 5~6월

창처럼 기다란 잎은 어긋나고 넓은 바소꼴이며 가장자리는 밋밋하다. 줄기는 잎 가운데에서 길게 자라며 녹색이나 홍자색이다. 꽃은 원추꽃차례로 피며 열매는 붉은색과 녹색으로 둥글고 납작한 모양이다.

민간에서는 몸에 열이 있거나, 소변을 시원하게 보지 못할 때, 잎과 줄기를 생으로 먹었다. 피부병 · 옴 · 종기에는 뿌리를 짓찧어 환부에 붙였다. '들에 나는 시금치'라고 할 정도로 영양가가 풍부하다. 해열 · 지갈 · 이뇨 · 소종 등의 작용이 있어 소변불리 · 토혈 · 방광결석 · 소갈 · 창종을 치료하는 효능이 있다.

잎과 줄기에는 수산이 많아 신맛이 강하고, 생으로 많이 먹으면 다른 영양소의 흡수를 방해하여 영양실조를 일으킬 수 있다. 신장결석, 관절염을 앓고 있는 환자는 나물을 먹지 않는다.

나물의 채취와 이용	
시 기	봄
채취법	연한 잎과 순을 뜯는다.
조리법	순은 소금에 절였다가 맑은 물에 헹궈 조리한다.
음 식	쌈, 나물 무침, 묵나물 볶음
효 능	해열, 지갈, 이뇨, 소종
주 의	신장결석, 관절염을 앓고 있는 환자는 나물을 먹지 않는다.

↓ 환삼덩굴이 감고 올라간 모습, 6월 20일   ↓ 뜯은 나물, 6월 20일   자라는 모습, 5월 7일(이때도 나물하기 좋다)   ↓ 꽃 핀 모습, 5월 16일   묵나물 볶음, 10월 10일 ↓

쉽싸리

쉽사리, 개조박이, 굼비나물

꿀풀과 / 쌍떡잎식물 / 여러해살이풀
자라는 곳 습지, 습지 주변   **크기** 100cm
꽃 필 때 6~8월

잎은 마주나고 옆으로 퍼지며 가장자리에 톱니가 있다. 줄기는 네모지고 곧게 선다. 꽃은 잎겨드랑이에 모여 흰색으로 핀다. 암꽃과 수꽃이 따로 있는 자웅이주의 식물이다.

민간에서는 쉽싸리 전초를 달여 먹으면 어혈과 부종을 없애 생리통과 산후 복통에 좋다고 하였고 나물도 같은 효과를 볼 수 있다. 타박상과 종기에는 생풀을 짓찧어 바르거나 나물 삶은 물을 바른다. 강심·진통·지혈 작용을 하여 혈을 잘 돌게 하고 몸을 가볍게 해 주는 효능이 있다. 타박상·신경통·관절통의 통증을 없애고, 땀을 배출하며, 소변을 잘 보게 한다.

묵나물을 만들 때, 햇볕이 없는 그늘에서 말린다. 몸을 따뜻하게 하는 성분이 있으므로 몸에 열이 많은 사람은 나물을 먹지 않는다.

나물의 채취와 이용	
시기	봄
채취법	어리고 연한 잎, 순, 땅속줄기를 채취한다.
조리법	잎과 땅속줄기에 쓴맛이 있으므로 데쳐서 맑은 물에 우려낸다.
음식	데쳐서 무침, 묵나물 볶음
효능	강심, 진통, 지혈, 이뇨
주의	생으로 먹지 않는다. 몸에 열이 많은 사람은 나물을 먹지 않는다.

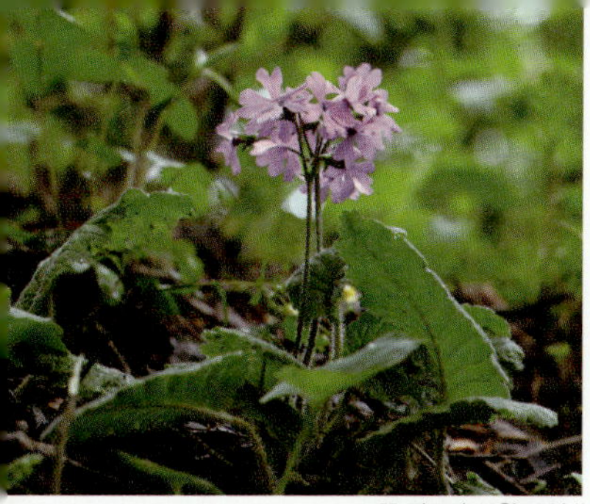

앵초

깨풀, 연앵초, 취란화

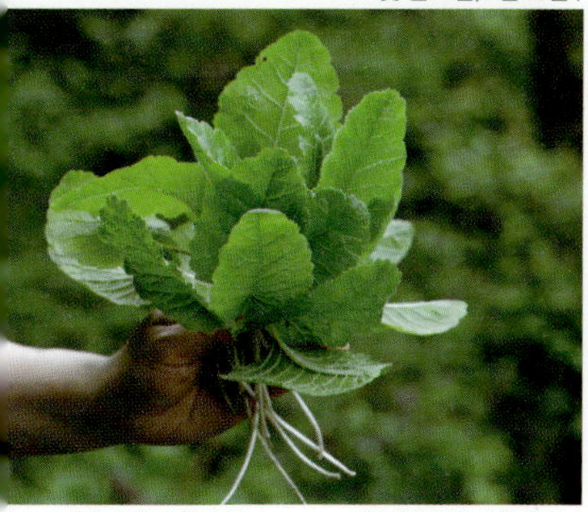

앵초과 / 쌍떡잎식물 / 여러해살이풀
자라는 곳 산속의 습기 많은 곳, 골짜기 크기 15~30cm
꽃 필 때 4~5월

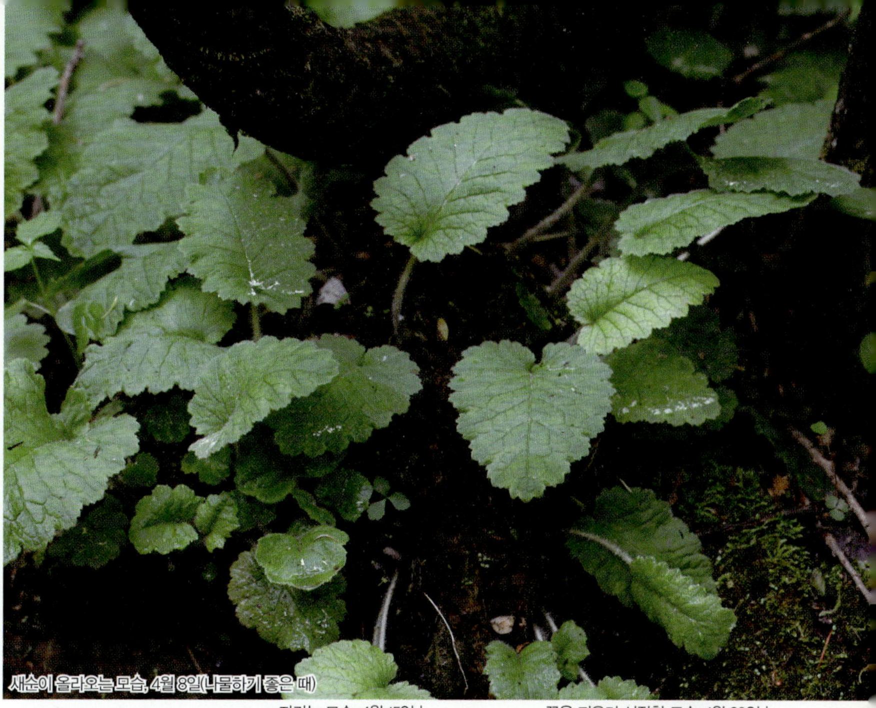

꽃 모양이 앵두 같다고 하여 붙여진 이름이다. 타원형 잎의 밑부분은 심장 모양으로, 가는 털이 있고 표면에 주름이 많으며 가장자리는 얇게 갈라진다. 홍자색 꽃이 가지 끝에 7~20개씩 옆으로 펼쳐지듯 핀다. 열매는 8월에 둥근 모양으로 달린다.

민간에서는 갖가지 기침과 가래 치료에 썼으며, 나물을 먹거나 뿌리줄기를 달여 수시로 마시면 효과를 볼 수 있다고 한다. 꽃은 천식에 좋다고 하여 꽃차를 만들어 마셨다. 뿌리에는 사포닌이 함유되어 있어 감기·기침·천식·기관지염·담·백일해를 치료하는 효능이 있고, 신경통·류머티스 관절염에 효과가 좋다.

앵초를 데쳐서 물에 여러 번 헹구면 특유의 맛이 없어지므로 한 번만 살짝 헹군다.

나물의 채취와 이용	
시기	봄
채취법	어리고 연한 잎과 꽃을 뜯는다.
조리법	데쳐서 무친다. 묵나물은 볶는다. 된장국을 끓인다. 말려서 꽃차로 마신다.
음식	나물 무침, 된장국, 묵나물 볶음, 꽃차
효능	천식, 백일해, 기관지염, 신경통, 류머티스 관절염 치료
주의	데쳐서 많이 헹구면 특유의 맛이 없어지므로 한 번만 헹군다.

↑ 꽃 핀 모습, 6월 9일

↑ 뜯은 나물, 5월 12일   묵나물 볶음, 1월 8일 ↓

↑ 새순이 올라오는 모습, 5월 6일   ↑ 꽃봉오리 모습, 6월 1일   자라는 모습, 5월 12일(나물하기 좋은 때)

큰앵초
하이보춘

앵초과 / 쌍떡잎식물 / 여러해살이풀
자라는 곳 높은 산, 그늘지고 습기가 있는 숲 속 **크기** 30~50cm
꽃 필 때 5~6월

잎은 뿌리에서 뭉쳐 나고 긴 잎자루는 비스듬히 선다. 손바닥 모양의 심장형으로 얕게 7~9개로 갈라지고 톱니가 있다. 붉은 자주색 꽃은 5~6개씩 층층이 달린다. 열매는 삭과이고 긴 타원형으로 익는다.

민간에서는 갖가지 기침과 가래에 나물로 먹거나 전초를 말려 달여 마셨다. 담과 가래를 삭이는 효능이 있다. 한방에서는 뿌리를 '앵초근 櫻草根'이라 하여 감기·기침·천식·기관지염·담·백일해를 치료하는 약으로 쓴다. 신경통·류머티스 관절염에도 효과가 좋다.

데쳐서 여러 번 헹구면 특유의 맛이 사라지므로 한 번만 헹군다.

나물의 채취와 이용	
시 기	봄
채취법	연한 잎과 순을 뜯는다.
조리법	데쳐서 무친다. 묵나물을 만든다.
음 식	데쳐서 무침, 묵나물 볶음
효 능	감기, 기침, 천식, 기관지염, 담, 백일해 치료
주 의	데쳐서 많이 헹구면 특유의 맛이 사라지므로 한 번만 헹군다.

↑민눈양지꽃, 4월 20일

↑세잎양지꽃, 5월 1일   데쳐서 무침, 3월 15일↓

세잎양지꽃 자라는 모습, 4월 12일(이때도 나물하기 좋다)

새순이 올라오는 모습, 3월 3일   자라는 모습, 4월 12일(이때도 나물하기 좋다)↓

양지꽃

위릉해, 치자연, 소시랑개비

장미과 / 쌍떡잎식물 / 여러해살이풀
자라는 곳 산과 들의 햇볕이 잘 드는 풀밭 크기 30~50cm
꽃 필 때 4~6월

옛날에는 구황식물 중 하나였다. 잎과 줄기에는 털이 있으며 뿌리에서 자라는 잎은 뭉쳐 나고 땅바닥에 비스듬히 펼쳐지듯 자란다. 잎은 3~9개이고 양끝이 좁은 타원형이다. 노란색 꽃은 줄기 끝에 취산꽃차례를 이룬다. 열매는 달걀 모양으로 6~7월에 익는다.

민간에서는 소화불량 치료제, 지혈제로 썼으며, 나물로 먹거나 말린 뿌리를 달여 마셨다. 음기陰氣를 보강하고 소화 기능을 튼튼히 하여 혈액순환 장애로 인한 영양 부족을 치료하고 아랫배의 통증을 없애는 효능이 있다. 과다월경·자궁 출혈·자궁근종으로 인한 출혈 등의 부인성 질환과 신경통·류머티스 관절염·당뇨병·위염·기침·기관지염·견장염·통풍에 좋다. 나물을 먹고 복부팽만과 현기증이 일어나는 부작용이 있으면 체질에 맞지 않는 것이니 먹지 않는 것이 좋다.

나물의 채취와 이용

시 기	봄
채취법	연한 잎과 순을 뜯는다. 꽃은 꽃받침째 딴다.
조리법	데친 후 다른 나물들과 함께 된장이나 간장에 무친다.
음 식	데쳐서 무침, 묵나물 볶음, 된장국, 꽃 샐러드
효 능	여성 질환 치료, 음기 보강
주 의	나물을 먹고 복부팽만과 현기증이 일어나는 부작용이 있으면 먹지 않는다.

↑ 열매가 달린 모습, 6월 30일

꽃핀 모습, 6월 16일

↓ 뜯은 나물, 4월 26일   데쳐서 무침, 4월 29일 ↓

↓ 새순이 올라오는 모습, 4월 20일(나물하기 좋은 때)   ↓ 자라는 모습, 4월 26일(이때도 나물하기 좋다)

약모밀

어성초, 취채, 삼백초, 팔관채, 비린내풀(방언)

삼백과 / 쌍떡잎식물 / 여러해살이풀
자라는 곳 그늘진 숲속   크기 20~50cm
꽃 필 때 5~6월

잎과 줄기를 뜯으면 비린내가 나서 '어성초魚腥草'라고 한다. '비린내풀'이라고 부르는 지방도 있다. 잎은 어긋나고 끝이 뾰족하다. 줄기는 곧게 서고 세로줄이 몇 개 있으며 땅속줄기는 가늘고 흰색이다. 흰색 꽃은 꽃줄기 끝에 많이 모여 달린다. 열매는 삭과이고 종자는 연한 갈색이다. 특유의 비린내는 데쳐서 맑은 물에 우려내면 없어진다.

　민간에서는 심한 여드름에 어성초 달인 물로 세수하면 여드름이 들어간다고 했으며, 종기가 난 부위에는 달인 물을 거즈로 찍어서 바른다. 통풍痛風에는 그늘에 말린 어성초를 끓는 물에 차처럼 우려 마시면 효과가 있다. 해열·해독·이뇨·강심·모세혈관 확장 작용이 있고, 세균 억제 작용이 강력하다. 평소에 차로 마시면 동맥경화를 예방할 수 있다. 소화력이 약한 사람이 많이 먹으면 체력이 떨어질 수 있다.

나물의 채취와 이용	
시기	봄
채취법	어리고 부드러운 잎과 순을 뜯는다.
조리법	특유의 비린내가 있으므로 나물을 데친 후 맑은 물에 우려내어 조리한다.
음식	데쳐서 무침, 묵나물 볶음
효능	해열, 해독, 이뇨, 강심, 모세혈관 확장, 억균
주의	소화력이 약한 사람이 많이 먹으면 체력이 떨어지는 부작용이 있다.

꽃 핀 모습, 8월 27일

자라는 모습, 5월 8일(나물하기좋다)
새순이 올라오는 모습, 4월 27일
자란 모습, 5월 30일

↑뜯은 나물, 5월 8일   장아찌, 6월 17일

어수리

어누리 · 으너리 · 애스리 (방언)

미나리과 / 쌍떡잎식물 / 여러해살이풀
자라는 곳 산과 들의 풀밭   크기 70~150cm
꽃 필 때 7~8월

옛날 임금님 수라상에 올랐을 만큼 맛과 향이 일품이다. 잎은 어긋나고 3~5개의 작은 잎이 심장 모양 또는 달걀 모양으로 나며 털이 있다. 잎은 2~3개로 갈라지고 가장자리에 깊이 패어 들어간 톱니가 있다. 굵은 줄기는 털이 나 있고 속이 비어 있다. 흰색 꽃은 가지와 줄기 끝에 복산형꽃차례를 이룬다. 열매는 골돌과이다.

민간에서는 피부 가려움증과 햇볕에 그을린 피부염에 썼다. 해열 · 진통 · 통정 · 진정 작용이 있어 두통 · 신경통 · 요통에 좋고, 항염 작용이 있어 가래를 삭이고 기침을 멎게 하며 만성 기관지염을 치료하는 효능이 있다. 피를 맑게 하여 혈액순환이 좋아지고 신진대사가 원활해진다. 식이섬유와 무기질, 비타민이 많이 들어 있어 혈압을 내리고 변비 · 소화불량 · 관절염 · 불면증 등을 개선하는 효과가 좋다.

나물의 채취와 이용	
시기	봄
채취법	어리고 연한 잎과 순을 뜯는다.
조리법	쌈. 데쳐서 무친다. 장아찌를 담근다. 전을 부친다. 생선 조림 밑나물로 쓴다.
음식	쌈, 데쳐서 무침, 묵나물 볶음, 장아찌, 전
효능	해열, 진통, 통정, 진정, 항염
주의	특유의 강한 향이 싫으면 데친 후 물에 우려낸 후 조리한다.

↑군락을 이루어 꽃 핀 모습, 5월 10일

자라는 모습, 4월 15일(나물하기 좋은 때)

↓눈 속에서 꽃 핀 모습, 4월 20일 ↓꽃 핀 모습, 흰얼레지, 5월 8일 ↓뜯은 나물, 4월 20일   묵나물 볶음, 12월 3일↓

얼레지

가재무릇, 얼러지, 엘레지, 미역취, 미역나물(방언)

백합과 / 외떡잎식물 / 여러해살이풀
자라는 곳 높은 산의 비옥한 땅 크기 20~30cm
꽃 필 때 4~5월 초

보릿고개 시절에 뿌리를 캐 녹말을 추출해 먹었던 구황식물이다. 강원도에서는 산모가 미역국 대신 잎과 줄기로 국을 끓여 먹을 정도로 식감과 맛이 미역과 비슷해서 '미역취'라고도 부른다. 비늘줄기에서 둥근 타원 모양의 잎이 2개의 나오는데 녹색 바탕에 얼룩무늬가 있고 가장자리는 밋밋하다. 자주색 꽃은 잎 사이에서 꽃줄기가 나와 아래를 향해 핀다. 씨방은 둥근 삼각형이고 열매는 7~8월에 넓은 타원형의 삭과로 열린다.

민간에서는 화상에 비늘줄기를 짓찧어 환부에 발랐다. 이른 봄에 꽃·잎·줄기 모두 나물로 먹는데 건위·진토(鎭吐: 구토를 멈추게 함)·갈증 해소 작용이 있어 위장병·구토·설사에 효과가 있다. 그러나 독성이 있어 얼레지 나물을 한꺼번에 많이 먹으면 복통과 설사를 한다.

나물의 채취와 이용	
시 기	봄
채취법	어리고 연한 잎, 순, 뿌리를 채취한다.
조리법	독성이 있어 복통, 설사를 하므로 데친 후 흐르는 물에 1~2일 우려낸다.
음 식	나물 무침, 묵나물 볶음, 장아찌, 국
효 능	건위, 진토, 갈증 해소
주 의	한꺼번에 많이 먹으면 복통과 설사를 한다.

꽃핀 모습, 4월 26일

↑ 꽃 핀 모습, 5월 17일

새순이 올라오는 모습, 4월 5일(나물하기좋은 때)

↓ 자라는 모습, 4월 16일(이때도 나물하기 좋다) ↓ 윗부분에 거미줄 같은 털이 난 모습, 5월 3일 ↑ 뜯은 나물, 4월 20일   묵나물 볶음, 11월 5일

엉겅퀴

가시나물, 대계초, 항가새, 가새나물 (방언)

국화과 / 쌍떡잎식물 / 여러해살이풀
자라는 곳 산과 들 크기 50~100cm
꽃 필 때 5~8월

뾰족한 타원형 잎은 밑부분이 좁고, 깃털 같은 모양으로 6~7회 갈라지며, 끝 부분에 톱니와 가시가 있고 밑부분은 원줄기를 감싼다. 위쪽에는 거미줄 같은 털이 나 있다. 줄기는 곧게 서고 전체에 흰 털이 있다. 자주색 또는 적색 꽃이 원줄기에 하나씩 핀다. 열매는 9~10월에 달리며, 흰색 갓털이 달려 있다. 장갑을 낀 손으로 여러 번 비벼 털과 가시를 제거한 후 조리한다.

민간에서는 관절염과 신경통 치료에 썼으며, 관절염에는 잎의 생즙을 밀가루로 반죽하여 환부에 붙이고, 동시에 엉겅퀴 잎을 진하게 달여 한 번에 한 잔씩 식전에 마시면 통증 완화에 효과가 있다. 기침·관절염·토혈·혈뇨·척추결핵·신경통·각기병·산후 부종에 효능이 있다. 속이 냉하거나 허한 사람은 나물로 먹는 것을 피한다.

나물의 채취와 이용	
시 기	봄
채취법	연한 잎, 줄기, 꽃, 뿌리를 채취한다.
조리법	장갑을 낀 손으로 여러 번 비벼 털과 가시를 제거한 후 조리한다.
음 식	나물 무침, 묵나물 볶음, 된장국, 뿌리 튀김
효 능	관절염, 신경통 치료
주 의	속이 냉하거나 허한 사람은 피한다.

꽃 핀 모습과 호랑나비, 6월 5일

뜯은 나물, 4월 30일   묵나물 볶음, 11월 8일

저란 모습, 5월 6일

새순, 4월 23일(나물하기 좋은 때)   가을 뿌리 잎 모습, 10월 21일

지느러미엉겅퀴

엉거시, 가시나물, 가시엉겅퀴

백합과 / 쌍떡잎식물 / 두해살이풀
자라는 곳 산, 들 크기 70~100cm
꽃 필 때 6~8월

줄기에 물고기의 지느러미 같은 날개가 있어 붙여진 이름이다. 줄기는 가지가 갈라지고 좁은 날개가 있으며, 날개 가장자리에 가시와 톱니가 있고 뒷면에는 흰색 털이 있다. 잎은 어긋나고 타원형으로 뾰족하며 새의 깃털처럼 갈라진다. 가장자리에 가시가 있고 뒷면의 잎맥 위에 털이 있다. 자주색 또는 흰색의 작은 꽃들이 꽃대 끝에 많이 모여 머리 모양을 이루며 핀다. 열매는 수과이고 관모는 흰색이다. 데치기 전이나 후에 장갑을 끼고 여러 번 비벼 가시를 제거한 뒤 조리한다.

민간에서는 치질과 종기, 타박상 치료에 사용했으며, 전초를 생으로 짓찧어 환부에 붙였다. 해열·거풍·소염·지혈 등의 작용이 있어 감기·두통·종기·가려움증·요도염·대하증·화상·타박상·관절염을 치료하는 효능이 있다.

나물의 채취와 이용	
시기	봄
채취법	어리고 연한 잎과 줄기를 꺾는다.
조리법	껍질을 벗겨 고추장·된장에 박아 장아찌, 무침, 볶음 한다.
음식	나물 무침, 된장국, 묵나물 볶음
효능	해열, 거풍, 소염, 지혈
주의	데치기 전이나 후에 장갑을 끼고 여러 번 비벼 가시를 제거한 후 조리한다.

↑ 자라는 모습, 5월 12일(나물하기 좋은때)

↑ 열매 모습, 12월 2일

↑ 꽃 핀 모습, 9월 22일

↑ 뜯은 나물, 5월 12일

↑ 자라는 모습, 5월 20일   묵나물 볶음, 10월 30일 ↓

큰엉겅퀴
장수엉겅퀴

국화과 / 쌍떡잎식물 / 여러해살이풀
자라는 곳 숲 가장자리, 물가의 습지   크기 1~2m
꽃 필 때 7~10월

엉겅퀴 종류들은 꽃이 하늘을 향해 피는데 큰엉겅퀴는 아래를 향해 피는 것이 특징이다. 키가 크고 부풀어 오른 엽맥 때문에 붙여진 이름이다. 윗부분에서 가지가 많이 갈라지고, 세로줄과 거미줄 같은 흰털이 있다. 잎은 어긋나고 새의 깃털 모양으로 깊게 갈라진다. 자주색 꽃은 가지와 줄기 끝에 아래를 향해 달리며, 머리 모양을 이룬다. 긴 타원형 열매는 수과로 백색 관모가 있다.

민간에서는 급성 간염과 황달 치료약으로 사용했으며, 나물로 먹었다. 종기·코피·각혈·자궁 출혈·소변 출혈에도 좋은 효과를 보인다. 뿌리를 한방에서는 '대계근大薊根'이라 하며, 달여 마시면 신경통 치료에 좋다고 전해진다.

나물의 채취와 이용	
시 기	봄
채취법	어리고 연한 잎과 순을 뜯는다.
조리법	줄기는 껍질을 벗겨 데친 후 기름에 볶는다.
음 식	나물 무침, 묵나물 볶음
효 능	급성 간염, 황달 치료
주 의	-

꽃핀 모습, 9월 22일

↑ 꽃과 잠자리, 7월 24일

↑ 자란 여름 잎 모습, 7월 9일 　데쳐서 무침, 4월 20일 ↓

자라는 모습, 4월 18일(나물하기 좋은 때)

영아자

염아자, 여마자, 모시잔대, 산미나리·미나리싹(방언)

초롱꽃과 / 쌍떡잎식물 / 여러해살이풀
자라는 곳 산　크기 50~100cm
꽃 필 때 7~9월

꽃이 산만하게 엉클어져 '광녀狂女'라는 꽃말을 가졌다. 줄기는 곧게 서고 끝에서 가지를 치며 온몸에 거친 털이 있다. 긴 달걀 모양의 잎은 어긋나고, 양끝이 좁고 털이 있으며 가장자리에 톱니가 있다. 보라색 꽃은 잎겨드랑이에 총상으로 달린다. 열매는 삭과로 납작한 공 모양이다.

　민간에서는 심한 기침·가래·천식 치료에 사용했으며, 뿌리째 캔 나물을 먹거나 전초를 말린 것을 차로 달여 마셨다. 칼슘·칼륨·인·철·나트륨 등의 성분을 함유하고 있으며, 특히 무기질과 비타민이 풍부하다. 몸에 기혈 음양이 부족한 것과 허한 증상을 보양하고, 감기·기침·가래·천식·기관지염을 치료하는 효능이 있다.

나물의 채취와 이용	
시 기	봄
채취법	연한 잎과 순을 뿌리째 캔다.
조리법	쌈채소로 먹는다. 데쳐서 무치거나 볶는다.
음 식	쌈, 나물 무침·볶음
효 능	기혈 보강, 허약 체질 보양
주 의	물에 데쳐서 맑은 물에 우려낸 후 조리한다.

산오이풀 꽃 핀 모습, 7월 29일

새순이 올라와 잎이 펼쳐지기 전 모습, 4월 6일(나물하기 좋은 때)

꽃과 잠자리, 8월 20일 | 데쳐서 무침, 4월 7일 | 잎이 펼쳐진 모습, 4월 13일(잎이 억세다) | 꽃 핀 전체 모습, 8월 24일

오이풀

자유

장미과 / 쌍떡잎식물 / 여러해살이풀
자라는 곳 산과 들   크기 1m
꽃 필 때 7~9월

잎을 손으로 비비면 오이 냄새가 난다. 줄기는 곧게 자라고 위에서 가지가 갈라진다. 잎은 어긋나고 긴 타원형이며 가장자리에 톱니가 있다. 검붉은색의 꽃이 거꾸로 선 달걀 모양으로 위에서부터 핀다.

민간에서는 잎이나 뿌리줄기를 짓찧어 화상을 입은 부위에 붙였고, 대장염에는 뿌리를 달여 마셨다. 손발의 습진에는 오이풀 전초를 약한 불로 천천히 달여 농축한 물을 하루 5~6회 정도 바르면 좋다. 칼슘·철·구리·아연 등의 미량 원소 등이 많이 함유되어 있어 설사·대장염·출혈·악창·화상·습진 등을 치료하는 효능이 있고 특히 지혈 작용이 강하다.

성질이 차기 때문에 몸이 차고 체력이 약한 사람은 많이 먹지 않는 것이 좋고 임산부는 나물을 먹지 않는다.

나물의 채취와 이용	
시기	봄
채취법	잎이 금방 억세므로 잎이 펼쳐지지 않았을 때 연한 잎을 뜯는다.
조리법	생잎을 그대로 무치거나 데쳐서 무친다.
음식	겉절이, 나물 무침
효능	습진, 화상 치료, 지혈
주의	성질이 차기 때문에 몸이 차고 체력이 약한 사람, 임산부는 피한다.

↑ 꽃 핀 모습. 5월 28일

↑ 뜯은 나물, 4월 26일   무침, 4월 27일 ↓

↑ 열매 모습, 8월 13일   ↑ 자라는 모습, 5월 12일(이때도 부드럽고 연한 것은 나물하기 좋다)

왜갓냉이

갓황새냉이, 산고추냉이, 깽깽이냉이

십자화과 / 쌍떡잎식물 / 여러해살이풀
자라는 곳 산속 계곡   크기 30~50cm
꽃 필 때 5월

왜갓냉이는 산속 계곡물에서 자란다. 잎은 어긋나고 5~9개의 작은 잎들이 새의 깃 모양으로 갈라진다. 하얀색 꽃이 총상꽃차례를 이루며 줄기 끝에 핀다. 열매는 7~8월에 달린다.

민간에서는 편도선염과 동상을 치료하는 용도로 사용했으며, 생잎을 짓찧어 환부에 발랐다. 또 특유의 톡 쏘는 매운 겨자맛이 잃어버린 입맛을 돌아오게 하므로 쌈이나 비빔밥에 넣어 먹었다.

왜갓냉이는 항균 작용과 해독 작용을 하여 면역력을 증강시키고 몸속의 독소를 제거한다. 항암·노화 방지·생활습관병 예방·충치 예방 효과가 있다.

나물의 채취와 이용	
시 기	봄
채취법	연한 잎과 순을 뜯는다.
조리법	비빔밥에 넣어 먹는다. 데쳐서 무친다. 장아찌를 담근다.
음 식	쌈, 무침, 비빔밥, 나물 무침, 장아찌
효 능	항균, 해독
주 의	—

↑ 꽃 핀 모습, 6월 25일

자라는 모습, 5월 25일(나물하기 좋다)

↑ 뜯은 나물, 5월 25일　고추장 장아찌, 7월 2일 ↑

무침, 5월 26일 ↑　　새순이 올라오는 모습, 5월 10일(뜯지 않는다) ↑

왜우산풀

누룩취, 누리대, 개우산풀, 왜우산나물, 유리대(방언)

미나리과 / 쌍떡잎식물 / 여러해살이풀
자라는 곳 높은 산　크기 50~100cm
꽃 필 때 6~7월

특유의 아리고 누린맛과 향이 있는데 한번 맛을 들이면 다른 나물은 거들떠보지도 않을 만큼 강원도에서는 최고의 산나물로 꼽는다. 잎은 날카롭고 뾰족하며 꽃은 흰색으로 핀다. 열매는 달걀 모양으로 톱니가 있다. 꽃이 피고 열매를 맺으면 죽기 때문에 다음해에도 나물을 먹으려면 꽃대를 꺾어야 한다. 어린잎은 독이 있어 먹지 않고, 조금 자란 잎과 잎자루에도 약간의 독성이 남아 있어 가벼운 설사를 일으킬 수 있기 때문에 장아찌 등을 담가 먹거나, 물속에 오래 담갔다 먹는다.

　민간에서는 천연 소화제로 알려져 있으며, 체했을 때 생잎을 먹으면 효과가 빨라서 비상약으로 사용했다. 소화와 식욕 촉진, 콜레스테롤 저하 효과가 있고 이뇨 작용이 탁월하다. 위장병·비위脾胃 기능 허약·소변불리·간장 질환·만성 변비·고지혈증에 좋다.

나물의 채취와 이용	
시 기	봄
채취법	부드러운 잎을 잎자루째 뜯는다.
조리법	장아찌 등을 담가 먹거나, 물속에 오래 담갔다 먹는다.
음 식	나물 무침, 장아찌
효 능	식욕 증진, 콜레스테롤 저하, 이뇨
주 의	약간의 독성이 있어 알레르기 반응처럼 가벼운 설사를 일으킬 수 있다.

↑ 새순이 올라오는 모습, 4월 20일(나물하기 좋은 때)

↑ 꽃 핀 모습, 7월 13일

↓ 낙엽 때문에 새순이 잎을 펼치지 못했다. 4월 30일 ↓ 자라는 모습, 4월 26일(이때도 나물하기 좋다) ↑ 군락, 6월 17일   묵나물 볶음, 1월 23일 ↓

우산나물

삿갓나물

국화과 / 쌍떡잎식물 / 여러해살이풀
자라는 곳 산과 들의 나무 밑이나 풀밭 크기 50~120cm
꽃 필 때 6~9월

우산처럼 생겼다 하여 붙여진 이름이다. 가지는 없고 2~3개 잎이 나며, 둥근 모양으로 7~9갈래 완전히 갈라진다. 잎 가장자리에 톱니가 있고 뒷면은 흰빛이 돈다. 꽃은 연한 붉은색으로 피고 열매는 10월에 익는다. 채취할 때 어리고 연한 잎을 잎자루째 뜯고, 조리할 때 생강을 넣지 않는다.

민간에서는 종기와 관절통에 사용하였으며, 종기에는 전초 말린 것을 하루 달여 마시거나 술로 담가 마시고, 외용 시에는 생잎을 짓찧어 환부에 발랐다. 관절통에는 전초 말린 것을 3개월 정도 술에 담가 약성을 우려낸 뒤 하루 3회 소주잔으로 마신다. 해독·활혈·통증 완화 작용이 있어 부종·관절통·생리통·종양·근육 통증·타박상·악성 종기에 효능이 있다.

나물의 채취와 이용

시 기	봄
채취법	어리고 연한 잎을 잎자루째 뜯는다.
조리법	나물을 할 때 생강을 넣지 않는다.
음 식	쌈, 나물 무침, 묵나물 볶음, 된장국
효 능	해독, 활혈, 통증 완화
주 의	독초인 삿갓나물과 혼동하지 않도록 주의한다.

↑ 꽃 핀 모습. 7월 24일

자라는 모습. 4월 25일(이때도 나물하기 좋다)

데쳐서 무침. 4월 27일 ↓

새순이 올라오는 모습. 3월 19일(나물하기 좋은 때)

고산에서 군락을 이루어 꽃 핀 모습. 8월 5일 ↓

원추리

망우초, 넘나물, 들원추리, 큰잎원추리, 홑왕원추리

백합과 / 외떡잎식물 / 여러해살이풀
자라는 곳 산과 들 크기 50~100cm
꽃 필 때 6~8월

뿌리는 사방으로 퍼지고 원뿔 모양으로 굵어진다. 잎은 2줄로 마주나고 부채를 펼친 모양으로 뒤로 젖혀지며, 흰빛이 도는 녹색이다. 노란색 꽃은 끝에서 갈라져 6~8개씩 총상꽃차례를 이루며 핀다. 열매는 9~10월에 타원형으로 달리고, 종자는 윤기 나는 검은색이다.

민간에서는 우울증 치료와 신경 안정을 위해 먹었는데, 원추리의 속명인 '망우초忘憂草'는 '걱정과 근심을 사라지게 하는 풀'이라는 의미이다. 뿌리는 영양분이 많아 자양 강장제로 쓰며, 녹말을 추출하여 쌀이나 보리 등 곡식과 섞어 떡을 만들어 먹는다. 잎과 꽃에는 카로틴 성분이 많아 항산화 효과가 크며, 이뇨·지혈·소염·해열·진통 작용이 있고, 변비·수종·황달·대하증·월경불순·유선염 치료에 좋다. 위장병·가래·천식·피부병이 있는 사람은 나물을 먹지 않는다.

나물의 채취와 이용	
시 기	봄 : 잎 여름 : 꽃
채취법	연한 잎, 꽃, 뿌리를 채취한다.
조리법	콜히친(독성 물질)이 있으므로 데쳐서 2~3시간 정도 흐르는 물에 우려낸다.
음 식	나물 무침, 된장국, 장아찌 꽃 : 잡채(꽃을 살짝 익힘).
효 능	우울증, 신경 안정 치료
주 의	위장병·가래·천식·피부병이 있는 사람은 나물을 먹지 않는다.

↑ 새순이 올라오는 모습, 4월 13일(나물하기 좋은 때)

↑ 꽃 핀 모습, 6월 17일

↑ 큰꽃으아리 꽃, 5월 16일　묵나물 볶음, 12월 5일 ↓

↑ 새로운 줄기가 자라는 모습, 4월 22일(나물하기 좋다)　↑ 뜯은 나물, 4월 25일

으아리 · 큰꽃으아리

고추나물, 선인초

미나리아재비과 / 쌍떡잎식물 / 덩굴성 여러해살이풀
자라는 곳 산기슭　크기 2~4m
꽃 필 때 6~8월

잎은 마주나고 5~7개의 작은 잎으로 구성된 겹잎이다. 작은 잎은 달걀 모양이고 가장자리는 밋밋하다. 흰색 꽃은 줄기 끝이나 잎겨드랑이에 취산꽃차례로 핀다. 둥근 모양의 열매는 수과로 9월에 익는다.

민간에서는 각종 피부 질환 치료에 썼으며, 생잎을 짓찧어 환부에 붙이거나 달인 물로 씻었다. 으아리 잎에는 아미노산 · 유기산 · 락톤 등의 성분이 함유되어 있어, 해열 · 소염 · 진통 · 혈당 강하 작용을 하며, 경락을 소통시키고 삿된 기운을 몰아내며 뭉친 것을 풀어 주는 효능이 있다. 손발 저림 · 편도선염 · 피부 질환 · 천식 · 관절염 · 요통 · 당뇨 · 황달 · 결막염 · 통풍을 치료하는 데 효과가 있다.

전초에 독성이 있으므로 오래 우려내서 조리해야 하고, 꾸준히는 먹지 않도록 한다. 기운이 약하고 피가 부족한 사람은 먹지 않는다.

나물의 채취와 이용	
시 기	봄
채취법	연한 잎과 순을 뜯는다.
조리법	전초에 독성이 있으니 데쳐서 맑은 물에 우려낸 다음 조리한다.
음 식	나물 무침, 묵나물 볶음
효 능	해열, 소염, 진통, 혈당 강하
주 의	오랫동안 많은 양의 나물을 먹는 것을 피한다.

꽃 핀 모습, 8월 19일

자라는 모습, 5월 12일(나물하기 좋은 때)

↑꽃 핀 전체 모습, 8월 19일   묵나물 볶음, 11월 3일

뜯은 나물, 5월 12일↓   꽃봉오리 모습, 7월 20일↓

은분취

개취, 실수리취, 산은분취

국화과 / 쌍떡잎식물 / 여러해살이풀
자라는 곳 산속의 양지　크기 10~30cm
꽃 필 때 8~9월

줄기에 나 있는 흰 털은 자라면서 없어진다. 잎은 세모꼴의 타원형 또는 삼각형이고, 끝은 뾰족하며 가장자리에 톱니가 있다. 앞면은 녹색이고 뒷면에는 흰 털이 빽빽이 나 있다. 붉은빛이 도는 자주색 꽃이 줄기나 가지 끝에 산방꽃차례를 이루며 핀다. 열매는 보라색 줄무늬가 있는 수과로 10~11월에 여문다.

민간에서는 황달·간염 치료약으로 잎과 줄기를 말려 달여 마셨다. 지혈·활혈·진해 작용을 한다. 토혈·기관지염·인후통·고혈압·안질·폐렴 등을 개선하는 데 도움이 된다.

나물의 채취와 이용	
시기	봄
채취법	연한 잎과 순을 뜯는다.
조리법	데쳐서 무치거나 볶는다. 묵나물은 볶는다.
음식	나물 무침·볶음, 묵나물 볶음
효능	지혈, 토혈, 활혈, 진해
주의	-

↑ 꽃 핀 모습, 7월 27일   뿌리 캔 모습, 4월 25일 →

↓ 뜯은 나물, 4월 22일   ↓ 묵나물 볶음, 11월 6일   초고추장 무침, 1월 20일 ↓

잔대

딱주, 제니, 사삼, 딱쭉이

초롱꽃과 / 쌍떡잎식물 / 여러해살이풀
자라는 곳 산과 들 크기 40~100cm
꽃 필 때 7~9월

잎은 줄기에서 3~5개가 돌려나거나 마주나고, 도란형·파원형·피침형 등, 꽃줄기에 따라 잎 모양과 크기가 다르며 가장자리에 톱니가 있다. 잎과 줄기에 털이 많이 나 있고 뜯으면 하얀 즙이 나온다. 하늘색 꽃이 가지 끝에 종 모양으로 핀다. 열매는 10월에 익는다.

민간에서는 산후 조리·산후풍·자궁염·월경불순을 치료하기 위해 말린 잔대 뿌리 3근과 가물치 1마리를 솥에서 푹 고아 체에 밭쳐 물을 내려 마셨다. 가래를 삭일 때는 말린 뿌리 10개를 물 1되에 푹 달여 마시고, 옹기나 종기에는 가을에 캔 뿌리를 그늘에 말려 하루 10~15g씩 달여 마시거나 가루 내어 먹었다. 진해·거담·소종·강장·청폐의 효능이 있어 기침·감기·가래·해소·폐결핵성 폐건조증·갈증·허혈·변비·산후풍 치료에 좋다. 잔대의 가장 큰 효능은 해독 작용이다.

	나물의 채취와 이용
시기	봄 : 잎줄기 가을~이듬해 봄 : 뿌리
채취법	연한 잎, 순, 뿌리를 채취한다.
조리법	쌈 채소로 먹는다. 데쳐서 무치거나 볶는다. 고추장에 넣어 장아찌를 담근다.
음식	쌈, 나물 무침, 묵나물 볶음, 고추장 장아찌, 구이, 무침
효능	해독 작용 진해, 거담, 소종, 강장, 청폐
주의	소화기가 찬 사람은 먹지 않는다.

↑ 꽃 피는 모습, 4월 22일

꽃봉오리와 꽃 피는 모습, 4월 22일(이때도 잎과 줄기가 연하고 부드러우면 나물하기 좋다)

묵나물 볶음, 10월 24일 ↓

뜯은 나물, 4월 22일

꽃봉오리 모습, 4월 16일(나물하기 좋은 때) ↓

장대나물
깃대나물, 남개채

십자화과 / 쌍떡잎식물 / 두해살이풀
자라는 곳 산과 들의 햇볕이 잘 드는 양지　크기 40~100cm
꽃 필 때 4~5월

줄기가 길고 높게, 장대처럼 자란다. 첫해에는 원줄기 없이 뿌리에서 잎이 뭉쳐 자라고 털이 많으며, 다음 해에 원줄기가 나온다. 잎은 어긋나고 잎자루가 없으며 피침형 또는 타원형으로, 밑부분이 줄기를 감싸고 가장자리는 밋밋하다. 하얀색 꽃이 총상꽃차례를 이루며 핀다. 열매는 견과로서 곧게 선다.

첫해 올라온 잎과 뿌리는 함께 캔다. 장대나물 하나만 무치는 것보다 다른 산나물과 섞어 고추장이나 된장에 무쳐 먹으면 맛이 더 좋아진다.

민간에서는 장대나물에 사포닌이 함유되어 있어 기력 회복에 좋다고 한다. 몸속의 열을 내리고 독을 없애며 통증을 완화하는 효능이 있으며, 이뇨·소종 작용이 있어 위통·설사·관절염 치료에 좋다.

나물의 채취와 이용	
시기	봄
채취법	연한 잎과 순을 뜯는다. 첫 해 올라온 잎과 뿌리를 함께 캔다.
조리법	다른 산나물과 섞어 고추장이나 된장에 무쳐 먹는다.
음식	음식 나물 무침, 묵나물 볶음
효능	기력 회복, 해열, 해독, 진통, 이뇨, 소종
주의	-

↓ 새순이 올라오는 모습, 4월 2일 ↓ 꽃봉오리 모습, 5월 10일 자라는 모습, 4월 13일(이때도 나물하기 좋다)

↑ 꽃 핀 모습, 5월 18일

무침, 4월 15일 장아찌, 5월 23일 ↓

전호

수전호, 나귀채, 야근채

미나리과 / 쌍떡잎식물 / 여러해살이풀
자라는 곳 숲의 약간 습기가 있는 곳, 산골짜기 크기 100cm
꽃 필 때 5~6월

잎은 어긋나고 3갈래로 2회 갈라지며, 갈라진 조각은 다시 깃털 모양으로 갈라진다. 뿌리에서 줄기가 나와 가지가 갈라지고, 흰색 꽃은 산형꽃차례를 이루며 핀다. 열매는 골돌과로 녹색을 띤 검은색으로 여문다.

민간에서는 마른기침(가래가 나오지 않는 기침)과 천식, 폐결핵에 어린 잎과 순을 생으로 먹었고, 뿌리를 말려 차로 먹었다. 해열·진통·항균 작용이 있어서 기침·가래·감기·두통을 치료하는 데 좋다. 비타민 C·칼슘·칼륨이 다량 함유되어 있어 피를 맑게 하고 콜레스테롤 수치를 낮추는 효능이 있다.

원기가 부족하거나 혈이 부족한 사람, 가래가 많은 기침을 하는 사람은 나물을 먹지 않는 것이 좋다.

나물의 채취와 이용	
시 기	봄
채취법	연한 잎과 순을 뜯는다.
조리법	쌈으로 먹거나 무친다. 데쳐서 무친다. 묵나물은 볶는다. 장아찌를 담근다.
음 식	쌈, 무침, 나물 무침, 묵나물 볶음, 장아찌
효 능	해열, 진통, 항균, 청혈, 콜레스테롤 저하
주 의	원기·혈 부족, 가래가 많은 기침을 하는 사람은 나물을 먹지 않는다.

꽃 핀 모습, 7월 22일

새순이 올라오는 모습, 4월 22일(나물하기 좋은 때)

↑뜯은 나물, 4월 27일

묵나물 볶음, 1월 7일

새순이 올라오는 모습, 4월 22일(나물하기 좋은 때)

꽃봉오리 올라오는 모습, 6월 24일

절굿대

절구대, 개수리, 절굿공이나물(방언)

국화과 / 쌍떡잎식물 / 여러해살이풀
자라는 곳 산의 양지쪽 풀밭   크기 100cm
꽃 필 때 7~8월

꽃 모양이 둥근 절굿공이 같다고 하여 붙여진 이름이다. 솜털 같은 털로 덮여 있어 흰색처럼 보이는 가지는 약간씩 갈라진다. 긴 타원형의 잎 앞면은 녹색이고 가장자리는 갈라지며 가시가 있다. 남자색 꽃은 둥근 공 모양으로 핀다. 엉겅퀴처럼 잎 가장자리에 가시가 있으므로, 데치기 전에 잎을 장갑 낀 손으로 비벼 가시를 제거한다.

민간에서는 부스럼이 났을 때 뿌리를 생으로 짓찧어 환부에 붙였다. 해열·해독·항염·배농의 작용을 하여, 열독(熱毒 : 열증을 일으키는 병독)·옹저(癰疽 : 기혈이 가로막혀 창종이 발생하는 병증)·유옹(幽癰 : 배꼽 위 2치 되는 곳에 생긴 옹)을 치료하는 데 좋은 효능이 있다.

나물의 채취와 이용

시 기	봄
채취법	연한 잎을 뜯는다.
조리법	데쳐서 무친다. 묵나물은 볶는다.
음 식	나물 무침, 묵나물 볶음
효 능	해열, 해독, 열독, 항염, 배농
주 의	데치기 전에 잎을 장갑 낀 손으로 비벼 가시를 제거한다.

↓ 자라는 잎 모습, 4월 28일(나물하기 좋은 때)   꽃 핀 모습, 5월 10일(잎이 연하면 꽃과 함께 나물하기 좋다)   ↑ 꽃, 5월 10일   데쳐서 무침, 5월 13일 ↓

↑ 뜯은 나물, 5월 10일

졸방제비꽃

졸방나물

제비꽃과 / 쌍떡잎식물 / 여러해살이풀
자라는 곳 산의 양지   크기 20~40cm
꽃 필 때 5~6월

제비꽃 종류 가운데 키가 큰 편으로, 줄기는 한자리에 여러 대가 곧게 서며 전체에 털이 있다. 잎은 어긋나고 계란형에 가까운 심장 모양으로, 긴 잎자루가 있고 가장자리에 톱니가 있으며 턱잎에는 새의 깃털 같은 톱니가 있다. 꽃은 연한 자줏빛으로 피고, 열매는 삭과로 7~8월에 달걀 모양으로 익는다.

민간에서는 종기 치료에 생잎을 짓찧어 환부에 붙였다. 해열·소염·억균·항균·이뇨 등의 작용을 하여, 기침·감기·부종·종기·신장염·방광염·간염·황달·소변이 잘 나오지 않는 증상을 치료하는 효능이 있다.

체질이 약한 사람과 몸이 찬 사람은 나물을 먹지 않는다.

나물의 채취와 이용	
시 기	봄
채취법	연한 잎과 순을 뜯는다.
조리법	쌈채소로 먹는다. 데쳐서 무친다. 묵나물은 볶는다. 꽃으로 전을 부친다.
음 식	쌈, 나물 무침, 묵나물 볶음, 꽃전
효 능	해열, 소염, 억균, 항균, 이뇨
주 의	체질이 약한 사람과 몸이 찬 사람은 나물을 먹지 않는다.

꽃 핀 모습, 7월 22일

자라는 모습, 4월 27일(이때로 나물하기 좋다)

↑뜯은 나물, 4월 27일   묵나물 볶음, 1월 7일

새순이 올라오는 모습, 4월 22일(나물하기 좋은 때)

열매, 9월 29일

좀꿩의다리

마미연, 마미황연, 꿩다리나물

미나리아재비과 / 쌍떡잎식물 / 여러해살이풀
자라는 곳 산속   크기 40~120cm
꽃 필 때 7~8월

타원형의 잎은 세 갈래로 갈라지고 뒷면은 흰색이다. 줄기는 곧게 서고 가지를 많이 친다. 줄기 끝과 가지 끝에 황록색의 작은 꽃들이 많이 모여 핀다. 열매는 수과로 둥근 모양이고 8개의 능선이 있다. 새순이 올라오면서 금방 세기 때문에 가급적 빨리 채취해야 하고, 독성이 있으므로 데쳐서 2~3일가량 흐르는 물에 우려낸 뒤 조리한다.

민간에서는 종기 치료약으로, 말린 좀꿩의다리를 가루 내어 환부에 발랐다. 성질이 차서 몸의 열을 내려 주고, 염증을 가라앉히는 소염의 효능이 있어, 감기·기침·인후염·복통·설사·이질·폐열 치료에 좋다.

몸이 찬 사람과 임신부는 나물을 먹지 않는다.

나물의 채취와 이용	
시 기	봄
채취법	연한 잎과 순을 뜯는다.
조리법	독성이 있으므로, 데쳐서 2~3일간 흐르는 물에 우려낸 후 조리한다.
음 식	나물 무침, 묵나물 볶음, 된장국
효 능	해열, 소염
주 의	몸이 찬 사람과 임신부는 나물을 먹지 않는다.

↑ 꽃 핀 모습, 8월 17일

자라는 모습, 5월 7일(이때도 연한 잎은 나물하기 좋다)

↓ 새순이 자라는 모습, 4월 28일(나물하기 좋은 때) ↓ 뜯은 나물, 4월 28일 꽃봉오리, 7월 25일 묵나물 볶음, 11월 4일 ↓

좀담배풀

여우담배풀, 담배나물

국화과 / 쌍떡잎식물 / 여러해살이풀
자라는 곳 산기슭, 산의 숲 가장자리 크기 50~100cm
꽃 필 때 8~9월

잎은 담배 만드는 담배풀을 닮았고, 꽃은 곰방대를 닮았다. 줄기는 곧게 서고, 퍼지는 가지를 친다. 가지와 잎에 백록색의 털이 덮여 있다. 처음 자라는 잎은 타원형으로 크고 톱니가 있으며, 줄기가 자라면서 나는 잎은 어긋나며 넓은 피침꼴이다. 흰빛이 도는 연한 녹색 꽃이 가지와 줄기 끝에 달려 아래쪽을 향해 핀다. 열매는 수과이고 선형이다. 특유의 좋지 않은 냄새가 있으므로 조리하기 전에 데쳐 흐르는 물에 우려내야 나물로 먹을 수 있다.

민간에서는 좀담배풀을 구충제로 사용했으며, 전초를 말린 것을 달여 마셨다. 해독 · 거담 · 청열 · 지혈 · 살충의 효능이 있어 급성 편도선염, 급성 간염, 말라리아의 치료에 좋다.

나물의 채취와 이용	
시 기	봄
채취법	연한 잎을 뜯는다.
조리법	데친 후 흐르는 물에 특유의 좋지 않은 냄새를 우려낸 후 조리한다.
음 식	나물 무침, 묵나물 볶음, 된장국
효 능	해독, 거담, 청열, 지혈, 살충
주 의	–

꽃봉오리 올라오는 모습. 5월 16일

↑꽃 핀 모습. 5월 28일   묵나물 볶음. 10월 17일↑

새순이 올라오는 모습. 5월 6일(나물하기 좋은 때)

새순이 올라오는 모습. 5월 6일

꽃봉오리 모습. 5월 16일(이때도 나물하기 좋다)

쥐오줌풀

털쥐오줌풀, 바구니나물, 꽃나물

마타리과 / 여러해살이풀 / 여러해살이풀
자라는 곳 산지 풀밭의 습한 곳 크기 40~80cm
꽃 필 때 5~8월

뿌리에서 나는 독특한 냄새가 마치 쥐 오줌 냄새 같다. 잎은 2장이 마주나고 깃털 모양으로 깊게 갈라지며 가장자리에 톱니가 있다. 연한 붉은색 꽃은 우산 모양이고, 열매는 건과이다.

채취할 때는 어리고 연한 잎과 순을 뜯는데 꽃봉오리가 올라왔을 때에도 뜯는다. 독성이 약간 있어 데쳐서 맑은 물에 한참 우려내야 한다. 민간에서는 신경과민과 고혈압에 뿌리를 달여 마셨으며, 히스테리 증상에는 술을 담가 6개월가량 지난 후 마시면 좋은 효과가 있다고 한다. 진정 작용이 있어 히스테리와 신경과민에 특히 효과적이며 혈압을 낮추고, 불면증·심장병·고혈압·월경불순을 치료하는 효능이 있다. 많이 먹으면 오한과 두통 증상이 생길 수 있으며, 특히 임신부는 먹지 않는다.

나물의 채취와 이용	
시 기	봄
채취법	어리고 연한 잎과 순을 뜯는다.
조리법	약간의 독성이 있으므로 데친 후 맑은 물에 한참 우려낸 후 조리한다.
음 식	나물 무침, 묵나물 볶음, 생선 조림 밑나물
효 능	진정(신경계 안정), 혈압 저하
주 의	많이 먹으면 오한, 두통이 생길 수 있다. 임신부는 먹지 않는다.

↑새순이 올라오는 모습, 5월 1일(나물하기 좋은 때)

↑꽃 핀 모습, 5월 23일

↑묵나물 볶음, 1월 10일   뿌리, 3월 2일↑

↓새순이 올라오는 모습, 5월 1일   ↓꽃이 지고 열매 맺는 전체 모습, 7월 10일

지치

지초, 자초, 자근

지치과 / 쌍떡잎식물 / 여러해살이풀
자라는 곳 산과 들의 풀밭 크기 30~70cm
꽃 필 때 5~6월

줄기는 곧게 서고 윗부분에서 가지를 친다. 전초에 위로 향한 잔털이 있다. 두껍고 기다란 잎은 어긋나고, 창처럼 양끝이 뾰족하며, 잎 앞면의 잎맥에 깊은 주름이 있다. 흰색 꽃이 줄기와 가지 끝에 수상꽃차례를 이루며 핀다. 열매는 골돌과로 회색을 띤 흰색이며 윤기가 있다.

민간에서는 여성의 냉증, 냉대하, 무릎이 차고 힘이 없는 증상 치료에, 뿌리를 술에 담가 복용했다. 오랫동안 복용하면 얼굴빛이 좋아지고 살결이 고와지며 노화를 늦춘다고 한다. 나세틸시코닌·시코닌shikonin·알칼로이드·트리테르펜triterpene·이노시톨inositol·루틴 등의 성분이 있으며, 건위·강심·강장·해독·해열·청열·소종의 효능이 있다. 두통·신경통·변비·토혈·고혈압·백혈병·만성 간염·황달·폐질환·약물 중독·아토피 등을 치료하는 데 좋다.

나물의 채취와 이용	
시기	봄 : 잎줄기 늦가을~이듬해 봄 : 뿌리
채취법	연한 잎, 순, 뿌리를 채취한다.
조리법	뿌리는 햇볕에 말린 후 물에 씻지 않고 솔로 흙을 털어 낸다.
음식	나물 무침, 묵나물 볶음. 뿌리(차, 술)
효능	건위, 강심, 강장, 해독, 해열, 청열, 소종
주의	성질이 차므로 아랫배가 차거나 소화 불량인 사람은 먹지 않는다.

꽃 핀 모습. 7월 10일

자란 모습. 4월 20일(이때도 나물하기 좋다)

↑뜯은 나물. 4월 20일   묵나물 볶음. 1월 23일

새순이 올라오는 모습. 4월 2일

산짚신나물 자라는 모습. 4월 23일

짚신나물

용아초, 선학초, 낭아초, 지선초

장미과 / 쌍떡잎식물 / 여러해살이풀
자라는 곳 산과 들의 풀밭 크기 30~100cm
꽃 필 때 6~8월

열매에 나 있는 갈고리 같은 털로 짚신에 붙어 먼 곳까지 퍼진다고 해서 붙여진 이름이다. 잎은 어긋나고 5~7개의 작은 잎으로 구성된 깃꼴겹잎이다. 긴 타원형으로 끝이 좁고 뾰족하며 가장자리에 톱니가 있다(산짚신나물 잎은 뾰족한 짚신나물과 달리 둥근 모양을 하고 있다). 줄기와 가지 끝에 황색 꽃이 총상꽃차례를 이루며 핀다. 열매는 8~9월에 달리고, 윗부분에 갈고리 같은 가시가 있다.

민간에서는 출혈 계통의 질환과 과다월경 치료에, 잎과 줄기를 말려 달여 마셨다. 해독·소염·지혈·지사·수렴 등의 효능이 있어 나물을 먹으면 혈뇨·자궁 출혈·각혈·설사·과다월경·각종 염증·이질 등을 치료하는 데 도움이 된다.

감기 등의 외감성 질환자, 고혈압 환자는 나물을 먹지 않는다.

나물의 채취와 이용	
시 기	봄
채취법	어리고 연한 잎과 순을 뜯는다.
조리법	데쳐서 무치거나 볶는다. 된장국을 끓인다. 묵나물은 볶는다.
음 식	나물 무침·볶음, 된장국, 묵나물 볶음
효 능	해독, 소염, 지혈, 지사, 수렴
주 의	감기 환자, 고혈압 환자는 피한다.

↑ 꽃 핀 모습, 7월 20일

↑ 뜯은 나물, 4월 20일   참나물 물김치 →

↓ 새순이 올라오는 모습, 4월 20일   ↓ 단풍 든 모습, 10월 16일

새순이 올라오는 모습, 4월 20일(나물하기 좋은 때)

참나물

겹참나물, 산노루참나물

미나리과 / 쌍떡잎식물 / 여러해살이풀
자라는 곳 산의 숲 속 크기 50~80cm
꽃 필 때 6~8월

잎은 3개씩 어긋나고, 뾰족한 달걀 모양으로 가장자리에 톱니가 있다. 줄기는 반들반들하고 향기가 난다. 흰색 꽃이 줄기와 가지 끝에, 펼쳐진 부채 모양으로 핀다. 납작하고 넓은 타원형 열매는 9월에 익는다.

민간에서는 참나물의 생즙을 내어 매일 소주잔으로 두 잔씩 마시면 간 기능이 개선된다고 했다. 참나물에는 섬유질이 많고 비타민 A와 베타카로틴, 철분이 풍부하여 변비·안구 건조증·빈혈에 좋다. 지혈·해열·간 기능 개선의 효능이 있고, 대하·고혈압·중풍·폐렴·신경통 치료에 도움이 된다.

지나치게 오래 데치면 영양분이 파괴되고 특유의 향이 사라지므로 살짝 데쳐서 조리한다.

나물의 채취와 이용	
시 기	봄
채취법	부드럽고 잎과 순을 뜯는다.
조리법	쌈채소로 먹는다. 물김치를 담근다. 전을 부친다. 데쳐서 무친다.
음 식	쌈, 물김치, 부침, 나물 무침
효 능	지혈, 해열, 간 기능 개선
주 의	오래 데치면 영양분이 파괴되고 향이 사라지므로 살짝 데쳐 조리한다.

꽃 핀 모습, 8월 30일

↑ 뜯은 나물, 5월 2일　데쳐서 초고추장 무침, 4월 29일↓　자라는 모습, 5월 2일(이때도 나물하기 좋다)　새순이 올라오는 모습, 4월 26일(나물하기 좋은 때)↓　꽃 핀 전체 모습, 9월 3일↓

큰참나물
큰노루참나물 · 진삼 (방언)

미나리과 / 쌍떡잎식물 / 여러해살이풀
자라는 곳 산지의 숲 속　크기 50~100cm
꽃 필 때 8~9월

줄기는 곧게 서서 약간의 가지를 치며 전체에 짧은 털이 나 있다. 잎은 어긋나고, 작은 잎 3장으로 된 겹잎으로, 아랫부분이 넓어져 줄기를 감싼다. 잎의 모양은 넓은 계란꼴로 끝이 뾰족하고 가장자리에 큰 톱니가 있다. 잎몸은 두텁고 뒷면은 흰색이다. 붉은빛을 띤 자주색 꽃은 줄기와 가지 끝에 산형꽃차례를 이룬다.

민간에서는 간염과 고혈압 치료에, 봄에 채취한 잎과 줄기를 생즙을 내어 마시거나, 콩나물을 섞어 즙을 내어 마셨다. 해열 · 항균 작용이 있어 감기 · 기침 · 가래 · 기관지염 · 두통 · 신경쇠약 등에 효능이 있다. 또한 고혈압 · 빈혈 · 간염 · 폐염 · 신경통 치료에 좋다.

오래 데치면 영양분이 파괴되고 특유의 향이 사라지므로 살짝 데쳐 조리한다.

나물의 채취와 이용

시기	봄
채취법	연한 잎과 순을 뜯는다.
조리법	쌈. 초고추장에 무친다. 소금으로 숨을 죽여 김치를 담근다. 묵나물은 볶는다.
음식	생쌈. 나물 무침, 김치, 장아찌, 묵나물 볶음
효능	해열, 항균
주의	오래 데치면 영양분이 파괴되고 향이 사라지므로 살짝 데쳐 조리한다.

↑ 새순이 올라오는 모습, 4월 30일 (나물하기 좋은 때)

↑ 꽃 핀 모습, 8월 20일

↑ 뜯은 나물, 4월 30일

↑ 단풍잎과 어린 당귀, 10월 14일   ↑ 뿌리 모습, 4월 30일 (장아찌 하기 좋은 때)   장아찌, 5월 20일 ↓

참당귀

대당귀, 조선당귀, 신감채, 당귀, 당구(방언)

미나리과 / 쌍떡잎식물 / 여러해살이풀
자라는 곳 산골짜기 냇가 근처 크기 1~2m
꽃 필 때 8~9월

참당귀의 '당귀當歸'는 남편이 당연히 집으로 돌아온다는 뜻이다. 뿌리에서 올라온 잎과 아래에 있는 잎 모두 잎자루가 길고 가장자리에 톱니가 있으며 뒷면은 흰색이다. 줄기 전체에 자줏빛이 돌고 꽃도 자주색으로 핀다. 열매는 10월에 열리며, 익기 전, 딱딱하지 않을 때 채취한다.

민간에서는 뿌리를 달여 그 물로 목욕을 하면 통증이 완화되고 혈액순환이 좋아진다고 했고, 만성 빈혈이 있는 사람은 잎과 줄기를 나물로 먹어도 효과를 볼 수 있다고 했다. 거풍·화혈(和血 : 병으로 피가 적어지거나 몰린 것을 고르게 함)·보혈·조경·진정·지혈·치혈·지통·항균 작용이 있어, 어혈을 풀고 혈액순환을 좋게 하며, 빈혈을 치료하고, 원기를 회복하게 하는 효능이 있다.

설사하는 사람은 나물로 먹지 않는다.

나물의 채취와 이용

시기	잎 : 봄 / 뿌리 : 늦가을~초봄 열매 : 익기 전, 딱딱하지 않을 때
채취법	어리고 부드러운 잎, 줄기, 뿌리, 열매를 채취한다.
조리법	진한 향이 나므로 향을 싫어하면 물에 데쳐 맑은 물에 우려낸다.
음식	잎 : 쌈, 무침, 물에 나물 무침, 장아찌, 묵나물 볶음 / 뿌리·열매 : 장아찌
효능	거풍, 화혈, 보혈, 조경, 진정, 지혈, 치혈, 지통, 항균
주의	설사하는 사람은 먹지 않는다.

당귀와 개당귀 구분법

고급 나물 참당귀와 독초인 개당귀(지리강활)는 모양이 매우 비슷하여 봄철 나물 중독 사고 비율이 가장 높다. 당귀와 개당귀를 제대로 구분하기 어려울 때는 차라리 채취하지 않는 것이 안전하다.

〈당귀와 개당귀의 차이점〉

	당귀	개당귀
줄기	줄기가 붉은색이 돌고, 줄기 갈라지는 부분이 녹색이다. 줄기 밑동에서 뭉쳐 난다. 줄기가 상대적으로 굵고 연하다.	줄기가 녹색이고, 갈라지는 부분이 붉다. 줄기 밑동에서 흩어져 난다. 줄기가 상대적으로 가늘고, 당귀에 비해 단단하다.
잎	잎이 갈라지는 부분에서 붙어 있다. 가장자리 톱니가 불규칙하고 잎이 넓다. 상처 난 부위에서 향기가 난다.	잎이 갈라지는 부분에서 분리되어 있다. 가장자리 톱니가 규칙적이고 잎이 좁다. 상처 난 부위에서 역한 냄새가 난다.
뿌리	뿌리 아랫부분이 연두색이다.	뿌리 아랫부분이 자색이다.

당귀

당귀 잎   개당귀 잎   개당귀

〈당귀〉

〈개당귀〉

↑ 열매, 8월 25일

↓ 다른 물체를 감고 자라는 모습, 5월 23일 　　↓ 참마 수꽃, 7월 20일 　　새순이 올라오는 모습, 5월 10일(나물하기 좋은 때) 　　↓ 주아(구슬눈), 8월 23일 　　뿌리 캔 모습, 11월 6일 ↓

참마·마

산우, 서여, 산약

마과 / 외떡잎식물 / 덩굴성 여러해살이풀
자라는 곳 산　크기 2m 정도
꽃 필 때 6~7월

전초가 자줏빛을 띠고 뿌리는 땅속 깊이 들어간다. 잎은 둥근 삼각형이고 잎겨드랑이에 주아(구슬눈)가 생긴다. 하얀색 꽃은 암수딴그루로 피고, 잎겨드랑이에서 1~3개씩 수상꽃차례를 이룬다. 열매는 9~10월에 익으며, 삭과로 3개의 날개가 있다.

민간에서는 폐결핵·고혈압·당뇨병 치료에 사용했으며, 어린순을 나물로 먹거나 뿌리를 오랫동안 먹으면 효과를 볼 수 있다고 한다. 마의 주성분인 점질물은 만난mannan이라는 식이섬유이다. 비타민·미네랄·단백질·사포닌·아르기닌·콜린·칼슘·아마로스 등의 성분이 함유되어 있어 자양·강정·익정 작용을 하며, 피로를 해소하고, 고혈압·당뇨병·폐결핵을 치료하며 피부 재생을 돕는 효능이 있다.

나물의 채취와 이용	
시기	봄 : 잎, 어린순 / 여름~가을 : 주아 / 가을 : 뿌리
채취법	연한 잎과 순을 뜯는다. 주아는 딴다. 뿌리는 캔다.
조리법	잎은 데치고, 뿌리는 껍질을 제거한다.
음식	잎 : 쌈, 나물 무침 / 주아 : 생식, 밥, 조림 / 뿌리 : 생식, 주스, 익혀서 스무디, 전
효능	자양, 강정, 익정, 피로 해소
주의	열이 많거나 급성바이러스에 의한 질병을 앓는 사람은 나물로 먹지 않는다.

참마 먹는 방법

마는 아무 맛이 없어서 함께 먹는 음식에 따라 맛이 달라진다.

1. 적당량을 깎아 잘라서 우유, 요구르트, 두유 등과 함께 믹서기에 넣고 갈아 먹는다.
2. 감자탕, 찌개, 국 등에 감자 대용으로 넣는다.
3. 밥 지을 때 깍뚝 썰어 넣는다.
4. 오븐에 구워 먹는다.
5. 갈아서 전을 부쳐 먹는다.

참마 요리법

잎과 순은 생으로 쌈으로먹거나 무쳐 먹고, 데쳐서 무쳐 먹으며, 뿌리는 껍질을 벗겨 생으로 먹거나 갈아 먹으며 참기름이나 소금에 찍어 먹기도 한다. 굽거나 삶아서 먹기도 하고, 말려서 갈아 먹는다. 주아(구슬눈)는 생으로도 먹고 밥에 넣기도 하며, 간장에 조려 반찬으로도 먹는다.

참마의 효능

마를 오래 먹으면 귀와 눈이 밝아진다. 건강하게 오래 살게 하는 보약이다.

1. 소화력 증진 : 마의 끈끈한 점액질에 있는 뮤신 성분이 단백질의 흡수를 돕는다.
2. 노화 방지 : 디오스게닌 성분이 호르몬 밸런스를 유지하는 데 도움이 된다.
3. 스테미너 : '산에서 나는 장어'라 불릴 정도로 강력한 스테미너 음식이다.
4. 혈압 안정 : 생활습관병을 예방하고 콜레스테롤을 낮추는 사포닌 성분이 많이 들어 있다.
5. 기타 : 대장암, 당뇨병, 숙취, 신체 허약, 야뇨증, 기침, 폐결핵, 변비에 탁월한 효능이 있다.

↑ 데친 후 무침, 5월 2일

↑ 주아(구슬눈)밥, 10월 25일

↑ 주아(구슬눈) 조림, 11월 1일

튀김, 11월 13일 →

↑ 꽃 핀 모습. 5월 13일

새순이 올라오는 모습. 4월 9일(나물하기 좋은 때)

↑ 자란 모습. 5월 4일　　↑ 자란 모습. 5월 4일　　↑ 뜯은 나물. 4월 9일　　묵나물 볶음. 11월 4일 ↓

참반디 · 붉은참반디

붉은참바디, 붉은참반디

미나리과 / 산형화목 / 여러해살이풀
자라는 곳 산　크기 20〜50cm
꽃 필 때 5〜6월

뿌리 잎은 둥근 심장 모양으로 깊게 3갈래로 갈라지고 양쪽 갈래는 다시 2갈래로 갈라진다. 줄기 잎은 1쌍이 줄기 위쪽에서 마주나며 3개씩 갈라지며 톱니가 있다. 꽃은 5〜6월에 흑자색으로 피는데 마주난 잎 사이에서 산형으로 갈라진다. 열매는 골돌과이고 7월에 익는다.

　민간에서는 생리로 인한 요통에 사용했으며, 나물을 먹거나 전초를 달여 마시면 효과를 볼 수 있다고 한다. 풍사를 흩뜨리고 폐기를 맑게 식히며 담을 삭이고 혈의 흐름을 원활히 하는 효능이 있어 감기 · 해수 · 천식에 효과가 있다. 뿌리는 해열제 · 이뇨제로 사용한다.

나물의 채취와 이용	
시 기	봄
채취법	연한 잎과 순을 뜯는다.
조리법	쌈으로 먹는다. 데쳐서 무친다. 물김치를 담근다. 장아찌를 담근다.
음 식	데친 후 쌈이나 무침, 묵나물 볶음, 장아찌
효 능	이뇨, 거담, 해열, 소풍
주 의	-

↑ 꽃 핀 모습, 7월 15일 | 무침, 4월 9일 ↓ | 새순이 올라오는 모습, 4월 9일(나물하기 좋은 때) | 데쳐서 무침, 4월 10일 ↓ | 뜯은 나물, 4월 7일 ↓

애기참반디

참바디나물, 참바디, 참반듸, 반대나물

산형과 / 쌍떡잎식물 / 여러해살이풀
자라는 곳 습기 많은 숲 속   크기 8~20cm
꽃 필 때 5~7월

잎은 마주나고 3갈래로 깊게 갈라진다. 반들반들 윤기 나는 손바닥 모양으로 주름이 져 있으며 가장자리에 톱니가 있다. 꽃은 가지와 줄기 끝에 작은 꽃들이 여러 송이씩 모여 핀다. 열매는 둥근 달걀 모양으로 2~4개 달린다.

민간에서는 소변이 잘 나오지 않을 때 나물로 먹거나 전초를 달여 마셨다. 이뇨·거담·해열의 효능이 있어 감기·해수·천식·기관지염 치료에 좋다.

나물의 채취와 이용	
시기	봄
채취법	어리고 연한 잎과 순을 뜯는다.
조리법	쌈으로 먹는다. 데쳐서 무친다. 물김치를 담근다. 장아찌를 담근다.
음식	쌈, 나물 무침, 물김치, 장아찌
효능	이뇨, 거담, 해열
주의	-

↑ 꽃 핀 모습, 8월 12일

↓ 군락을 이룬 모습, 5월 14일(이때도 나물하기 좋다) ↓ 새순이 올라오는 모습, 5월 8일(나물하기 좋은 때) ↓ 뜯은 나물, 5월 14일 데쳐서 무침, 5월 9일 ↓

참배암차즈기

토단삼

꿀풀과 / 쌍떡잎식물 / 여러해살이풀
자라는 곳 산의 그늘진 곳 크기 50cm 정도
꽃 필 때 8월

뱀이 입을 쩍 벌리고 있는 모습을 연상시키는 꽃 모양 때문에 '배암'이라는 이름이 붙었다. 줄기는 네모지며 연한 털이 있다. 달걀 모양의 긴 타원형 잎은 마주나고, 가장자리에는 짧고 뾰족한 둥근 톱니가 있다. 노란빛을 띤 황색 꽃이 줄기의 각 마디마다 입술 모양으로 2~6개씩 핀다. 9~10월에 달리는 열매는 넓고 편평하다.

민간에서는 피부병이나 가려움증, 벌레에 물린 상처 치료에 생잎을 짓찧어 환부에 붙이거나 달인 물을 발랐다.

나물의 채취와 이용	
시 기	봄
채취법	어리고 연한 잎과 순을 뜯는다.
조리법	데쳐서 무친다. 묵나물은 볶는다.
음 식	나물 무침, 묵나물 볶음
효 능	해독, 소염
주 의	-

꽃 핀 모습, 9월 9일

새순이 올라오는 모습, 4월 18일(나물하기 좋은 때)

↑ 뜯은 나물, 5월 10일

묵나물 볶음, 12월 14일

묵나물을 넣어 만든 만두, 1월 7일

자라는 모습, 5월 10일 (이때도 나물하기 좋다)

참취

나물채, 암취, 동풍채, 백운초, 취, 나물취

국화과 / 쌍떡잎식물 / 여러해살이풀
자라는 곳 산이나 들 크기 1~1.5m
꽃 필 때 8~10월

맛과 향이 독특하여 취나물 중에서도 으뜸으로 친다. 심장 모양의 잎은 어긋나고, 줄기 끝으로 갈수록 작아지고 뾰족해진다. 잎자루에 날개가 있으며 양면에 털과 톱니가 있다. 흰색 꽃은 산방꽃차례를 이루고 열매는 11월에 익는다.

민간에서는 타박상 치료에 썼으며, 뿌리를 채취하여 말린 후 가루를 내어 복용하거나 생뿌리를 짓찧어 환부에 붙였다. 참취에는 나트륨·단백질·당질·베타카로틴·비타민 A·B·C, 식이섬유·아미노산·알칼로이드·엽산·칼륨·칼슘·철분이 들어 있어 해독·활혈·진통 작용이 있으며, 혈액순환을 촉진하는 효능과 몸속의 나트륨을 배출하는 효능이 있어 생활습관병 예방에도 좋다. 감기·인후염·장염·복통·근골 동통 증상이 있을 때 먹으면 효과를 볼 수 있다.

나물의 채취와 이용	
시기	봄
채취법	연한 잎과 순을 뜯는다.
조리법	나물을 조리할 때 참기름을 넣어 무치거나 볶으면 비타민 흡수를 돕는다.
음식	쌈, 나물 무침, 묵나물 볶음, 된장국
효능	해독, 활혈, 진통, 혈액순환 촉진, 나트륨 배출
주의	-

↑ 꽃 핀 모습, 8월 28일

↑ 뜯은 나물, 5월 4일   데쳐서 무침, 5월 6일 ↑
자라는 모습, 5월 15일(이때도 나물하기 좋다)

↑ 새순이 올라오는 모습, 5월 4일(나물하기 좋은 때)   장아찌, 6월 10일

천궁

궁궁, 호궁, 산국궁, 향과, 중국당귀

미나리과 / 쌍떡잎식물 / 여러해살이풀
자라는 곳 낮은 산이나 골짜기 옆 크기 30~60cm
꽃 필 때 8~9월

약용식물로 재배하기 위해 중국에서 들여온 식물이다. 잎은 마디마다 하나씩 어긋나게 달리고 밑부분은 잎깍지로 되어 원줄기를 감싼다. 잎은 난형 또는 피침형으로 전체에 예리한 톱니가 있다. 흰색 꽃은 가지 끝과 원줄기 끝에 여러 송이가 모여 큰 방사형 모양을 이룬다. 열매는 열리지만 성숙하지 않는 것이 특징이다.

민간에서는 잎과 줄기를 머리에 꽂으면 두통이 낫고 머릿결이 고와지고 윤기가 흐른다고 했다. 창포가 자생하지 않는 강원도에서는 5월 단오에 천궁으로 머리를 감았다. 방향성 정유가 들어 있으며, 빈혈을 치료하고 간 기능을 활성화하며, 조혈·진통 작용, 이질균·대장균·피부진균의 발생을 억제하는 살균 작용이 있다. 월경통·월경불순·산후 복통·고혈압·어지럼증·근육 경련에 효과가 있다.

나물의 채취와 이용	
시 기	봄
채취법	연한 잎과 순을 뜯는다.
조리법	강한 향을 싫어하는 사람은 데쳐서 맑은 물에 우려낸 뒤 조리한다.
음 식	쌈, 나물 무침
효 능	조혈, 진통, 살균
주 의	상열하한(몸의 윗부분은 덥고 아랫부분은 찬 사람은 나물을 먹지 않는다.

섬초롱꽃 꽃 핀 모습, 6월 8일 ↑

↑꽃 핀 모습, 6월 8일   데쳐서 무침, 5월 15일↓

꽃 샐러드, 6월 15일↓

새순이 올라오는 모습, 5월 6일(나물하기 좋은 때)↓

초롱꽃 · 섬초롱꽃

초롱꽃과 / 쌍떡잎식물 / 여러해살이풀
자라는 곳 산과 들 크기 40~100cm
꽃 필 때 6~8월

풍령초, 모시나물, 산소채, 호롱꽃

작은 초롱처럼 생긴 꽃이 앙증맞다. 잎은 마디마다 어긋나고, 끝은 뾰족하고 가장자리에 톱니가 있다. 줄기는 곧게 서고, 가지를 거의 치지 않는다. 꽃은 줄기 끝에 3~4송이씩 모여 아래를 향해 핀다. 거꾸로 선 달걀 모양의 열매는 9월에 삭과로 익는다.

민간에서는 해독제로 사용했으며, 종기가 나거나 벌레 물린 자리에 생잎을 짓찧어 붙였다. 약물중독 치료에 사용할 때는 전초를 말려 달여 마셨다. 두통에는 전초 10g에 물 700㎖를 넣어 달인 물을 반씩 나누어 아침저녁으로 마셨다. 청혈·해독·진해·거담·진통의 효능이 있어, 기침·감기·기관지염·천식·인후염·편도선염·폐결핵 치료에 좋다. 섬초롱꽃도 같은 방법으로 나물로 먹거나 치료에 사용한다. 약간의 독이 있으므로 우려내야 하고, 한꺼번에 많이 먹지 않는다.

나물의 채취와 이용	
시기	봄
채취법	연한 잎과 순, 꽃을 채취한다.
조리법	약간의 독과 쓰고 떫은맛이 있으므로 데쳐서 맑은 물에 우려낸 후 조리한다.
음식	나물 무침, 묵나물 볶음 / 꽃 : 샐러드
효능	청혈, 해독, 진해, 거담, 진통
주의	한꺼번에 나물을 많이 먹지 않는다.

↑ 꽃 핀 모습, 6월 4일

새순이 올라오는 모습, 4월 24일(나물하기 좋은 때)

↑ 자라는 모습, 5월 6일(이때도 나물하기 좋다) 열매 모습, 7월 29일 ↑ 뜯은 나물, 5월 6일 묵나물 볶음, 1월 15일↓

큰뱀무
큰배암무

장미과 / 쌍떡잎식물 / 여러해살이풀
자라는 곳 산과 들의 축축한 풀밭 **크기** 30~100cm
꽃 필 때 6~7월

뿌리에서 나온 잎은 잎자루가 길고 여러 개의 작은 잎으로 구성된 깃꼴겹잎이다. 줄기에 달린 잎은 어긋나고 잎자루가 짧다. 줄기는 곧게 서고 털이 있다. 꽃은 황색으로 피고 열매는 8월에 타원형으로 달리며 황갈색 털이 있다.

민간에서는 큰뱀무나물이 허를 보하고 혈액순환을 촉진하며 허리와 다리의 마비 증상과 통증을 없애 준다고 했다. 강장·진경(鎭痙 : 경련을 진정시킴)·이뇨·거풍·활혈·소염 작용을 하여, 관절염·림프절염·자궁염·대하증·악성 종기 치료에 좋다.

나물의 채취와 이용	
시기	봄
채취법	연한 잎과 순, 뿌리를 채취한다.
조리법	데쳐서 무치거나 쌈으로 먹는다. 뿌리는 고추장에 넣어 장아찌를 담근다.
음식	잎 : 나물 무침, 쌈, 묵나물 볶음 뿌리 : 고추장 장아찌
효능	강장, 진경, 이뇨, 거풍, 활혈, 소염
주의	잎에서 특유의 좋지 않은 냄새가 나므로 데쳐서 흐르는 물에 우려낸다.

꽃 핀 모습, 7월 7일

↑ 뜯은 나물, 5월 16일   묵나물 볶음, 11월 7일 ↓

새순이 올라오는 모습, 5월 2일(나물하기 좋은 때)
자라는 모습, 5월 16일(이때도 나물하기 좋다)

자란 모습, 6월 2일 ↓

터리풀

민터리풀, 문자초

두릅나무과 / 쌍떡잎식물 / 여러해살이풀
자라는 곳 높은 산   크기 100cm
꽃 필 때 6~8월

꽃차례의 모양이 먼지떨이개를 닮았다고 하여 붙여진 이름이다. 줄기는 가늘고 곧게 선다. 잎은 어긋나고 3~7갈래 손바닥 모양으로 갈라진다. 갈래 조각은 피침형이며 깊이 패어 들어간다. 줄기에 생긴 잎은 긴 타원형이다. 원줄기나 가지 끝에 흰색의 작은 꽃들이 여러 송이씩 모여 핀다. 열매는 9~10월에 익으며 둥근 타원형이다.

민간에서는 화상 치료에 사용했으며, 생잎을 짓찧어 환부에 붙였다. 진통 · 소염 · 거풍습 · 지경(止驚 : 놀라는 등의 경증을 치료함)의 효능이 있어 관절염 · 화상 · 동상 · 발작적 의식 장애를 치료하는 데 좋다.

데쳐서 고추장이나 된장에 무쳐 먹고, 쌈채소로 먹으며, 묵나물을 만들거나 장아찌를 담가 먹는다. 지리산에만 있는 지리터리풀도 같은 방법으로 나물을 먹는다.

나물의 채취와 이용	
시 기	봄
채취법	연한 잎을 뜯는다.
조리법	데친 후 고추장, 된장에 무친다. 묵나물은 볶는다. 장아찌를 담근다.
음 식	나물 무침, 쌈, 묵나물 볶음, 장아찌
효 능	진통, 소염, 거풍습, 지경
주 의	—

↑ 꽃 핀 모습. 7월 6일

새순이 올라오는 모습. 4월 18일(나물하기 좋은 때)

↓ 어린 싹 　↓ 꽃봉오리 모습. 6월 15일 　↓ 뜯은 나물. 4월 18일 　↓ 데쳐서 무침. 4월 20일

톱풀

가새풀, 배암새, 배암채, 산톱풀

국화과 / 쌍떡잎식물 / 여러해살이풀
자라는 곳 산과 들 크기 50~110cm
꽃 필 때 7~10월

거칠거칠한 모양으로 기다랗게 쭉 벋친 잎이 톱날을 꼭 닮았다. 잎은 어긋나고 빗살처럼 깊게 갈라진다. 흰색 꽃이 피고 열매는 11월에 납작한 모양으로 익는다.

민간에서는 치질이나 타박상에, 생잎을 짓찧어서 환부에 붙였다. 강한 살균 작용과 함께 수렴·지혈 작용이 있어, 상처를 치료하는 효과가 탁월하다. 식욕을 돋우고 감기를 예방하는 효능이 있으며, 류머티스 관절염, 고혈압, 치질로 인한 출혈, 타박상, 위염에 효과가 있다.

임신부는 나물을 먹지 않는다.

나물의 채취와 이용	
시 기	봄
채취법	어리고 부드러운 잎과 순을 뜯는다.
조리법	데쳐서 무치거나 초고추장에 찍어 먹는다.
음 식	나물 무침, 데쳐서 초고추장 찍어 먹기
효 능	살균, 수렴, 지혈
주 의	임신부는 나물을 먹지 않는다.

꽃봉오리 모습, 5월 31일 ↑

새순이 올라오는 모습, 5월 12일(나물하기 좋은 때)

↑ 꽃 핀 모습, 6월 15일

데쳐서 무침, 5월 13일 ↓

물김치, 5월 12일 ↓

새순, 5월 12일(나물하기 좋은 때) ↓

파드득나물

반디나물, 반듸나물, 꿩발

미나리과 / 쌍떡잎식물 / 여러해살이풀
자라는 곳 산의 숲 속 크기 30~60cm
꽃 필 때 6~7월

생김새와 맛이 참나물과 비슷해서 참나물로 혼동하는 경우가 많다. 잎은 3개로 이루어져 있으며, 둥글고 긴 타원 모양으로 끝이 좁고 톱니가 있다. 줄기는 곧게 서고 향긋한 냄새가 난다. 흰색 또는 연한 자주색 꽃이 꽃대 끝에 부챗살처럼 펼쳐지며 핀다. 열매는 8~9월에 긴 타원형으로 익는다.

민간에서는 소염, 종기, 소화불량에 사용했으며, 전초를 말려 차처럼 수시로 마시면 좋아진다고 했다. 암을 억제하고 눈과 피부 점막을 보호하는 β-카로틴이 풍부하여 시력 저하, 피부 미용에 효과를 볼 수 있다. 감기·기침·식욕 저하·두뇌 활동 저하·고혈압·중풍·갑상선종·대하·소염·종기에도 파드득나물을 먹으면 좋다.

나물의 채취와 이용	
시기	봄
채취법	연한 잎과 순을 뜯는다.
조리법	생으로 쌈이나 무침, 데쳐서 무침, 전을 부친다. 물김치를 담근다.
음식	쌈, 무침, 나물 무침, 전, 물김치
효능	시력·피부 점막 보호, 피부 미용
주의	오래 데치면 맛과 향이 없어지므로 살짝 데친다.

↑ 꽃 핀 모습, 6월 14일

자라는 모습, 4월 26일(나물하기 좋은 때)

↑ 뜯은 나물, 4월 26일   묵나물 볶음, 10월 20일 ↓

↑ 꽃봉오리 맺힌 모습, 5월 28일

↓ 열매 모습

풀솜대

녹약, 솜대, 솜죽대, 지장나물・지장보살 (방언)

백합과 / 외떡잎식물 / 여러해살이풀
자라는 곳 산의 숲 속 음지 크기 20~50cm
꽃 필 때 5~6월

뿌리줄기는 옆으로 길게 벋어 나가고 줄기는 곧게 서거나 비스듬히 자란다. 잎은 서로 어긋나고, 5~7개의 맥은 2줄로 배열하며, 계란꼴에 가까운 타원형으로 밑동과 끝이 동그랗다. 줄기 끝에 흰색의 작은 꽃들이 복상꽃차례를 이룬다. 열매는 장과이고, 붉은색으로 익는다.

민간에서는 두통 치료와 월경불순・타박상 치료에 썼으며, 전초를 말려 8~10g을 1회분으로 달여 1일 2~3회씩 3일 정도 마시고 월경불순인 경우 9~15g 달여 먹거나 술에 담가 마신다. 타박상엔 생뿌리를 짓찧어 환부에 붙였다. 강장・보기(補氣 : 허약한 원기를 보함)・익신(益腎 : 신장의 기를 돋움)・거풍・제습・활혈・조경(調經 : 월경을 고르게 함) 등의 작용이 있어, 두통・풍습에 의한 동통・월경불순・화농성 유선염・타박상・신체 허약을 치료하는 효능이 있다.

나물의 채취와 이용	
시 기	봄
채취법	연한 잎과 순을 뜯는다.
조리법	데쳐서 무친다. 비빔밥에 넣어 먹는다.
음 식	나물 무침, 비빔밥, 묵나물 볶음
효 능	강장, 보기, 익신, 거풍, 제습, 활혈
주 의	–

꽃, 7월 17일 ↑

새순이 올라오는 모습, 4월 22일(나물하기 좋은 때)

↑열매(겨울), 12월 16일 비늘줄기 간장 조림, 11월 4일↓

자라는 모습, 5월 1일(이때도 나물하기 좋다)↓   자란 모습, 5월 30일↓

하늘말나리
우산말나리, 소근백합

백합과 / 외떡잎식물 / 여러해살이풀
자라는 곳 산과 들의 풀밭 크기 1m
꽃 필 때 7~8월

꽃이 하늘을 향하여 핀다고 하여 붙여진 이름이다. 잎은 어긋나거나 돌려나는데 줄기 중앙에 6~12개씩 달리고 뾰족한 타원형이다. 줄기는 곧게 서고 꽃은 황적색 바탕에 자주색 반점이 있다. 원줄기 끝과 곁가지 끝에 1~3개의 꽃이 하늘을 향해 핀다. 열매는 10월에 익는데 달걀을 거꾸로 세운 모양으로 삭과이고, 익으면 3개로 갈라진다.

민간에서는 폐질환에 약으로 사용했으며, 뿌리(비늘줄기)를 굽거나 조림을 하여 먹으면 폐가 튼튼해진다고 알려져 있다. 잎과 줄기는 건위·거담·진해의 작용이 있어, 기침·감기·종기·불면증·기관지염·후두염·신경쇠약·여성 질환을 치료하는 효능이 있다.

한꺼번에 많이 먹으면 설사를 하는 부작용이 있을 수 있다.

나물의 채취와 이용	
시 기	봄 : 잎줄기 가을~이듬해 봄 : 뿌리줄기
채취법	연한 잎과 순을 뜯는다. 뿌리줄기는 캔다.
조리법	데쳐서 무치거나 조린다. 다른 나물들과 섞으면 더 맛있다.
음 식	잎줄기 : 나물 무침, 묵나물 볶음 뿌리(비늘줄기) : 조림, 밥
효 능	건위, 거담, 진해
주 의	한꺼번에 많이 먹으면 설사를 할 수 있으니 주의한다.

자라는 모습, 6월 24일(나물하기 좋은 때)

↑ 꽃향유 꽃 핀 모습, 10월 12일

↓ 뜯은 나물, 6월 24일   묵나물 볶음, 1월 20일↓

↓ 꽃봉오리 올라오는 모습, 9월 20일

↓ 겨울 모습, 12월 5일

향유

꽃향유, 노야기, 붉은향유

꿀풀과 / 쌍떡잎식물 / 한해살이풀
자라는 곳 산과 들　크기 30~60cm
꽃 필 때 9~10월

독특한 향이 있는 방향성 식물이라서 이름까지 향긋하다. 향유는 서로 모여 자라는 특성이 강한 식물이다. 잎은 마주나고 계란형이며 양 끝은 좁고 가장자리에 톱니가 있다. 원줄기는 사각형이고, 분홍빛이 도는 자주색 꽃이 한쪽 방향으로 피는 것이 특징이다.

민간에서는 소변이 잘 나오지 않을 때와 감기에 약으로 썼으며, 서리 맞은 후에 전초를 채취하여 말려 달여 먹었다. 나물은 찬 음식을 먹어 속이 냉할 때, 구토, 설사, 복통, 전신부종, 각기, 더위 먹었을 때 도움이 된다. 발한·해열·위액 분비 촉진·지혈·이담·이뇨 작용이 있다.

진한 향을 싫어하는 사람은 데쳐서 맑은 물에 우려 냄새를 없애고 조리하며, 금기 식품인 청어·해조류·배추·자두 등과 함께 먹지 않도록 주의한다.

나물의 채취와 이용

시기	6월
채취법	부드럽고 연한 잎과 순을 뜯는다.
조리법	진한 향을 싫어하는 사람은 데쳐서 우려내어 냄새를 약하게 한다.
음식	나물 무침, 된장찌개, 묵나물 볶음
효능	지혈·이담·이뇨 작용
주의	금기 식품과 함께 먹지 않는다.

꽃 핀 모습, 7월 21일

새순, 4월 28일(나물하기 좋은 때)

↑잎이 자란 모습, 8월 20일 묵나물 볶음, 11월 15일↓

다른 식물 자라는 모습, 5월 6일(이때도 나물하기 좋다)

잎이 자란 모습, 6월 20일↑

호장근
호장, 도, 산장

마디풀과 / 쌍떡잎식물 / 여러해살이풀
자라는 곳 산과 들의 약간 습한 곳 **크기** 1~1.5m 정도
꽃 필 때 6~8월

어린 줄기는 겉표면에 보랏빛을 띤 붉은 얼룩이 있는데, 그것이 호피虎皮처럼 보여 붙여진 이름이다. 줄기는 곧게 서거나 비스듬히 자란다. 어긋나는 잎은 넓은 계란꼴로 가장자리는 밋밋하다. 꽃은 꽃대에 이삭 모양으로 피고 암꽃과 수꽃이 따로 모여 핀다. 열매는 꽃이 진 뒤 3개의 날개를 가진 넓은 달걀 모양으로 익는다.

민간에서는 기침 치료에 썼으며, 어린순을 생으로 먹거나 뿌리를 감초와 함께 달인 물을 마셨다. 잎과 줄기에 비타민 C·탄닌·클로르겐산·에모딘·레우노우트린 등의 성분이 들어 있다. 이뇨·거풍·소종·항균·소염 작용을 하고, 어혈을 풀어 주며, 풍습으로 인한 팔다리 통증 치료에 쓴다. 기침·기관지 질환·소화불량·변비·간염·황달·수종·월경불순·방광염·관절염·타박상을 개선하는 데 도움이 된다.

나물의 채취와 이용	
시기	봄
채취법	연한 잎과 순을 뜯는다.
조리법	신맛이 싫으면 물에 데쳐서 우려낸 뒤 조리한다.
음식	생으로 먹기, 나물 무침이나 초고추장 찍어 먹기, 국, 묵나물 볶음, 장아찌
효능	이뇨, 거풍, 소종, 항균, 소염
주의	한꺼번에 많이 먹으면 설사를 유발한다. 임신부는 먹지 않는다.

↑ 열매 맺은 모습, 5월 19일

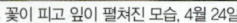
꽃봉오리가 올라오는 모습, 4월 22일(나물하기 좋다)

↓ 새순이 올라오는 모습, 4월 16일   ↓ 꽃이 피고 잎이 펼쳐진 모습, 4월 24일   ↑ 뜯은 나물, 4월 22일   데쳐서 무침, 4월 28일 ↓

홀아비꽃대

홀꽃대, 놋절나물

홀아비꽃대과 / 쌍떡잎식물 / 여러해살이풀
자라는 곳 산속의 그늘 크기 15~30cm
꽃 필 때 4~5월

꽃이삭이 하얀 촛대같이 하나씩 꽃을 피우는데 그 모습이 홀아비의 방을 밝히는 촛대 같아 붙여진 이름이다. 잎은 4개씩 마주 달리는데 모여 달린 것처럼 보인다. 가장자리에 자줏빛을 띤 톱니가 있고 끝이 뾰족하다. 꽃은 이삭 모양으로 원줄기 끝에 하나씩 촛대같이 꼿꼿이 선다. 열매는 8~9월에 익는다.

민간에서는 지상부를 그늘에 말려 어혈을 다스리는 약으로 사용했으며, 혈액순환을 원활하게 해 주고, 풍증을 없애며 해독 작용을 한다. 기침·가래·기관지염·인후염·월경불순 등에 효과가 있다. 타박상이나 그로 인해 멍든 곳 또는 종기에 생풀을 짓찧어 붙인다.

독이 있으므로 나물로 먹을 때는 데쳐서 맑은 물에 3~4일 정도 충분히 우려내야 한다.

나물의 채취와 이용	
시 기	봄
채취법	어리고 부드러운 잎과 순을 뜯는다.
조리법	독이 있으므로 데쳐서 맑은 물에 3~4일 정도 충분히 우려낸다.
음 식	나물 무침이나 볶음, 묵나물 볶음
효 능	이담·해독 작용
주 의	홀아비꽃대는 원래 유독식물이다.

꽃 핀 모습, 7월 7일

자라는 모습, 4월 30일(나물하기 좋은 때)

↑ 뜯은 나물, 4월 30일   데쳐서 무침, 5월 1일↓

새순이 올라오는 모습, 4월 23일↓   풋열매 모습, 9월 29일↓

활량나물

산감두, 강망향완두, 달구벼슬(방언)

콩과 / 쌍떡잎식물 / 여러해살이풀
자라는 곳 산과 들   크기 80~120cm
꽃 필 때 7~8월

잎은 어긋나고 2~4장의 작은 잎으로 이루어져 깃털 모양의 겹잎이다. 잎자루 끝에 갈라진 2개의 덩굴손이 있다. 작은 잎은 타원형 또는 달걀 모양이다. 꽃은 노란색으로 피었다가 점점 갈색으로 바뀌며 나비 모양이다. 줄기는 곧게 서거나 비스듬히 자란다.

민간에서는 이뇨제와 강장제로 사용했으며, 잎과 줄기를 말려 달여 복용을 했다. 상처가 나서 피가 날 때 뿌리를 짓찧어 생즙을 환부에 붙였다. 생리통·월경불순에 효과가 있다.

나물의 채취와 이용	
시 기	봄
채취법	연한 잎과 줄기를 뜯는다.
조리법	데쳐서 조리한다.
음 식	나물 무침, 데쳐서 초고추장 찍어 먹기
효 능	이뇨·강장 작용
주 의	—

새순이 올라오는 모습, 5월 4일(나물하기 좋은 때)

↑ 꽃 핀 모습, 7월 15일

↓ 새순이 자라는 모습, 5월 10일(나물하기 좋은 때)　　↓ 뿌리 캔 모습, 11월 5일　　↑ 열매 모습, 9월 24일　　묵나물 볶음, 12월 2일 ↓

황기

황노, 대삼, 기초, 백본, 황개 (방언)

콩과 / 쌍떡잎식물 / 여러해살이풀
자라는 곳 산지의 바위틈　크기 1m
꽃 필 때 7~8월

잎은 6~11쌍의 작은 잎으로 된 기수 1회 우상복엽이다. 긴 타원형으로 양끝이 둔하거나 둥글며 가장자리는 밋밋하다. 줄기 전체에는 흰색의 부드러운 잔털이 있다. 꽃은 긴 꽃대에 연한 황색으로 어긋나게 핀다. 열매는 11월에 콩과 식물처럼 여문다.

민간에서는 몸에 열이 많아 인삼을 쓰지 못하는 사람에게 대용으로 황기를 사용했다. 맥박이 약하고 식은땀을 많이 흘리는 증상에 이용했으며, 뿌리와 닭을 함께 넣어 푹 고아 먹었다. 뿌리에는 폴리산·콜린 등의 성분이 있어 신염·콜레스테롤혈증(cholesterol 血症 : 혈액 속에 콜레스테롤이 매우 많아 동맥이 굳는 증상) 발생을 억제하고 혈압을 낮추는 효과가 있다. 감기·설사·고혈압·위하수·자궁하수·자궁 출혈·과다월경·관절염에 효과가 있으며, 열량이 거의 없어 다이어트에 좋다.

나물의 채취와 이용

시 기	봄 : 잎, 순 가을~이듬해 봄 : 뿌리
채취법	부드럽고 연한 잎과 순을 뜯는다. 뿌리는 캔다.
조리법	어린순은 데치고, 뿌리는 푹 삶아 국물을 쓴다.
음 식	나물 무침, 묵나물 볶음 뿌리 : 차, 백숙, 삼계탕, 죽
효 능	혈압 강하, 콜레스테롤혈증 억제
주 의	열이 많은 사람, 열이 심할 때는 나물이나 차를 먹지 않는다.

꽃핀 모습, 7월 15일

황기백숙

인삼 대신 황기를 넣어 푹 곤 황기백숙은 땀이 많은 사람이나 몸이 비만인 사람에게 보약 이상의 건강 효과를 준다.

　황기백숙을 만들 때는 황기 국물이 잘 우러나도록 냄비에 찬물을 담고 황기를 먼저 넣어서 2~3시간가량 푹 끓인다. 그 물에 손질한 닭을 넣고(황기를 건져 내지 않은 채로) 1시간 정도 끓여 주면 고기 질감이 쫀득쫀득하고 잡맛이 나지 않고 영양도 풍부한 닭백숙이 만들어진다. 먹기 직전에 부추를 듬뿍 올려 살짝 익힌 뒤 부추로 닭고기를 싸서 먹으면 한여름을 이겨 내게 하는 훌륭한 보양식이 된다.

  들나물

↑ 꽃 핀 모습. 5월 10일

↑ 자란 모습. 3월 30일

↑ 채취한 나물. 3월 25일   데쳐서 무침. 3월 26일 ↓

↑ 가락지나물 잎

↑ 자란 모습. 5월 30일

가락지나물

사함, 쇠스랑개비

장미과 / 쌍떡잎식물 / 여러해살이풀
자라는 곳 풀밭과 논두렁, 밭 가장자리의 습한 곳 **크기** 20~60cm
꽃 필 때 5~7월

땅바닥에 비스듬히 누워 자라는 것이 특징이다. 줄기잎은 작은 잎이 3~5장씩 달리며, 뿌리잎은 작은 잎 5장이 손바닥 모양으로 깊게 갈라진다. 줄기는 땅바닥에 누워 자라다가 윗부분은 곧게 선다. 이름은 손가락 5개를 닮은 잎의 모양에서 유래되었다.

쓴맛이 강하므로 물에 하루 정도 우려낸 뒤에 먹으면 좋고, 맛이 밋밋한 나물과 섞으면 더욱 먹기 좋다.

민간에서는 벌레에 물린 자리나 쇠붙이에 긁힌 상처에 생잎을 짓찧어 붙였다. 해열·해독 작용이 있으며, 기침을 멈추게 하고, 종기를 삭이는 효능이 있다. 한방에서는 뿌리와 함께 전초를 말린 것을 '사함蛇含'이라 하며, 발열·경기·인후염·종기·습진 등에 쓴다.

나물의 채취와 이용	
시 기	봄
채취법	연한 잎을 뜯는다.
조리법	데쳐서 무친다. 맛이 밋밋한 나물과 섞으면 먹기 좋다.
음 식	나물 무침, 된장국, 묵나물 볶음
효 능	해열, 해독, 소종, 소염
주 의	쓴맛이 강하기 때문에 물에 하루 정도 우려낸다.

↑ 가막사리 꽃 핀 모습, 9월 20일 ↑

데쳐서 무침, 7월 12일

자란 모습, 7월 10일(나물하기 좋을 때)

가막사리 꽃 핀 모습, 9월 20일 ↓

미국가막사리 꽃 핀 모습, 9월 6일 ↓

가막사리

도깨비풀, 도깨비바늘

국화과 / 쌍떡잎식물 / 한해살이풀
자라는 곳 햇볕이 잘 드는 습지 크기 20~100cm
꽃 필 때 9~10월

잎은 마주나고, 작은 잎이 3~5개씩 달린다. 횡단면이 사각형인 줄기는 털이 없고 짙은 자줏빛을 띠며 잎자루에 날개가 없다(미국가막사리는 날개가 있다). 노란색 꽃이 가지 끝마다 원추꽃차례를 이루며 핀다. 익은 열매는 도깨비바늘처럼 둥글게 벌어지며, 씨끝에 거꾸로 된 가시가 있어서 사람의 옷, 동물의 털에 붙거나, 생육 특성상 물에 떨어지는 방식으로 다른 곳으로 옮겨 번식을 한다. 땅에 떨어진 종자 중에는 땅속에 묻혀 있다가 10년 이상 지나서 발아하는 것도 있다.

민간에서는 목이 붓고 아플 때, 말린 줄기와 잎을 달여 먹었다. 몸에 오른 열을 풀어 내리고 혈압을 낮추며, 이뇨 작용을 한다. 장염·위궤·인후염·편도선염·기관지염에 좋다.

나물의 채취와 이용	
시기	5~9월
채취법	연한 잎과 줄기를 채취한다.
조리법	잎과 줄기를 쌈채소로 먹는다. 데친 후 초고추장 또는 된장에 무친다.
음식	쌈, 나물 무침, 초고추장 무침, 묵나물 볶음
효능	청열, 해독, 해열, 혈압 저하
주의	―

↑ 꽃 핀 모습, 7월 2일

새순이 올라오는 모습, 4월 20일

↑ 익은 열매, 10월 23일   데쳐서 무침, 4월 21일↑

↑ 꽃 핀 모습, 7월 2일   ↑ 자란 모습, 4월 30일

갈퀴나물

녹두루미, 말너울풀, 말굴레풀

콩과 / 쌍떡잎식물 / 여러해살이풀
자라는 곳 들이나 산기슭의 햇볕 잘 드는 경사지 크기 100~200cm
꽃 필 때 6~9월

덩굴손으로 다른 풀이나 나무를 감으면서 자란다. 끝 부분이 2~3갈래로 갈라진 덩굴손이 갈퀴를 닮았다는 데에서 이름이 유래되었다. 잎은 잎자루가 없으며 어긋나고, 작은 잎 여러 장은 어긋나거나 마주 달린다. 가늘고 길게 덩굴지는 줄기는 네모 모양이다. 붉은 자주색 꽃은 총상꽃차례로 핀다. 긴 타원형의 열매는 협과로 털이 없다.

어린순을 나물로 먹으며, 농가에서는 가축의 사료로도 쓴다.

관절염에 동반되는 통증과 근육통을 완화하고 염증의 독기를 치료하는 데 쓴다. 부종이나 말라리아에 걸렸을 때 나물 삶은 물을 먹으면 효과가 있고, 눈과 귀의 기능이 저하되었을 때 갈퀴나물을 먹으면 좋아지는 것을 느낄 수 있다.

나물의 채취와 이용	
시기	봄
채취법	어리고 부드러운 잎과 순을 뜯는다.
조리법	데쳐서 쌈이나 무침, 된장국을 끓인다.
음식	나물 무침, 된장국
효능	진통, 소염, 해독, 눈과 귀의 기능 개선
주의	반드시 익혀 먹고, 쓴맛이 강하므로 데쳐서 맑은 물에 하루 정도 우려낸다.

↑ 꽃 핀 모습, 7월 2일 ↓

↑ 꽃 핀 모습, 4월 30일　꽃봉오리가 올라온 모습, 4월 15일 ↓

자라는 모습, 4월 3일(이때도 나물하기 좋다)

↓ 청갓, 4월 8일　　　장아찌, 1월 12일　　　갓김치, 12월 6일 ↓

갓

신채, 개채

십자화과 / 쌍떡잎식물 / 한해살이풀
자라는 곳 들, 밭둑, 빈 터 크기 1m
꽃 필 때 4~6월

중국이 원산지인 식물로, 곧게 서고 가지를 친다. 뿌리에서 자라는 잎은 달걀을 거꾸로 세운 모양이고, 불규칙한 톱니가 있다. 노란색 꽃이 총상꽃차례를 이루며 핀다. 열매는 견과이고, 종자는 노란색이다.

민간에서는 옻이 올랐을 때 갓을 달인 물로 씻었다. 단백질, 비타민 A·C, 철분, 엽산이 풍부하고, 맛은 맵고 달며, 성질은 따뜻하고 독이 없어 몸의 기운을 촉진하고 아랫배를 따뜻하게 하며 혈액순환을 촉진한다. 신장의 독을 없애고, 가래를 삭이며 식욕을 돋운다. 시니그린 sinigrin과 카로티노이드 carotinoid가 함유되어 있어 암 예방, 노화 방지, 냉·대하 치료, 중풍 예방 효과가 있고 눈을 밝게 하고 기침을 멎게 하며 골격 형성과 감기 예방에 도움이 된다. 열이 많아서 생긴 치질이나 빈혈이 있는 사람, 몸에 열이 많은 사람은 나물을 먹지 않는다.

나물의 채취와 이용	
시 기	봄, 가을
채취법	연한 잎과 순을 뜯는다. 잘 익은 열매를 딴다.
조리법	갓을 데치면 휘발성의 매운맛이 사라지므로 가급적 생으로 조리한다.
음 식	겉절이, 김치, 김치 양념, 전병
효 능	해독, 암 예방, 노화 방지, 시력 보호
주 의	한꺼번에 많이 먹으면 눈이 흐려질 수 있다.

꽃 핀 모습, 5월 20일

가을에 올라온 새순, 9월 20일

↑채취한 나물, 3월 28일 데쳐서 무침, 3월 30일↓

새순, 3월 25일↓   꽃이 지고 열매가 맺히는 모습, 6월 5일↓

개갓냉이

졸속속이풀, 갓냉이, 개갓냉이

십자화과 / 쌍떡잎식물 / 여러해살이풀
자라는 곳 풀밭과 논두렁, 밭 가장자리의 습한 곳 크기 20~50cm
꽃 필 때 5~6월

이른 봄 들판이나 밭가에서 냉이가 꽃 필 무렵, 뿌리 하나에서 많은 잎들이 무성하게 자라고 있는 개갓냉이를 쉽게 볼 수 있다. 겨자과의 식물로 갓처럼 특유의 매운맛을 가지고 있어서 봄철 잃어버린 입맛을 돋운다. 털 없이 매끈한 식물로 줄기잎은 어긋난다. 주걱 모양의 꽃잎을 가진 노란색 꽃이 핀다. 안으로 굽은 줄 모양의 열매는 장각과이며, 노란 종자가 들어 있다.

민간에서는 개갓냉이를 끓인 물로 머리를 감으면 머리털이 튼튼해져서 잘 빠지지 않고 머릿결도 부드러워진다고 한다. 몸에 오른 열을 풀어 내리고, 이뇨 작용을 하여 독소를 배출하며 소변을 잘 나오게 한다. 기침을 멎게 하고 감기·인후통·기관지염·수종·타박상 치료에 좋다.

나물의 채취와 이용	
시 기	3월, 9월
채취법	뿌리잎과 부드러운 줄기잎을 뜯는다.
조리법	고기를 먹을 때 쌈채소로 먹는다. 데쳐서 무친다. 김치를 담글 때 넣는다.
음 식	쌈, 무침, 나물 무침, 김치
효 능	해열, 이뇨, 모발 보호
주 의	맛이 매워 나물을 먹고 입 마름증이나 어지럼증이 일어나면 먹지 않는다.

↑ 꽃과 큰주홍부전나비, 5월 31일

↑ 자라는 모습, 4월 16일(이때도 나물하기 좋다)

↑ 자란 모습, 5월 12일
↑ 뿌리 잎자라는 모습, 4월 10일(나물하기 좋은 때)
↑ 군락을 이룬 모습, 6월 29일   장아찌, 5월 15일 ↓

개망초

왜풀, 개망풀, 야호, 계란꽃

국화과 / 쌍떡잎식물 / 두해살이풀
자라는 곳 밭이나 들, 집 근처   크기 30~100cm
꽃 필 때 6~9월

북아메리카가 원산지로, 식물 전체에 털이 나 있으며 가지를 많이 친다. 뿌리에 달린 잎은 달걀 모양으로 가장자리에 뾰족한 톱니가 있다. 줄기에 달린 잎은 어긋나고, 끝이 뾰족한 달걀 모양이다. 양면에 털이 나고 톱니가 있으며 잎자루에는 날개가 있다. 흰색 꽃은 가지 끝과 줄기 끝에 산방꽃차례를 이루며 핀다. 열매는 수과로 8~9월에 익는다. 잡채에 시금치 대신 넣기도 하고, 튀김이나 된장국을 만들어 먹는다.

민간에서는 당뇨 환자의 혈당을 낮추는 데 사용했고, 소화불량과 장염으로 인한 복통, 설사에는, 여름과 가을에 전초를 채취하여 말려 차로 달여 마셨다. 나물에는 파이로메코닉산 성분이 들어 있으며, 해열·해독·소화를 돕는다. 감기·학질·위염·장염·설사·전염성 간염·림프절염·소변 출혈 치료에 좋다.

	나물의 채취와 이용
시기	겨울~이듬 해 봄 : 잎 여름 : 꽃
채취법	연한 뿌리잎과 순을 뜯는다. 꽃봉오리를 딴다.
조리법	다른 나물과 섞어서 무치거나 볶으면 맛이 더 좋다. 묵나물도 맛이 좋다.
음식	나물 무침·볶음, 된장국, 묵나물 볶음, 잡채, 꽃 튀김
효능	해독, 해열, 소화 촉진
주의	—

꽃봉오리 모습, 8월 24일

자라는 모습, 4월 16일(이때도 연한 잎은 나물하기 좋다)

↑ 꽃 핀 모습, 9월 10일

묵나물 볶음, 12월 20일 ↓

뿌리 잎 자라는 모습, 4월 1일(나물하기 좋은 때)

자란 모습, 4월 29일 ↓

큰망초

만풀, 잔꽃풀, 지붕초, 망국초

국화과 / 쌍떡잎식물 / 두해살이풀
자라는 곳 밭이나 들, 집 근처, 빈 터 **크기** 80~200cm 정도
꽃 필 때 7~9월

북아메리카가 원산지로, 망초보다 크다고 해서 붙여진 이름이다. 줄기는 곧게 서고 전체에 거친 털이 있다. 주걱 모양의 뿌리잎은 방석처럼 자라고 창처럼 길며 가장자리에 톱니가 있다. 줄기잎은 어긋나고 가장자리에 톱니가 있거나 밋밋하다. 꽃은 원줄기의 가지들 끝에 큰 원추꽃차례를 이루며 핀다. 열매는 10~11월에 여물며 갓털이 있다.

 민간에서는 풍으로 사지四肢가 아프거나, 뼈마디가 아픈 곳에 사용했으며, 큰망초 나물을 꾸준히 먹으면 효과를 볼 수 있다고 한다. 해열·해독·건위·소염 작용을 하므로 감기·학질·위염·유행성 간염·장염·설사 등에 도움이 된다.

나물의 채취와 이용	
시기	겨울~이듬해 봄
채취법	어리고 연한 잎과 순을 뜯는다.
조리법	데쳐서 무치거나 볶는다. 된장국을 끓인다. 묵나물은 볶는다.
음식	나물 무침·볶음, 된장국, 묵나물 볶음
효능	해열, 해독, 건위, 소염
주의	–

자라는 모습. 4월 5일

↑ 꽃 핀 모습. 5월 6일

↓ 꽃봉오리 올라오는 모습. 4월 16일   ↓ 뿌리째 캔 모습. 3월 4일   ↓ 두메고들빼기꽃. 6월 5일   두메고들빼기 김치. 5월 10일 ↓

고들빼기

씬나물. 고채, 물명고, 쓴나물(방언)

국화과 / 쌍떡잎식물 / 두해살이풀
자라는 곳 산과 들, 밭 근처 **크기** 80cm 정도
꽃 필 때 5~6월

줄기는 곧게 자라고 가지를 많이 치며 보랏빛을 띤 붉은색이다. 잎은 길쭉한 타원 또는 주걱 모양으로 가장자리에 톱니가 있거나 밋밋하다. 잎 앞면은 녹색이고 뒷면은 회색빛이 도는 파란색이다. 잎의 밑부분이 줄기를 감싼다. 노란색 꽃은 가지 끝에 산방꽃차례를 이루며 핀다. 열매는 수과로 6월에 익으며 관모는 흰색이다.

 민간에서는 고들빼기가 위장을 튼튼하게 하고 소화 기능을 좋게 한다고 믿었다. 쓴맛을 내는 사포닌 성분이 있어 나물보다는 김치를 많이 담가 먹었다. 비타민 A·B·C·E, 식이섬유·칼슘·칼륨·철분·단백질 등이 함유되어 있으며, 소화·이뇨·항염 작용을 하고 피부 미용에 좋다. 해열·해독·조혈·건위·강장 등의 효능이 있어 혈액 순환을 촉진하고, 위장병·소화기능 저하·불면증·축농증에 좋다.

나물의 채취와 이용	
시 기	봄~이듬해 봄
채취법	연한 잎과 뿌리째 캔다.
조리법	생으로 쌈이나 무침, 데쳐서 나물을 한다. 김치를 담근다.
음 식	잎 : 쌈·무침·나물 무침. 잎과 뿌리 : 김치
효 능	소화, 이뇨, 항염, 해열, 해독, 조혈, 건위, 강장
주 의	아랫배와 손발이 찬 사람은 나물을 먹지 않는다.

↑꽃 핀 모습, 4월 19일   데쳐서 무침, 3월 28일↓   나물하기 좋은 때, 3월 14일   뜯은 나물, 3월 26일   꽃 핀 모습, 4월 19일↓

광대나물

작은잎광대수염, 작은잎꽃수염풀

꿀풀과 / 쌍떡잎식물 / 두해살이풀
자라는 곳 양지바른 밭, 길가, 집 주변 크기 10~30cm
꽃 필 때 3~5월

꽃 모양이 한껏 분장한 광대를 떠올리게 한다. 잎은 둥글고 톱니가 있는 반원형이며 양쪽에서 원줄기를 둘러싼다. 원줄기는 가지가 많고 네모지다. 꽃은 붉은빛이 도는 자주색이다. 비·바람·동물을 통해 퍼져 나간다.

민간에서는 감기가 들었을 때 광대나물로 된장국을 끓여 먹었다고 한다. 거풍去風·진통·소종 작용이 있어, 손발이 굳는 증세·신경통·관절염·반신불수·인후염·결핵성 림프절염을 개선하는 효과가 있다. 또 토혈과 코피를 멎게 하고, 설사를 낫게 한다.

광대나물에는 약간의 독이 있고 맵고 쓴맛이 있어 조리하기 전에 데쳐서 맑은 물에 우려내야 한다. 한꺼번에 많이 먹으면 구토와 설사를 할 수 있으니 주의한다.

나물의 채취와 이용	
시기	3~4월
채취법	연한 순을 뜯는다. 꽃이 피었을 때라도 잎이 연하면 뜯는다.
조리법	겉절이를 하거나 비빔밥에 넣는다. 나물 무침이나 볶음, 된장국을 끓인다.
음식	나물 무침, 겉절이, 비빔밥, 된장국
효능	거풍, 진통, 소종
주의	한꺼번에 많이 먹으면 구토와 설사를 할 수 있으니 주의한다.

↑ 자라는 잎 모습, 5월 2일(나물하기 좋은 때)   꽃 핀 모습, 5월 7일 ↑

↑ 겨울에 꽃 핀 모습(추워서 꽃대를 많이 올리지 않았다), 1월 19일

↑ 뜯은 나물, 5월 2일   샐러드, 5월 8일 ↑

괭이밥

초장초, 시금초, 괴싱아산장초, 고양이시금치(방언)

괭이밥과 / 쌍떡잎식물 / 여러해살이풀
자라는 곳 밭, 길가, 빈터 크기 10~30cm
꽃 필 때 5~9월 / 애기괭이밥 · 큰괭이밥 : 4~5월

고양이가 배 아플 때 뜯어 먹는다는 풀이라 하여 붙여진 이름이다. 가지를 많이 치고 줄기가 많이 나와 위쪽으로 비스듬히 자란다. 잎은 어긋나고 3갈래로 갈라지며 긴 잎자루가 있다. 잎은 거꾸로 세운 심장 모양으로 뒷면과 가장자리에 털이 있다. 노란색 꽃은 산형꽃차례를 이룬다. 열매는 삭과이고 원기둥 모양이다.

민간에서는 옴과 피부병에 생잎을 짓찧어 환부에 붙였고, 토혈에는 잎과 줄기를 달여 마셨다. 열을 내리고 어혈을 풀고 부기를 가라앉히며 해독 작용이 있어, 설사 · 이질 · 코피 · 목의 부종 · 종기 · 피부염 · 화상 · 타박상 · 황달을 치료하는 데 도움이 된다.

성질이 차고, 옥살산oxalic酸이 많아 결석을 만들 수 있으니 요로결석 · 신장결석 · 갑상선 질환 · 몸이 찬 사람은 많이 먹지 않는다.

나물의 채취와 이용	
시 기	봄~여름
채취법	부드러운 잎을 잎자루 째 뜯는다.
조리법	잎을 샐러드나 비빔밥에 넣어 먹는다. 생으로 무치거나 데쳐서 무친다.
음 식	겉절이, 나물 무침, 샐러드, 비빔밥
효 능	해열, 해독, 소염
주 의	요로결석 · 신장결석 · 갑상선 질환 · 몸이 찬 사람은 많이 먹지 않는다.

선괭이밥 · 애기괭이밥 · 큰괭이밥

초장초, 시금초, 괴싱아산장초, 고양이시금치(방언)

선괭이밥
키가 20~40cm 정도로, 포기 전체에 털이 나고 줄기가 곧게 서서 '선괭이밥'이라고 한다. 다른 괭이밥 종류와는 달리 줄기에 털이 거의 없다. 괭이밥과 쓰임새가 같다.

애기괭이밥
깊은 산 계곡의 숲 속에서 자라는데, 강한 햇살에 꽃잎을 연다. 식물 전체가 신맛이 나며, 어릴 때는 날것으로 먹기도 한다. 괭이밥과 쓰임새가 같다.

큰괭이밥
깊은 산중에서 서식하는 토종 봄 야생화이다. 이른 봄 3~4월에 꽃을 피우는데, 꽃이 크고 청초한 모습이 아름다워 야생화 마니아들에게 인기가 많다. 괭이밥과 쓰임새가 같다.

↑ 꽃 핀 모습, 8월 31일

자라는 모습, 6월 20일(나물하기 좋은 때)

↑ 뜯은 나물, 6월 20일   데쳐서 무침, 6월 23일 ↓

↓ 자란 잎 모습, 7월 1일   ↓ 환삼덩굴 사이에 꽃 핀 모습, 9월 5일

깨풀

철현채, 함주초

대극과과 / 쌍떡잎식물 / 한해살이풀
자라는 곳 밭, 들 크기 20~50cm
꽃 필 때 7~8월

잎이 들깻잎을 닮았다. 줄기는 곧게 서고 가지를 친다. 전체에 짧은 털이 나 있다. 끝이 뾰족한 달걀 모양의 잎은 어긋나고 가장자리에 톱니가 있다. 꽃은 잎겨드랑이에 짧은 꽃자루가 달려 이삭꼴로 뭉치며, 수꽃은 위쪽에 암꽃은 아래쪽에 붉은색으로 핀다. 열매는 삭과로 10월에 익는다. 깨풀은 쓰고 떫은맛이 강하므로 데친 후 조리하기 전에 물에 한참 우려내야 한다.

민간에서는 피부염 치료에 썼으며, 생잎과 줄기를 짓찧어 환부에 붙이거나 말린 잎과 줄기를 가루 내어 기름에 개어 환부에 붙였다. 해열·이뇨·지혈·청혈 등의 효능이 있어 감기·설사·소변불리(小便不利 : 소변량이 적으면서 잘 나오지 않는 증상)·이수(裏水 : 몸이 붓고 소변을 잘 누지 못하는 병증)·코피·토혈·혈변·피부염을 치료하는 데 좋다.

나물의 채취와 이용	
시 기	여름
채취법	연한 잎과 순을 뜯는다.
조리법	데쳐서 무친다. 된장국을 끓인다.
음 식	나물 무침, 된장국
효 능	해열, 이뇨, 지혈, 청혈
주 의	쓰고 떫은맛이 강하므로 데쳐서 물에 한참 우려낸다.

꽃 핀 모습, 4월 3일

새순, 3월 2일(나물하기 좋은 때)

뜯은 나물, 3월 5일   데쳐서 무침, 3월 5일

새순, 3월 2일(나물하기 좋은 때)

꽃봉오리가 올라오는 모습, 4월 1일

꽃다지

모과정력, 정력, 정력자, 코딱지풀(방언)

십자화과 / 쌍떡잎식물 / 두해살이풀
자라는 곳 들, 밭의 양지바른 곳   크기 20cm
꽃 필 때 4~6월

이른 봄에 밭이나 들판의 양지바른 곳에 가면 냉이와 함께 꽃다지를 많이 볼 수 있다. 흔한 풀이지만 겨울을 난 후 냉이처럼 봄을 느낄 수 있는 나물이다. 뿌리에 달린 잎은 둥글게 방석처럼 퍼지는 긴 타원형이며 전체에 짧은 털이 나 있다. 줄기는 곧게 서며 많은 가지를 친다. 노란색 꽃은 총상꽃차례로 핀다. 꽃다지는 약간 떫은맛이 있으므로 살짝 데쳐 맑은 물에 우려낸 후 조리한다.

민간에서는 꽃다지 나물로 변비와 몸이 붓는 증상을 치료했다. 섬유질이 풍부하여 다이어트 효과를 볼 수 있고 소변을 잘 나오게 하는 이뇨 작용을 한다. 꽃다지 씨를 달여 먹으면 심장질환과 호흡곤란에 좋다고 한다.

기침이 심하거나 부종, 종기가 있는 사람은 나물로 먹지 않는다.

나물의 채취와 이용	
시기	초봄
채취법	꽃대가 올라오기 전에 뿌리잎 전체를 뜯는다.
조리법	냉이와 함께 된장국을 끓인다. 다른 나물들을 섞어 무친다. 꽃전을 부친다.
음식	나물 무침, 된장국, 비빔밥, 꽃전
효능	변비, 부종 치료, 이뇨, 다이어트
주의	기침이 심하거나 부종, 종기가 있는 사람은 나물로 먹지 않는다.

↑ 꽃 핀 모습, 4월 27일

↑ 뜯은 나물, 4월 13일

새순, 4월 13일(나물하기 좋은 때)

↓ 덩굴꽃마리 자라는 모습, 4월 20일 ↓ 자란 모습, 5월 10일 데쳐서 무침, 4월 16일 ↓

꽃마리

꽃말이, 잣냉이, 부치채, 오이나물(방언)

지치과 / 쌍떡잎식물 / 두해살이풀
자라는 곳 밭, 길가, 빈터, 집주변 **크기** 10~30cm
꽃 필 때 4~6월

꽃대 윗부분이 말려 있어서 꽃마리다. 두해살이풀로 잎과 줄기 전체에 작은 털이 있고 잎은 둥근 모양이며 줄기에 나는 잎은 어긋난다. 여러 개체가 한곳에서 나오는 것 같지만, 밑부분에서 가지가 갈라져서 그렇게 보이는 것이다. 꽃은 옅은 하늘색으로 피는데 꽃 중심부는 노란색이다. 잎을 비비면 오이 냄새가 난다. 꽃마리는 맵고 쓴맛이 있기 때문에 조리하기 전에 데쳐서 맑은 물에 3~4시간 우려내야 한다. 조리할 때 들깻가루를 넣으면 맛이 좋아진다.

민간에서는 야뇨증을 치료하고 눈을 맑게 한다고 하여 나물로 많이 먹었다. 손발이 찬 증상과 마비 증상, 대장염, 이질, 종기, 늑막염에도 효과가 있다. 꽃이 피었을 때 식물 전체를 채취하여 말려서 달여 먹거나 생즙을 내 마시면 풍을 개선하는 효과를 볼 수 있다.

나물의 채취와 이용	
시기	봄
채취법	연한 잎과 순을 뜯는다.
조리법	데친 후 무치거나 된장국을 끓이는데 들깻가루를 넣으면 더욱 맛이 있다.
음식	나물 무침, 된장국, 볶음, 나물죽
효능	야뇨증 치료, 눈 보호, 거풍
주의	데쳐서 맑은 물에 3~4시간 우려 맵고 쓴맛을 제거한다.

↑ 참꽃마리 꽃 핀 모습, 5월 2일 ↓

↑ 꽃 핀 모습, 3월 2일
↑ 나물하기 좋은 때, 3월 20일
↑ 나물하기 좋은 때, 3월 3일
↑ 꽃 핀 모습, 3월 2일
↑ 좁쌀냉이
다닥냉이 ↓

냉이

나생이·나숭게 (방언)

십자화과 / 쌍떡잎식물 / 두해살이풀
자라는 곳 밭, 들, 집 근처 **크기** 10~50cm
꽃 필 때 봄

'월동을 한 봄 냉이는 인삼보다도 좋은 명약'이라는 말이 있을 정도로 몸에 좋다. 냉이의 줄기잎은 어긋나고 위로 올라가면서 작아지며 뿌리잎은 뭉쳐 난다. 꽃은 흰색이고, 납작한 열매는 거꾸로 된 삼각형 모양이다. 냉이는 꽃대가 올라오기 전에 뿌리째 캔다.

민간에서는 냉이를 많이 먹으면 눈병에 잘 걸리지 않고 눈이 맑아지며 야맹증에 좋다고 했으며, 충혈된 눈에 냉이를 짓찧어 거른 후 넣으면 즉시 효과를 볼 수 있다고 했다. 냉이에는 단백질과 칼슘이 풍부하고 철분과 비타민 A 등 무기질도 매우 많다. 또한 식이섬유가 많아 봄날 춘곤증을 이겨내게 하는 최고의 나물이기도 하다. 비장을 튼튼하게 하고 이뇨·해독·지혈 작용이 있어 비위 허약·코피·토혈·당뇨병·소변불리·산후 출혈·안질을 치료하는 데 도움이 된다.

나물의 채취와 이용	
시 기	늦가을~이듬해 봄
채취법	꽃대가 올라오기 전에 뿌리째 캔다.
조리법	생으로 무친다. 데쳐서 무친다. 된장국을 끓인다. 냉이 튀김을 한다.
음 식	겉절이, 나물 무침, 겨자 무침, 된장국, 튀김, 콩가루 찜
효 능	이뇨, 해독, 지혈, 안질 치료
주 의	시금치보다 칼슘이 많기 때문에 결석 환자는 나물로 먹지 않는다.

맛있는 냉이 요리

냉이콩가루국

냉이, 콩가루, 멸치 육수(국간장, 멸치)

1. 냄비에 물을 넣고 국간장과 멸치 가루를 넣어서 국물을 끓인다.
2. 냉이를 손질하여 물에 씻어 체에 밭쳐 둔다.
3. 물기 빠진 냉이를 날콩가루로 버무린다.
4. 국물에 콩가루 묻힌 냉이를 넣고 한 번 바르르 끓인다. 소금으로 간을 맞춘다.

냉이나물

냉이, 다진 파, 다진 마늘, 통깨, 들기름, 굵은 소금, 고운 소금

1. 냉이는 칼로 뿌리를 긁고 누런 잎을 떼어 깨끗이 다듬는다.
2. 굵은 소금을 넣은 끓는 물에 뿌리가 부드러워질 정도로 삶아 찬물에 헹군다.
3. 2에 양념을 넣어 버무린다.

냉이튀김

냉이, 포도씨 기름, 찹쌀가루, 소금

1. 냉이는 칼로 뿌리를 긁고 누런 잎을 떼어 다듬는다.
2. 찹쌀가루에 물과 소금을 넣고 튀김 반죽을 만든다.
3. 팬에 포도씨 기름을 넉넉히 붓고 적당한 온도에서 튀겨 낸다.

↑ 뿌리째 캔 냉이, 3월 5일

↑ 냉이국, 3월 6일

↑ 데쳐서 무침(가을 냉이), 11월 3일

튀김, 3월 6일 →

↑ 새순이 올라오는 모습, 4월 12일(나물하기 좋은 때)

↑ 꽃 핀 모습, 8월 19일(꽃 뜯기 좋은 때)

↑ 잎이 자라는 모습, 4월 27일

↑ 뜯은 나물, 4월 15일

↑ 꽃 샐러드, 8월 19일

초고추장 무침, 4월 18일 ↓

달맞이꽃

월견초月見草, 야래향夜來香, 해방초, 월하향月下香

바늘꽃과 / 쌍떡잎식물 / 두해살이풀
장소 길가, 물가, 빈터 크기 50~90cm
꽃 필 때 7~8월

원산지는 남아메리카이다. 잎은 어긋나고 여러 개의 줄기가 올라오며, 전체에 털이 있다. 노란색 꽃이 저녁에 피었다가 아침에 시들어서 '달맞이꽃'이라는 이름이 붙었다. 열매는 삭과로 긴 타원 모양이고, 갈라지면서 까만 종자가 나온다.

민간에서는 감기 때문에 열이 높은 경우와 인후염에 뿌리를 달여 먹었다. 꽃을 따 짓찧어 피부에 붙이면 피부염에도 효과가 있다. 달맞이꽃에는 올레익산oleic酸, 리놀렌산linolenic酸 성분이 있어서 갱년기 증상을 해소하는 데 좋고, 해열·소염 작용을 한다. 꽃을 꾸준히 먹으면 콜레스테롤치가 낮아지고 몸속 노폐물이 배출되어 혈액이 맑아지고 혈액순환이 원활해져 고혈압·뇌졸중·고지혈증·동맥경화 등 각종 혈관계 질환을 예방한다. 달맞이꽃씨 기름은 고혈압과 비만증에 좋다.

나물의 채취와 이용

시기	봄~초가을 : 잎 여름·가을 : 씨
채취법	어린잎을 뜯는다. 꽃 : 꽃자루째 딴다. 열매 : 늦가을에 딴다.
조리법	잎에 매운맛이 있으므로 데쳐서 맑은 물에 우려낸다.
음식	잎 : 나물 무침, 묵나물 볶음 / 꽃 : 초무침, 샐러드 / 열매 : 기름
효능	해열, 소염, 콜레스테롤 저하
주의	소변이 붉거나 식욕이 왕성한 사람은 나물로 먹지 않는다.

종자를 채취하기 위해 열매를 베어 묶어서 쌓아 놓은 모습. 10월 25일

달맞이꽃 종실유

달맞이꽃 종실유에는 우리 몸에서 만들어 내지 못하는 필수 지방산인 리놀산과 아라키토산이 풍부하다. 특히 감마리놀렌산이라는 성분은 모유와 달맞이꽃 종실유에만 들어 있다고 하는데, 몸속의 염증을 억제하고, 당뇨 개선 효과가 크다. 혈중 콜레스테롤 및 중성지방의 수준을 낮추어 혈전을 방지하며 혈액순환을 촉진하고, 면역체계를 강화하고 혈전이 생기는 것을 막는 프로스타글란딘의 생성을 촉진한다.
　감마리놀렌산은 여성호르몬의 균형을 유지함으로써 갱년기장애 · 월경불순 · 생리전증후군 · 골다공증 · 생리통 등을 완화시키는 작용을 하며, 유방암 예방 및 유방 통증에 좋은 효능이 있다. 리놀렌닉산은 피부 세포로 흡수되어, 피부 노화와 건조를 방지하는 역할을 한다. 지방 조직을 자극하여 비만을 예방하고, 장기 섭취할 경우 유익한 HDL콜레스테롤에는 영향을 주지 않고 몸에 해로운 LDL 콜레스테롤의 저하에만 작용하여, 고지혈증 환자의 콜레스테롤치가 저하된다.

↑하늘색 꽃, 8월 26일　　↑뜯은 나물, 5월 30일　　자라는 모습, 5월 30일(나물하기 좋은 때)　　↑바위에서 핀 꽃, 9월 13일　　데쳐서 무침, 6월 2일↑

닭의장풀

달개비, 닭개비, 달구풀(방언)

닭의장풀과 / 외떡잎식물 / 한해살이풀
자라는 곳 길가, 들, 냇가의 습지　크기 15~50cm
꽃 필 때 6~9월

잎은 어긋나게 자라며 대나무 잎과 모양이 비슷하다. 줄기는 땅에 엎드려 자라다가 가지를 칠 때에는 곧게 일어선다. 꽃은 여름에 하늘색으로 핀다.

　잎에서 특유의 좋지 않은 냄새가 나므로, 데쳐서 맑은 물에 담가 우려낸 뒤에 조리를 한다.

　민간에서는 종기가 났을 때 생잎을 찧어 환부에 발랐다. 플라보노이드flavonoid인 아오바닌aobanin이 주성분이고 델피닌delphinin이 함유되어 있어 해열·해독·소종·이뇨 작용을 한다. 감기·인후염·간염·황달·혈뇨·볼거리에 좋으며, 소변이 잘 나오지 않는 증상과 당뇨병에 좋은 효능이 있다.

나물의 채취와 이용	
시 기	늦봄~초여름
채취법	어리고 연한 잎과 순을 뜯는다.
조리법	데쳐서 초고추장이나 된장에 무친다. 초무침을 한다. 닭개장에 넣는다.
음 식	초무침, 닭개장, 나물 무침
효 능	해열, 해독, 소종, 이뇨
주 의	잎에서 특유의 냄새가 나므로 데쳐서 맑은 물에 담가 우려낸다.

↑ 꽃 핀 모습, 8월 29일

↑ 열매 모습, 10월 29일

↑ 새순이 올라오는 모습, 5월 20일(나물하기 좋은 때)

데쳐서 무침, 6월 1일

뜯은 나물, 5월 30일 · 군락을 이루어 새순이 자라는 모습, 5월 24일 ↑

도깨비바늘

귀침채, 참귀사리, 파파침, 바늘다사리

국화과 / 쌍떡잎식물 / 한해살이풀
자라는 곳 산과 들의 햇빛 잘 드는 곳 크기 30~90cm
꽃 필 때 8~10월

가을에 익는, 바늘처럼 생긴 씨의 끝에 가시 같은 털이 있어서, 도깨비처럼 몰래 사람의 옷이나 동물들에게 잘 붙는다 하여 붙여진 이름이다. 잎은 마주나고, 가운데 잎은 깃털 모양으로 2회 갈라진다. 줄기는 네모지고 털이 있다. 노란색 꽃은 원추꽃차례로 핀다.

민간에서는 뱀이나 거미에게 물렸을 때 생즙을 내어 바르거나 삶아 증기를 쏘였다. 알칼로이드alkaloid · 사포닌 · 플라보노이드 · 글루코사이드glucoside 성분이 들어 있다. 어혈을 없애고, 해독 · 해열 · 지사 작용을 하며, 장 출혈 · 소변 출혈 · 타박상 · 벌레 물린 데 · 충수염 등을 치료하는 데 도움이 된다.

도깨비바늘은 성질이 평平하고 독毒은 없지만 자궁 수축 작용이 있어 임신부는 피하는 것이 좋다.

나물의 채취와 이용

시기	늦봄~여름
채취법	어리고 연한 잎과 순을 뜯는다.
조리법	데쳐서 무친다. 된장국을 끓인다.
음식	나물 무침, 된장국
효능	해독, 해열, 지사, 자궁 수축
주의	자궁 수축 작용이 있으므로 임신부는 먹지 않는다.

↑ 새순이 올라오는 모습. 4월 2일
새순이 자라는 모습. 4월 10일(나물하기 좋은때)
↑ 새순이 올라오는 모습. 4월 2일   ↑ 꽃 핀 모습. 5월 20일   ↑ 물김치. 4월 12일   무침, 생즙. 4월 12일 ↓

돌나물

돈나물, 화건초, 수분초, 화경경천

돌나물과 / 쌍떡잎식물 / 여러해살이풀
자라는 곳 밭둑, 들   크기 15cm
꽃 필 때 5~6월

기다란 타원 모양의 잎은 3개씩 돌려나고, 양끝이 뾰족하며 가장자리는 밋밋하다. 줄기는 옆으로 벋으며 마디마다 뿌리가 나오고 꽃은 노란색으로 핀다.

민간에서는 돌나물 특유의 새콤한 맛이 봄날 입맛과 기운을 북돋워 준다고 하며 나물로 많이 먹는다. 돌나물에는 칼슘·인산·비타민 C가 풍부하여, 피를 맑게 해 주고 간 기능을 회복하는 효능이 있다. 고혈압, 협심증, 담석증, 생활습관병 예방에도 훌륭한 효과를 발휘한다.

몸이 찬 사람과 설사를 자주 하는 사람은 돌나물을 먹지 않는 것이 좋다.

나물의 채취와 이용	
시 기	봄~여름
채취법	어리고 연한 잎과 순을 뜯는다.
조리법	생으로 초고추장에 무친다. 물김치를 담근다. 생즙을 내어 마신다.
음 식	초고추장 무침, 물김치, 생즙
효 능	청혈, 간 기능 회복
주 의	몸이 찬 사람과 설사를 자주 하는 사람은 나물을 먹지 않는다.

꽃 핀 모습, 9월 25일

자라는 모습, 5월 15일 / 뿌리줄기 캔 모습, 11월 7일

자란 모습, 7월 10일 장아찌, 12월 15일

뚱딴지
국우, 뚝감자, 미국감자

국화과 / 쌍떡잎식물 / 여러해살이풀
자라는 곳 집 근처 크기 150~300cm
꽃 필 때 8~10월

잎은 밑줄기에서 마주나고 윗부분에서는 어긋나며 긴 타원 모양으로 끝이 뾰족하고 가장자리에 톱니가 있다. 줄기는 곧게 서고 가지가 갈라지며 센털이 있다. 샛노란 꽃이 가지 끝에 핀다. 땅속줄기의 끝이 굵어져서 덩이줄기가 발달하는 것으로, 모양은 울퉁불퉁한 것부터 길쭉한 것까지 제각각이다.

민간에서는 뚱딴지를 천연 인슐린이라 부를 정도로 당뇨병에 좋은 효과가 있다고 한다. 뚱딴지의 주성분은 이눌린inulin인데 당뇨병과 비만, 체지방 분해, 타박상에 효과가 있다. 식이섬유가 많아 장내에 유익한 유산균을 증식시켜 변비와 다이어트에 효과가 있다.

찬 성질을 갖고 있으므로 평소에 소화가 제대로 되지 않는 사람은 가급적 피하고, 성질이 찬 음식(오이, 생선류)과 함께 먹지 않도록 한다.

나물의 채취와 이용	
시기	가을
채취법	뿌리줄기를 캔다.
조리법	뿌리줄기를 조리할 때 껍질을 벗긴다.
음식	샐러드, 장아찌, 조림, 전, 주스
효능	당뇨병, 비만, 변비 예방 및 치료, 체지방 분해
주의	소화가 안 되는 사람은 먹지 않는다. 오이, 생선류와 함께 먹지 않는다.

↑ 자란 모습, 5월 29일(잎자루 나물하기 좋은 때)

↑ 꽃 핀 모습, 3월 12일

꽃과 새순, 3월 15일 ↓

↑ 새순, 3월 15일

새순, 3월 15일 ↓

머위

머우, 머굿대, 봉두채, 관동화

국화과 / 쌍떡잎식물 / 여러해살이풀
자라는 곳 산과 들의 습기가 있는 곳 크기 30~60cm
꽃 필 때 3~4월

잎은 땅속줄기에서 몇 장이 나며, 심장 모양의 원형으로 가장자리에 톱니가 있다. 이른봄에 잎보다 꽃줄기가 먼저 자라고, 암꽃은 흰색, 수꽃은 연한 흰색으로 핀다. 열매는 수과이고 동그란 모양이다.

채취할 때는 연한 잎과 잎자루를 함께 뜯고, 꽃봉오리는 피기 전에 딴다.

민간에서는 머위를 나물로 먹으면 만성적인 기침과 천식을 치료한다고 했다. 단백질·미네랄·베타카로틴·식이섬유·철분·칼륨·칼슘 등이 함유되어 있다. 또한 비타민 A·B·C·E가 풍부하여 변비와 골다공증을 예방한다. 거담·진해·해독 작용이 있어 기침·가래·인후염·기관지염·편도선염 그리고 종기 치료 효과가 있다.

나물의 채취와 이용	
시 기	봄~여름
채취법	연한 잎과 잎자루를 함께 뜯고 꽃봉오리는 피기 전에 딴다.
조리법	잎과 줄기를 데쳐서 나물로 한다. 장아찌 재료로 쓴다.
음 식	잎 : 데쳐서 쌈, 무침 / 잎자루 : 들깨 볶음, 장아찌 / 꽃 : 나물 무침, 튀김, 장아찌
효 능	거담, 진해, 해독 변비·골다공증 예방
주 의	-

맛있는 머위 요리

머위 쌈

머위, 된장 양념(또는 쌈장)

1 머위를 깨끗이 씻어 줄기의 껍질을 벗긴다.
2 끓는 물에 삶아 찬물에 헹군다.
3 머위를 꼭 짠 뒤 쌈을 싸 먹는다.

머위 줄기 들깨 볶음

머위(줄기가 많이 자란 것) *양념 된장, 간장, 다진 마늘, 들기름, 육수(물), 들깻가루

1 머위 잎을 떼어 내고 줄기를 깨끗이 씻은 뒤 줄기 껍질을 벗긴다.
2 껍질 벗긴 줄기를 끓는 물에 데쳐서 찬물에 헹군다.
3 머위 줄기를 꼭 짠 뒤 적당한 길이로 썬다.
4 들깻가루를 제외한 양념을 머위에 넣고 버무린 뒤 육수를 조금 넣고 은근한 불 위에서 간이 배도록 볶다가 들깻가루를 넣고 한번 더 볶는다.

머위 장아찌

머위(어린순, 잎줄기) *끓임물 간장 1, 감식초(약간) 1, 소주(또는 정종) 1, 설탕 1

1 머위를 깨끗이 손질하여 물에 씻어 물기를 뺀다.
2 끓임물을 만들어 식힌다.
3 1의 머위에 끓임물을 붓고 시원한 곳에 두었다가 5일 후 국물을 따라 내어 끓여서 식혀 다시 붓는다.
4 끓임물을 3회가량 반복해서 붓는다. 이후로 먹을 수 있다.

↑ 뜯은 나물, 3월 15일

↑ 양념 장아찌, 3월 17일

↑ 줄기 들깨 볶음, 3월 20일

장아찌, 4월 7일 →

↑ 꽃핀 모습, 6월 2일

↑ 뜯은 나물, 5월 6일

↑ 데쳐서 무침, 5월 4일

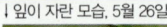
↑ 자라는 모습, 5월 6일(나물하기 좋은 때)　↑ 잎이 자란 모습, 5월 26일

뿌리밥, 11월 10일 ↓

메꽃
주안, 메, 선화, 일본타완화

메꽃과 / 쌍떡잎식물 / 여러해살이풀
자라는 곳 들, 길가, 둑이나 제방　**크기** 2~3m
꽃 필 때 6~8월

덩굴성 여러해살이풀로 잎은 어긋나고, 긴 타원형으로 끝이 뾰족하다. 뿌리는 흰색으로 길게 사방으로 벋으며, 뿌리마다 잎이 나와 덩굴성 줄기로 자란다. 꽃은 연한 홍색으로 피는데 나팔꽃처럼 생겼다. 열매는 둥근 모양으로 열리지만, 결실을 하지 않는 것이 특징이다.

　뿌리줄기는 밥에 넣어 먹거나 튀김으로 먹고 구워 먹기도 한다. 뿌리도 채취하여 익혀서 먹을 수 있는데 한꺼번에 많이 먹지 않는다.

　민간에서는 콩팥 기능이 약해 손발이 쉽게 붓는 사람에게 잎과 줄기, 뿌리를 모두 나물로 해 먹이거나 차를 끓여 마시게 했는데, 그 이유는 메꽃이 이뇨 작용을 원활하게 해 주기 때문이라고 한다. 비장과 신장 기능을 강화하여 피로를 해소하고, 생리통·월경불순·전립선을 치료하는 데 도움이 된다.

나물의 채취와 이용	
시기	봄 : 잎줄기 가을 : 뿌리줄기
채취법	연한 잎, 순, 뿌리줄기를 채취한다.
조리법	잎과 순은 데쳐서 조리하고, 뿌리줄기는 밥에 넣거나 튀김 또는 굽는다.
음식	잎, 순 : 나물 무침·볶음 뿌리줄기 : 밥, 튀김, 구이
효능	이뇨, 비장·신장 기능 강화
주의	뿌리는 익혀서 먹고, 한꺼번에 많이 먹지 않는다.

새순이 올라오는 모습. 5월 4일(나물하기 좋은 때)

↑뜯은 나물. 5월 4일 데쳐서 무침. 5월 5일↑

흰색으로 꽃 핀 모습. 6월 28일

애기메꽃
좀메꽃

메꽃과 / 쌍떡잎식물 / 덩굴성 여러해살이풀
자라는 곳 들, 길가, 밭둑 **크기** 50~100cm
꽃 필 때 6~8월

메꽃과 흡사하게 생겼다. 옛날에 흉년이 들면 뿌리를 캐 먹던 구황식물 가운데 하나다. 잎은 어긋나고, 끝이 뾰족한 심장 모양으로 메꽃보다 크다. 꽃은 연분홍색 또는 흰색으로 피고 메꽃보다 작다. 애기메꽃도 메꽃과 마찬가지로 열매는 성숙하지 않는다.

 애기메꽃은 쓴맛이 없으므로 살짝 데쳐 한 번만 헹구어 조리한다.

 민간에서는 영양결핍이나 소변이 잘 나오지 않을 때 애기메꽃을 나물로 먹었고, 전초를 연하게 달여 수시로 마셨다고 한다. 이뇨·강장·조혈·조경調經 등의 작용이 있어서 빈혈·방광염·당뇨병·고혈압·대하증을 치료하는 데 도움이 된다.

	나물의 채취와 이용
시 기	봄 : 잎줄기 가을 : 뿌리줄기
채취법	연한 잎과 순을 뜯고 뿌리줄기는 가을에 캔다.
조리법	데쳐서 무친다. 뿌리줄기로 찜이나 튀김을 한다. 뿌리줄기를 넣어 밥한다.
음 식	나물 무침 / 뿌리줄기 : 찜, 튀김, 밥
효 능	이뇨, 강장, 조혈, 조경
주 의	쓴맛이 없으므로 살짝 데쳐 한 번만 헹구어 조리한다.

↑ 새순이 올라오는 모습, 4월 26일 (나물하기 좋은 때)

↑ 묵나물 밥, 12월 7일

↑ 된장국, 5월 9일

↑ 군락을 이루어 자란 모습, 7월 2일

↑ 꽃 핀 모습, 9월 15일

묵나물 메밀전병, 1월 30일 ↑

명아주

는장이, 는쟁이, 연지채, 갱채, 홍심려

명아주과 / 쌍떡잎식물 / 한해살이풀
자라는 곳 마을 근처, 텃밭, 길가 양지 크기 30~200cm
꽃 필 때 7~9월

퇴계 이황 선생이 줄기를 삶아 '청려장靑藜杖'이라는 지팡이를 만들었다는 식물이 바로 명아주다. 공예품을 만드는 용도로 많이 쓴다. 잎은 어긋나고 둥근 삼각 모양이며 붉은색이 돌고 가장자리에 톱니가 있다. 줄기는 키가 크고 가지가 갈라진다. 꽃은 황록색으로 피고 열매는 납작한 원형이다. 명아주 잎에 붙어 있는 흰가루는 알레르기나 피부병을 유발할 수 있으므로 말끔히 털어 내고 조리한다.

민간에서는 명아주로 지팡이를 만들어 짚으면 고혈압과 심장마비를 예방한다고 했다. 건위·강장·해열의 효능이 있어 설사와 이질, 장염을 치료한다. 벌레에 물린 상처에 생잎을 짓찧어 환부에 바르면 살균·해독 작용이 있어 금방 낫는다. 명아주는 가축의 사료로도 많이 쓴다. 나물을 많이 먹으면 피부병을 일으킬 수 있다.

나물의 채취와 이용	
시기	봄
채취법	연한 잎과 순을 뜯는다.
조리법	데친 후 무친다. 묵나물은 볶는다. 나물밥을 한다. 된장국을 끓인다.
음식	나물 무침, 나물밥, 된장국
효능	건위, 강장, 해열, 살균, 해독
주의	잎에 붙어 있는 흰가루는 알레르기나 피부병을 유발할 수 있다.

꽃 핀 모습, 암꽃, 10월 15일 ↑

↑ 뜯은 나물, 5월 12일

자라는 모습, 5월 12일(떡 하기 좋은 때)

데쳐서 무침, 5월 14일 ↑

모시 송편, 5월 15일 ↑

자란 모습, 6월 16일 ↑

모시풀
모시, 저마

쐐기풀과 / 쌍떡잎식물 / 여러해살이풀
자라는 곳 밭이나 들, 집 근처, 따뜻한 지방 크기 1.5~2m
꽃 필 때 7~10월

보릿고개 시절에 배를 채워 주던 구황식물로, 모시떡은 전남 영광의 특산물로 유명하다. 줄기 껍질로 모시를 짠다고 하여 붙여진 이름이다. 줄기는 뭉쳐 나며 곧게 선다. 잎은 어긋나고 달걀 모양의 원형이며, 잎 뒷면과 잎자루에 흰 잔털이 있다. 엷은 녹색 꽃은 암수 한 몸의 단성화로, 암꽃은 줄기 상부 마디에 피고 수꽃은 하부 마디에 핀다. 열매는 타원형으로 여문다.

민간에서는 각종 피부 질환 치료에 사용했으며, 생잎을 짓찧어 환부에 붙이거나 잎과 줄기를 진하게 달여 그 물로 씻었다. 잎에는 플라보노이드, 루틴rutin, 글루타민산glutamic酸이 함유되어 있어 해열 · 지열止熱 · 해독 등의 작용이 있으며, 갈증 · 소변 출혈 · 토혈 · 하혈 · 종기 · 급성 유선염 · 타박상 · 벌레에 물린 상처를 치료하는 데 도움이 된다.

나물의 채취와 이용	
시기	봄
채취법	연한 잎을 뜯는다.
조리법	데쳐서 물기를 조금 남겨 조리한다.
음식	송편, 개떡, 나물 무침, 장아찌
효능	해열, 지열, 해독, 피부 질환 치료
주의	맥이 약하고 소화기능이 약해 설사를 하는 사람은 나물을 먹지 않는다.

↑ 새순이 올라오는 모습, 3월 24일

↑ 가는장구채 사이에 핀 꽃

↑ 자란 모습, 4월 3일　　↑ 비늘줄기, 4월 5일　　↑ 데쳐서 초고추장 무침, 4월 5일　　비늘줄기 조림 ↑

무릇

면조아, 천산, 지조, 물구지 (방언)

백합과 / 외떡잎식물 / 여러해살이풀
자라는 곳 습기가 약간 있는 들판의 양지바른 곳　**크기** 20~50cm
꽃 필 때 7~9월

무릇은 오신채(伍莘菜 : 매운맛을 내는 5가지 식물 중 하나)이다. 줄기는 곧게 서서 자라며, 잎은 봄과 가을에 2개씩 나오고 땅 속엔 2~3cm 정도의 둥근 비늘줄기가 있다. 간혹 비늘줄기가 흑갈색을 띠는 것도 있다. 홍자색 꽃은 총상꽃차례를 이루며 핀다. 씨방은 타원형이다.

옛날에는 흉년이 들었을 때 농작물 대신 배를 채워 주던 구황식물이다. 비늘줄기를 엿처럼 오래 고아 먹으면 구충제 역할을 했다. 혈액순환을 촉진하고 부기를 가라앉히며 통증을 멎게 한다. 치통, 근육통, 요통, 타박상에 효과가 있으며 심장 수축력이 강화되어 심근의 긴장도를 높이는 효능이 있다. 또한 이뇨 작용으로 몸속의 노폐물을 배출한다. 황을 함유한 식물로, 몸에 열이 많거나 음기가 부족한 사람은 위장 장애나 피부 질환을 유발할 수 있으므로 한꺼번에 많이 먹지 않는다.

나물의 채취와 이용

시기	4월 중순
채취법	이른 봄에 어린 순을 뜯는다.
조리법	비늘줄기는 물에 데쳐 우려낸 후 조림이나 엿을 고아 먹는다.
음식	순 : 나물 볶음 / 비늘줄기 : 조림, 엿
효능	혈액순환 촉진, 심근 강화, 이뇨
주의	열이 많거나 음기가 부족한 사람은 위장 장애나 피부 질환이 일어날 수 있다.

뜯은 나물, 5월 6일 ↑

꽃봉오리 모습, 5월 10일

↑ 초고추장 무침, 5월 7일   물김치, 5월 8일 ↓   새순이 올라오는 모습, 5월 6일(나물하기 좋은 때) ↓   군락을 이루어 꽃 핀 모습, 5월 25일 ↓

물냉이

물겨자, 매운냉이(방언)

십자화과 / 쌍떡잎식물 / 여러해살이풀
자라는 곳 개울가나 도랑, 계곡의 맑은 물가 크기 30~70cm
꽃 필 때 4~5월

꽃이 냉이와 흡사하고 물가에 자란다 해서 붙여진 이름이다. 잎은 어긋나고 깃꼴겹잎이며 가장자리는 밋밋하고 물결 모양이다. 원줄기는 녹색으로 속이 비어 있고, 흰색 꽃은 총상꽃차례를 이룬다. 줄기 아랫부분은 땅 옆으로 비스듬히 자라며 하얀 뿌리가 수염처럼 난다.

민간에서는 빈혈 치료제로 사용했다. 물냉이에는 철분이 다량 함유되어 있어 톡 쏘면서 알싸한 맛이 입맛을 살려 주기 때문에 빈혈 치료와 예방 효과가 있다. 지루성 두피염과 탈모에 약으로 사용했으며, 생잎을 짓찧어 머리에 냉·온습포를 지속적으로 하면 효과를 볼 수 있다. 물냉이는 베타카로틴 성분이 많아 동맥경화나 당뇨 등 생활습관병 예방에 좋다. 해열·진통 작용을 하므로 기침·감기·류머티스 관절염을 치료하는 데 효과적이다.

나물의 채취와 이용	
시 기	봄
채취법	어리고 연한 잎과 순을 뜯는다.
조리법	쌈채소, 샐러드, 무침으로 먹는다. 장아찌를 담근다. 튀겨 먹는다.
음 식	쌈, 샐러드, 무침, 장아찌, 튀김
효 능	빈혈·생활습관병 예방 및 치료, 발모
주 의	-

↑ 꽃 핀 모습, 5월 19일

새순이 올라오는 모습, 4월 19일

↓ 자라는 모습, 5월 11일(나물하기 좋은 때)   ↓ 꽃 핀 모습, 5월 19일   ↑ 뜯은 나물, 4월 25일   묵나물, 4월 30일 ↓

물칭개나물

물칭개꼬리풀, 개와초, 수파랑, 수고매

현삼과 / 쌍떡잎식물 / 한두해살이풀
자라는 곳 논둑, 개울, 물가의 습지 크기 30~80cm
꽃 필 때 5월 초~6월

잎은 마주나고 자줏빛이 돈다. 윗부분의 잎은 피침형으로 뾰족하고 밑부분의 잎은 심장 모양으로 둥글다. 꽃은 연한 자줏빛으로 피고, 열매는 둥근 모양으로 열려서 4개로 갈라진다.

민간에서는 물칭개나물을 먹으면 감기와 몸살 그리고 기침이 낫는다고 했다. 맛은 약간 쓰고, 성질은 평하다. 열을 내리고 습을 없애며 피를 맑게 하고 어혈을 푸는 효능이 있다. 이질·타박상·월경불순·기침으로 인한 출혈에 효과가 있다.

쓴맛이 있으므로 조리하기 전에 끓는 물에 데쳐서 우려낸 뒤 나물로 이용한다.

나물의 채취와 이용	
시 기	봄
채취법	어리고 연한 순을 뜯는다.
조리법	데쳐서 무친다. 묵나물은 볶는다.
음 식	나물 무침, 묵나물 볶음
효 능	해열, 거습, 지혈
주 의	쓴맛이 있으므로 끓는 물에 데쳐서 우려낸다.

↑ 꽃 핀 모습, 7월 20일
자라는 모습, 4월 13일(이때도 나물하기 좋다)
↑ 뜯은 나물, 4월 9일
장아찌, 5월 15일
무침, 4월 9일
새순이 올라오는 모습, 3월 24일 ↓

미나리
수근채, 야근채, 돌미나리

미나리과 / 쌍떡잎식물 / 여러해살이풀
자라는 곳 산과 들의 개울가 습지, 도랑의 물속, 논가 크기 20~50cm
꽃 필 때 7~9월

줄기는 매끈하고 향기가 있으며 밑부분에서 가지가 갈라져 옆으로 퍼져 자란다. 잎은 어긋나고 새 깃처럼 1~2회 갈라지며 겹잎이다. 작은 잎은 달걀 모양으로 가장자리에 톱니가 있고 끝은 뾰족하다. 흰색 꽃은 줄기 끝에 산형꽃차례를 이루며 핀다. 열매는 골돌과로 타원형이다.

민간에서는 식중독이나 두드러기에 생잎과 줄기를 생으로 먹거나 즙을 내어 마셨다. 미나리에는 플라보노이드, 페르시카린persicarin 성분이 들어 있고, 비타민 C와 섬유질, 철분이 풍부하다. 해독 · 지혈 · 강장 작용을 하며, 빈혈 · 콜레스테롤 · 고혈압 · 동맥경화 · 뇌졸중 · 심장병 · 고지혈증 · 황달 · 변비 · 숙취 · 부인병 · 상처로 인한 출혈 · 식중독 등에 효과를 보인다.

몸이 차거나 설사를 자주 하는 사람은 먹지 않는다.

나물의 채취와 이용	
시기	봄
채취법	연한 잎과 줄기를 뜯는다.
조리법	쌈, 생즙. 물김치를 담근다. 전을 부친다. 생선찌개에 넣는다.
음식	쌈, 즙, 나물 무침, 물김치, 전, 묵무침, 생선찌개 양념
효능	해독, 지혈, 강장, 항균
주의	몸이 차거나 설사를 자주 하는 사람은 나물을 먹지 않는다.

자라는 모습, 4월 1일(이때도 나물하기 좋다)

↑ 흰 꽃과 노란 꽃, 5월 11일

↑ 흰 꽃 핀 모습, 5월 6일

↓ 잎이 올라오는 모습, 3월 20일(나물하기 좋은 때) 늦가을에 뜯은 잎을 데쳐서 무침, 11월 6일

김치, 4월 18일

민들레

등롱화, 포공영, 파파정, 황화지정

국화과 / 쌍떡잎식물 / 여러해살이풀
자라는 곳 산과 들의 햇볕이 잘 드는 곳 **크기** 10~30cm
꽃 필 때 4~5월

줄기가 없고, 잎은 뿌리에서 뭉쳐 나서 옆으로 퍼져 자라며 뾰족하고 잎몸은 깊게 갈라지는데, 새의 깃털처럼 6~8쌍의 갈래로 갈라졌으며 약간의 털과 톱니가 있다. 꽃은 꽃대 끝에 노란색으로 피는데 1개의 두상화를 이룬다. 열매는 수과이고 긴 타원 모양의 연한 흰색이다.

민간에서는 유방에 생긴 종기를 치료하는 약으로 사용했으며, 잎을 생으로 먹거나 즙을 내어 마셨다. 부스럼과 각종 종기에는 잎의 잘린 부분에서 나오는 흰 유즙을 먹었다. 비타민・칼슘・철분・미네랄・아미노산・콜린・실리마린・이눌린 등의 성분이 들어 있다. 위를 튼튼하게 하고, 간 세포 파괴를 막아 간 질환에 좋으며, 설사・변비・숙취 해소・고혈압・당뇨・허약 체질 개선・생활습관병 예방에 좋다. 소화력이 약하고 설사가 잦은 사람은 한꺼번에 많이 먹지 않는다.

	나물의 채취와 이용
시 기	늦가을~봄 : 잎, 꽃 늦가을~이듬해 봄 : 뿌리
채취법	어리고 연한 잎, 꽃, 뿌리를 채취한다.
조리법	데쳐서 무친다. 김치, 장아찌를 담근다. 꽃차, 꽃술, 뿌리차를 담근다.
음 식	잎 : 쌈, 즙, 나물 무침, 김치, 장아찌 / 꽃 : 차, 담금주 / 뿌리 : 차, 장아찌, 김치
효 능	허약 체질 개선, 간 기능 개선
주 의	소화력이 약하고 설사가 잦은 사람은 한꺼번에 나물을 많이 먹지 않는다.

↑ 흰민들레 꽃

노란민들레 꽃 ↓

↑ 꽃 핀 모습. 5월 20일   뿌리 잎이 자라는 모습, 4월 10일(나물하기 좋은 때)↓

↑ 꽃 핀 모습. 5월 20일   자라는 모습, 5월 5일↓

방가지똥(좌)과 큰방가지똥(우), 5월 5일↓

방가지똥

방가지풀, 고채, 고거채

국화과 / 쌍떡잎식물 / 한두해살이풀
자라는 곳 길가나 들, 빈터   크기 30~100cm
꽃 필 때 5~9월

유럽이 원산지로, 길가나 들에서 흔히 마주치는 잡초다. 줄기는 곧게 서고 속이 비어 있으며 자르면 흰 즙이 나온다. 작고 긴 타원 모양의 뿌리잎은 창처럼 길고 뾰족하며, 일찍 시든다. 줄기에 달린 잎은 마주 나고 줄기를 감싸며 새 깃처럼 갈라진다. 가장자리에 있는 톱니는 끝이 가시처럼 뾰족하다. 노란색 또는 흰색 꽃은 펼친 우산 모양이다. 열매는 수과로 10월에 익는다. 채취할 때는 연한 잎과 뿌리잎을 뜯고, 꽃은 꽃봉오리가 맺힌 줄기째 뜯는다.

민간에서는 벌에 쏘였을 때, 생잎을 짓찧은 즙에 생강즙을 넣어서 술과 함께 마시거나, 쏘인 자리에 발랐다. 해열·해독·건위 작용으로, 소화불량·이질·황달·만성 기관지염·벌에 쏘인 상처를 치료하는 데 좋다.

나물의 채취와 이용	
시 기	봄 : 새싹 / 가을~이듬해 봄 : 뿌리잎 5월 : 꽃
채취법	연한 잎과 뿌리잎을 뜯는다. 꽃은 꽃봉오리가 맺힌 줄기째 뜯는다.
조리법	소금을 한줌 넣고 데친 후 맑은 물에 헹궈 내고 조리한다.
음 식	나물 무침·볶음, 초고추장 무침 꽃 : 꽃봉오리째 나물 무침·볶음
효 능	해열, 해독, 건위
주 의	비위가 약한 사람은 나물을 먹지 않는다. 나물을 꿀과 함께 먹지 않는다.

↑ 꽃 핀 모습, 5월 20일(꽃봉오리째 나물하기 좋은 때)

↑ 뜯은 나물, 4월 18일

데쳐서 초고추장 무침, 4월 20일

자라는 모습, 4월 17일(이때도 나물하기 좋다)

뿌리 잎 자라는 모습, 4월 9일(나물하기 좋은 때)

꽃 핀 모습, 5월 20일 ↑

큰방가지똥

개방가지똥, 큰방가지풀

국화과 / 쌍떡잎식물 / 한두살이풀
자라는 곳 길가나 빈 터, 들 크기 50~100cm
꽃 필 때 6~7월

유럽이 원산지로, 곧게 서는 녹색 줄기는 속이 비어 있으며, 자르면 흰 즙이 나온다. 뿌리에 달린 잎은 꽃이 필 무렵에 말라 버리고, 줄기에 달린 잎은 어긋나고 두꺼우며 윤이 난다. 새의 깃처럼 깊이 패이고 가장자리에 톱니가 있다. 노란색 꽃은 줄기와 가지 끝에 여러 개가 달려 머리 모양으로 핀다. 타원형의 열매는 수과로 10~11월에 열린다.

민간에서는 사마귀 치료와 화상 치료에 큰방가지똥을 썼으며, 줄기의 절단면에서 나오는 흰 즙을 사마귀에 바르고, 화상에는 생잎을 짓찧어 발랐다. 해열·해독·소종·양혈(養血 : 피를 맑게 하거나 보호함)·청열(淸熱 : 차고 서늘한 성질로 열증을 제거함) 등의 작용이 있어 감기·기관지염·급성 인후염·이질·황달·코피·혈뇨·화상·종기를 치료하는 데 좋다.

나물의 채취와 이용	
시 기	봄 : 새싹 / 가을~이듬해 봄 : 뿌리잎 6월 : 꽃
채취법	연한 잎과 뿌리잎을 뜯는다. 꽃봉오리가 맺힌 줄기를 뜯는다.
조리법	소금을 한줌 넣고 데친 후 맑은 물에 헹궈 내고 조리한다.
음 식	나물 무침·볶음, 초고추장 무침, 된장국 / 꽃 : 꽃봉오리째 나물 무침·볶음
효 능	해열, 해독, 소종, 양혈, 청열
주 의	—

↑ 꽃 핀 모습, 8월 10일   자라는 모습, 5월 17일(나물하기 좋은 때) ↓

↑ 꽃 핀 모습, 7월 24일

↑ 뜯은 나물, 5월 17일   데쳐서 무침, 5월 20일 ↓

배초향

곽향, 방아 · 방애 · 방아잎(방언)

꿀풀과 / 쌍떡잎식물 / 여러해살이풀
자라는 곳 산과 들의 양지 크기 40~100cm
꽃 필 때 7~9월

줄기는 네모지고 곧게 자라며 윗부분에서 가지가 갈라진다. 잎은 마주나고 둥근 모양이며 끝은 뾰족하고 가장자리에 톱니가 있다. 자주색 꽃은 가지 끝과 줄기 끝에 마주나는 잎겨드랑이에 취산꽃차례를 이룬다. 납작하고 둥근 열매는 10~11월에 짙은 갈색으로 익는다.

민간에서는 입 냄새 제거에 사용했으며, 잎을 나물로 먹는 것만으로도 입 냄새가 제거된다고 한다. 맵고 따뜻한 성질이 있어 위장을 튼튼히 하고 식욕부진, 구토, 복통을 치료하는 데 도움이 된다. 콜레스테롤 축적을 막아 염증을 억제하고, 동맥경화와 뇌세포 손상을 막아 주는 효능이 있어, 뇌 질환과 치매, 중풍 예방을 돕는다.

향이 독특하여 향신료로 많이 쓰는데, 특히 추어탕을 비롯한 생선 요리의 비린맛을 없애는 데 사용한다.

나물의 채취와 이용

시 기	봄~여름
채취법	연한 잎을 뜯는다.
조리법	향이 강하기 때문에 무침을 할 때는 데쳐 맑은 물에 우려낸 후 조리한다.
음 식	나물 무침, 차, 추어탕, 생선찌개, 생선찜, 생선탕 / 잎 : 차.
효 능	입 냄새 제거, 콜레스테롤 저하, 뇌세포 손상 방지
주 의	과식하기 쉬운 사람과 급성적인 열병에 걸린 사람은 나물을 먹지 않는다.

익은 열매 모습, 6월 7일 ↑

↑ 뜯은 모습, 4월 15일   데쳐서 나물, 4월 16일 ↑

새순이 올라오는 모습, 4월 14일(나물하기 좋은 때)

자란 모습, 5월 3일 ↑   꽃과 열매, 5월 26일 ↑

뱀딸기

배암딸기, 큰배암딸기, 홍실뱀딸기

장미과 / 쌍떡잎식물 / 여러해살이풀
자라는 곳 풀밭, 햇볕이 잘 드는 가장자리 크기 20cm 정도
꽃 필 때 4~6월

덩굴이 옆으로 벋으면서 마디에서 뿌리를 내린다. 달걀 모양의 잎은 작은 잎 3장으로 된 겹잎으로, 어긋나고 가장자리에 톱니가 있으며 뒷면에는 털이 있다. 꽃줄기 끝에 넓은 달걀 모양의 꽃잎을 가진 노란색 꽃이 핀다. 열매는 6월에 둥글고 붉게 익는다.

민간에서는 종기가 나거나 벌레에 물렸을 때 치료약으로 썼으며, 생잎을 짓찧어 환부에 붙이거나, 잎을 말려 가루 낸 것을 기름에 개어 환부에 발랐다. 리놀렌산·스테롤·알코올 성분이 함유되어 있어, 해열·해독·진해·통경 등의 작용이 있으며, 감기·기침·인후염·천식·월경불순·이질·화상 등을 치료에 도움이 된다.

뱀딸기는 성질이 차므로 체력이 약한 사람과 소화력이 약한 사람은 나물을 먹지 않는다.

나물의 채취와 이용	
시기	봄 / 열매 : 여름
채취법	연한 잎과 순을 뜯고 잘 익은 열매를 딴다.
조리법	생즙을 낸다. 데쳐서 무친다. 된장국을 끓인다. 열매는 생으로 먹는다.
음식	생즙, 나물 무침, 된장국
효능	해열, 해독, 진해, 통경
주의	체력이 약한 사람, 소화력이 약한 사람은 나물을 먹지 않는다.

↓ 군락을 이루어 새순이 올라오는 모습, 4월 10일 　↓ 자라는 모습, 4월 15일(이때도 나물하기 좋다) 　↓ 꽃 핀 모습, 7월 28일 　묵나물 볶음, 12월 24일 ↓

새순이 올라오는 모습, 4월 6일(나물하기 좋을 때)

벌개미취

별개미취, 조선자원

국화과 / 쌍떡잎식물 / 여러해살이풀
자라는 곳 산과 들의 습기가 많은 곳　**크기** 50~90cm
꽃 필 때 7~10월

줄기는 곧게 서고 위쪽에서 가지를 친다. 창처럼 길고 뾰족한 잎은 어긋나고, 가장자리에 자잘한 톱니가 있다. 꽃은 개미취 꽃보다 크고, 줄기와 가지 끝에 연한 자주색으로 1송이씩 핀다. 열매는 수과로 길고 뾰족한 모양이며 11월에 익는다.

떫은맛이 나므로 데쳐서 맑은 물에 충분히 우려낸 뒤에 조리한다.

민간에서는 천식과 폐결핵 치료에 썼으며, 꽃을 말려 차로 우려 마셨다. 사포닌 성분이 함유되어 있어 면역력을 높이고, 이뇨·진해·거담·보익(補益: 기氣와 양陽을 보함)·항암 작용이 있어 기침·가래·기관지염·해수·천식·폐결핵·폐암·복수암 등의 치료에 효과적이다.

나물의 채취와 이용	
시 기	봄 : 잎줄기 여름 : 꽃
채취법	연한 잎을 뜯는다. 꽃은 딴다.
조리법	떫은맛이 나므로 데친 후 맑은 물에 충분히 우려낸다.
음 식	무침, 나물볶음, 묵나물 볶음
효 능	면역력 강화, 이뇨, 진해, 거담, 해수, 보익, 항암
주 의	—

↑꽃 핀 모습, 7월 15일

↑뜯은 나물, 6월 9일   데쳐서 된장무침, 6월 10일↑

↑자라는 모습, 5월 20일(나물하기 좋은 때)   자라는 모습, 6월 9일(나물하기 좋은 때)↑

비름

새비름, 비름나물, 현채

비름과 / 쌍떡잎식물 / 한해살이풀
자라는 곳 밭, 집 근처, 들   크기 100cm
꽃 필 때 7월

비름은 인도가 원산지로, 잎은 어긋나고, 사각 모양이거나 세모진 넓은 달걀 모양으로 녹색이다. 줄기는 곧게 자라고, 가지가 굵게 갈라진다. 꽃은 잎겨드랑이에 모여 피고, 한꽃에 암술, 수술이 함께 있으며, 원추꽃차례를 이룬다. 열매는 타원형이다.

민간에서는 눈이 나빠졌을 때나 빈혈 증상이 있을 때 예방 차원에서 비름나물을 먹었다. 비름은 열을 내리고 몸속의 독을 해독하며, 베타카로틴 성분이 함유되어 있어 항암 효과가 뛰어나다. 심혈관 질환을 예방하고, 간 기능과 위장 기능을 강화하는 효능이 있으며, 칼로리가 낮아 다이어트에도 효과적이다. 피로 해소·노화 방지·골다공증 예방에도 좋은 나물이다.

몸이 차고 맥이 약한 사람은 나물을 많이 먹지 않는 것이 좋다.

나물의 채취와 이용	
시기	봄
채취법	연한 잎과 순을 뜯는다.
조리법	데쳐서 무치거나 볶는다.
음식	나물 무침·볶음
효능	해열, 해독, 항암, 간·위장 기능 강화
주의	몸이 차고 맥이 약한 사람은 나물을 많이 먹지 않는다.

꽃 핀 모습, 5월 12일

꽃 핀 모습, 5월 12일

↑ 겨울에 난 뿌리 잎, 2월 13일(나물하기 좋은 때) ↑ 데쳐서 초고추장 무침, 4월 10일 김치, 5월 14일 ↑

뽀리뱅이

보리뱅이, 박조가리나물, 박주가리나물

국화과 / 쌍떡잎식물 / 두해살이풀
자라는 곳 들, 밭둑가 크기 20~100cm
꽃 필 때 5~6월

보리가 필 무렵에 꽃이 핀다는 서정적인 의미가 있는 이름이다. 줄기는 곧게 서고 온몸에 잔털이 있으며 가지를 거의 치지 않는다. 대부분 땅바닥에 붙어 둥글게 퍼지는 잎은 창처럼 뾰족하고 결각이 있으며 연한 보랏빛을 띤다. 줄기 끝에, 붉은빛이 감도는 노란색 꽃이 우산 모양으로 여러 송이 모여 핀다. 열매는 수과로 납작하다.

민간에서는 종기가 났을 때, 벌레나 뱀에 물렸을 때 치료약으로 썼으며, 생잎을 짓찧어 환부에 붙였다. 주로 나물로 해 먹는 잎과 뿌리에는 이눌린 성분이 함유되어 있다. 해열·해독·소종·진통 작용이 있으며, 감기·인후염·편도선염·결막염·종기·옹저·요도염·유선염·관절염을 치료하는 데 도움이 된다.

나물의 채취와 이용	
시기	봄 : 잎 / 가을~이듬해 봄 : 뿌리잎
채취법	봄 : 연한 잎과 순을 뜯는다. 가을~이듬해 봄 : 뿌리째 캔다.
조리법	쌈채소, 데쳐서 무친다. 김치를 담근다.
음식	쌈, 나물 무침, 김치
효능	해열, 해독, 소종, 진통
주의	-

꽃과 꽃등애, 9월 28일 ↑

↑ 뜯은 나물, 4월 2일

데쳐서 무침, 4월 3일 ↓

새순이 올라오는 모습, 4월 2일 (나물하기 좋은 때)

새순이 올라오는 모습, 4월 2일 (나물하기 좋은 때)

군락을 이루어 꽃 핀 모습, 10월 14일 ↓

사데풀

삼비물, 석쿠리, 시쿠리, 사쿠리나물(방언)

국화과 / 쌍떡잎식물 / 여러해살이풀
자라는 곳 바닷가, 들, 양지쪽 풀밭 크기 30~100cm
꽃 필 때 8~10월

잎은 어긋나고, 긴 타원형으로 끝이 둔하며 줄기를 감싼다. 줄기는 속이 비어 있고 곧게 자라며 밋밋하다. 사데풀 전체에는 흰 즙이 있고, 꽃은 원줄기 끝에 민들레꽃과 비슷한 모양으로 핀다. 열매는 타원형이고 솜을 뭉쳐 놓은 것처럼 보인다.

민간에서는 봄철에 입맛을 돌게 한다고 하여 나물로 많이 먹었으며, 사데풀 꽃이 간염과 황달을 낫게 하는 데 도움이 된다고 하여, 꽃을 말려 두었다가 차로 마셨다. 해열·해독·지혈 작용이 있어 기침·감기·후두염·세균성이질·해수·백대하를 치료하는 데 도움이 된다.

나물의 채취와 이용	
시기	봄
채취법	어리고 연한 잎과 순을 뜯는다. 꽃을 딴다.
조리법	깨끗이 씻어서 무친다. 데쳐서 무친다.
음식	생무침, 나물 무침
효능	해열, 해독, 지혈, 간염·황달 치료
주의	-

↑ 꽃 핀 모습, 8월 17일

자라는 모습, 5월 14일(이때도 나물하기 좋다)

↓ 새순이 올라오는 모습, 5월 2일(나물하기 좋은 때)   ↓ 꽃 핀 모습, 8월 17일   뜯은 나물, 5월 2일   묵나물 볶음, 12월 24일 ↓

삼잎국화

세잎국화, 루드베키아, 칼나물(방언)

국화과 / 쌍떡잎식물 / 여러해살이풀
자라는 곳 산기슭의 풀밭, 강가, 집 부근 크기 1~3m
꽃 필 때 7~9월

북아메리카가 원산지로, 잎은 어긋나고 손바닥 모양으로 깊게 갈라진다. 뒷면은 분처럼 하얗다. 줄기는 윗부분에서 3~5개의 가지가 갈라진다. 꽃대 끝에 노란색의 작은 꽃들이 모여 피고, 열매는 10월에 익는다.

민간에서는 감기 예방과 치료에 삼잎국화를 말려 꽃차로 사용했다. 꽃을 말릴 때 검은색으로 변하는데, 그 이유는 삼잎국화에 철분이 많이 들어 있기 때문이다. 칼슘·칼륨·철분 등의 무기질과 비타민이 풍부하여 신진대사를 원활하게 하고, 감기와 빈혈을 예방하고 치료하며 인체의 면역력을 강화하는 데 도움이 된다.

나물의 채취와 이용	
시 기	봄
채취법	어리고 연한 잎과 순을 뜯는다. 꽃을 딴다.
조리법	쌈채소, 생으로 무친다. 데쳐서 무친다. 묵나물은 볶는다.
음 식	쌈, 무침, 나물 무침, 묵나물 볶음
효 능	신진대사 촉진, 감기·빈혈 예방, 치료
주 의	-

뜯은 나물, 4월 18일 ↑

자라는 모습, 4월 18일(나물하기 좋은 때)

↑ 데쳐서 무침, 4월 20일   뿌리 초고추장 무침, 3월 30일 ↓   새순 모습(나물하기 좋은 때), 4월 5일   꽃봉오리 모습, 5월 30일 ↓

소리쟁이

소루쟁이, 솔구지, 소루지, 양제, 홍근대황

마디풀과 / 쌍떡잎식물 / 여러해살이풀
자라는 곳 물가, 습지 근처 크기 30~80cm
꽃 필 때 6~7월

씨앗이 바람이 불면 부딪히어 소리를 낸다 하여 '소리쟁이'다. 줄기는 곧게 서고 세로줄이 있으며, 녹색 바탕에 자줏빛을 띤다. 좁고 긴 타원 모양의 잎은 어긋나고 주름이 있다. 연한 녹색 꽃은 원뿔형으로 핀다. 열매는 수과로, 갈색이다.

민간에서는 치질·가려움증·습진·무좀·화농성 피부염 치료에 뿌리와 돼지고기를 함께 삶은 물을 마시거나, 생잎을 짓찧어 환부에 발랐다. 살균·수렴·항균·항암 작용이 있어, 기침·감기·변비·피부 질환·각혈·토혈·혈변 등을 치료하는 효능이 있다.

새순에는 미약하지만 독성이 있어서 한꺼번에 많이 먹으면 설사를 할 수 있다. 뿌리는 짓찧어서 도라지나 더덕처럼 나물로 먹을 수 있지만, 초산 성분이 있어 한꺼번에 많이 먹으면 탈이 날 수 있다.

나물의 채취와 이용	
시기	봄 : 잎 가을~이듬해 봄 : 뿌리
채취법	어리고 연한 잎을 뜯고 뿌리를 캔다.
조리법	데친 후 맑은 물에 1~2일 우려낸다.
음식	잎 : 나물 무침, 묵나물 볶음, 국 / 속잎 : 장아찌, 초무침 / 뿌리 : 초고추장 무침
효능	살균, 수렴, 항균, 항암
주의	새순에는 약한 독성이 있어서 한꺼번에 많이 먹으면 설사를 할 수 있다.

↑ 자라는 모습, 5월 6일(나물하기 좋은 때)

↑ 열매 모습, 10월 16일

↑ 뜯은 나물, 5월 6일   데쳐서 무침, 5월 8일 ↓

↑ 꽃봉오리 모습, 8월 20일   ↑ 줄기 마디가 소의 무릎처럼 볼록하다.

쇠무릎

쇠무릎지기, 우슬, 대절채, 산현채, 마청초, 우슬파(방언)

비름과 / 쌍떡잎식물 / 여러해살이풀
자라는 곳 산과 들의 습기 있는 곳 **크기** 50~100cm
꽃 필 때 8~9월

잎은 마주나고, 사각 모양의 원줄기는 곧게 자라고 가지는 많이 갈라지며 마디는 볼록하다. 이 볼록한 마디 부분이 소의 무릎과 흡사해서 '쇠무릎'이 되었다. 원줄기 끝에 녹색 꽃이 수상꽃차례로 핀다. 기다란 타원형의 열매는 꽃받침에 싸여 있으며, 옷에 잘 붙는다.

민간에서는 벌레와 뱀에 물렸을 때 생잎과 줄기를 짓찧어 발랐다. 흰머리를 예방하려고 뿌리를 술에 담가 먹기도 했다. 이뇨·강정·경락의 소통의 작용이 있고, 두통·관절·뼈와 근육을 튼튼하게 하는 효능이 특히 강하다. 관절통에는 뿌리를 물에 달여 고약으로 만들어 붙이면 진통과 소염 효과가 있다. 요통에는 가을에 채취한 뿌리를 그늘에 말려서 잘게 썬 것 30~50g을 물로 달여 하루 세 번 식전에 복용한다. 폴리페놀 성분이 있어 생으로 먹으면 쓴맛이 강하다.

나물의 채취와 이용	
시 기	초여름
채취법	연한 잎과 순을 뜯는다.
조리법	국이나 찌개에 넣을 경우 한번 찐 후에 넣으면 맛있는 요리가 된다.
음 식	쌈, 나물 무침, 된장국
효 능	이뇨, 강정, 경통, 근골 강화
주 의	생리량이 많은 사람과 임산부는 나물을 먹지 않는다.

↑꽃 핀 모습, 5월 26일

↑새순, 5월 10일(나물하기 좋은 때) ↑줄기가 옆으로 뻗는 모습, 5월 18일(이때도 나물하기 좋다)↓

↑군락을 이룬 모습, 5월 22일 ↑데친 후 무침, 5월 21일

쇠비름

마치현, 장명채, 말비름, 오행초

쇠비름과 / 쌍떡잎식물 / 한해살이풀
자라는 곳 밭, 논가 크기 15~30cm
꽃 필 때 5~8월

쇠비름을 '마치현'이라고도 하는데 잎 모양이 말의 이빨을 닮았다고 해서 붙여진 이름이다. 다육질의 한해살이풀로 생명력이 강하고 물기가 많다. 잎은 2장씩 마주나고 타원형으로 두껍다. 줄기는 매끈하고 붉은색을 띤다. 꽃은 줄기 끝에 3~5송이씩 뭉쳐서 노란색으로 핀다.

민간에서는 마른버짐이나 벌레에 물린 상처에 생즙을 짓찧어 환부에 발랐다. 해열·해독·지혈 작용을 하고, 종기·습진·치질·대하·자궁 출혈·소변불리·만성 대장염·화농성 피부염 등을 치료하는 효능이 있다.

혈압 상승 효과가 있으므로 고혈압 환자는 먹지 않아야 하고, 속이 냉해서 설사가 잦은 사람도 먹지 않는다.

쇠비름의 가장 좋은 효능은 염증 억제 작용이다.

나물의 채취와 이용	
시기	봄
채취법	어리고 연한 잎을 뜯는다.
조리법	생으로 무친다. 데쳐서 무친다. 데쳐서 초고추장에 무친다.
음식	무침, 나물 무침, 데쳐서 초고추장 무침
효능	염증 억제, 해열, 해독, 지혈
주의	고혈압 환자, 속이 냉해서 설사가 잦은 사람은 먹지 않는다.

↑ 꽃 핀 모습, 7월 12일

↑ 새순이 올라오는 모습, 4월 9일(나물하기 좋은 때) 자라는 모습, 4월 18일(이때도 나물하기 좋다.)↓

↑ 뜯은 나물, 4월 9일   데친 후 무침, 4월 12일↓

쇠서나물

쇠세나물, 모련채, 가시나물(방언)

국화과 / 쌍떡잎식물 / 두해살이풀
자라는 곳 산과 들의 풀밭 크기 90cm
꽃 필 때 6~10월

잎과 줄기에 나 있는 억센 털이 마치 소의 혓바닥처럼 거칠다고 하여 붙여진 이름이다. 잎은 배 모양으로, 끝이 뾰족하다. 줄기는 곧게 서고 가지가 갈라지며 갈색의 굳은 털이 있다. 꽃은 노란색으로 피고, 열매는 9월에 홍갈색으로 익는다.

민간에서는 달인 물과 나물을 함께 먹으면 감기, 기침, 설사병을 고친다고 했다. 쇠서나물 특유의 쓴맛이 소화 기능을 돕고 위를 튼튼하게 하며 기관지염과 유선염을 치료하는 데 도움이 된다.

나물의 채취와 이용	
시 기	봄
채취법	어리고 연한 잎을 뜯는다.
조리법	쓴맛이 강하므로 데친 후 맑은 물에 우려낸다.
음 식	나물 무침
효 능	소화 촉진, 위장 기능 강화
주 의	—

쑥버무리, 4월 12일 ↑

↑ 쑥인절미, 4월 12일   쑥 된장국, 4월 12일 ↓

↑ 자라는 모습, 4월 10일(이때도 나물하기 좋다)   새순이 올라오는 모습, 4월 1일(나물하기 좋은 때) ↓

쑥

쑥, 모기태쑥, 사재발쑥

국화과 / 쌍떡잎식물 / 여러해살이풀
자라는 곳 산과 들의 양지바른 풀밭   크기 60~120cm
꽃 필 때 7~10월

쑥쑥 잘 자라서 '쑥'이라고 한다. 줄기에 능선이 있고 거미줄 같은 털이 빼곡히 난다. 뿌리는 옆으로 벋고 잎은 무리 지어 나오며, 어긋나게 자라는 타원형의 줄기잎은 중앙까지 깊게 갈라진다. 황백색의 꽃이 한쪽으로 치우쳐서 원추꽃차례를 이루고, 열매는 수과로 10월에 익는다.

민간에서는 복통, 냉증으로 인한 월경불순, 자궁 출혈에 약용했다. 단오 때 채취한 잎을 말려 달여 마시거나 생즙을 마셨고, 여름에는 쑥을 태워 모기를 쫓았다. 옴으로 인한 가려움에는 식초에 달인 물을 환부에 발랐다. 비타민 A와 무기질이 풍부하여 산성 체질을 중화하고 자연 생리 기능을 강화하는 효능이 있다. 지혈·온경·이담·안태·축한습·이기혈의 작용이 있어, 복통·하혈·심복 냉통·월경불순·태동 불안·토혈·소화불량·만성간염·습진 등을 치료에 도움이 된다.

나물의 채취와 이용	
시 기	봄~초여름
채취법	연한 잎과 순을 뜯는다. 차 만들 잎은 잘 말린다.
조리법	국을 끓인다. 쌀에 쑥을 섞어 떡을 만들어 먹는다. 나물밥을 한다.
음 식	국, 차, 쑥버무리, 쑥개떡, 절편, 나물밥
효 능	지혈, 온경, 이담, 안태, 축한습, 이기혈
주 의	단오 이후에는 독성이 강해진다. 오래 많이 먹으면 열증이 생길 수 있다.

↑ 꽃 핀 모습, 9월 29일   새순이 올라오는 모습, 4월 20일(나물하기 좋은 때) ↓

↑ 꽃 핀 모습, 9월 29일

↑ 뿌리잎, 3월 25일   데쳐서 무침, 4월 22일 ↓

쑥부쟁이

가새쑥부쟁이, 왜쑥부쟁이, 권영초, 부지깽이나물(방언)

국화과 / 쌍떡잎식물 / 여러해살이풀
자라는 곳 산과 들의 습기가 조금 있는 곳 크기 30~100cm
꽃 필 때 7~10월

타원형 잎은 어긋나고, 줄기는 자줏빛을 띤 녹색이다. 꽃은 자줏빛으로 피고, 달걀 모양의 열매는 10~11월에 익으며 털이 있다.

민간에서는 벌에 쏘였을 때 생잎을 짓찧어 발랐고, 편도선염에는 말린 쑥부쟁이를 물에 달여 복용했다. 노인성 기관지염에는 지상부(地上部 : 식물체에서 뿌리가 아니라 위의 경엽 부분)를 달여 농축액을 만든 다음, 아침, 저녁으로 하루 두 번 복용하면 효과를 볼 수 있다. 거담·해독 작용이 있어 기침·감기·종기·기관지염을 치료하는 효능이 있다.

체질에 따라 현기증, 두통, 구토, 위의 불쾌감이 생길 수 있으므로 몸에 맞지 않는 사람은 피한다.

나물의 채취와 이용	
시 기	봄
채취법	연한 잎과 순을 뜯는다.
조리법	데쳐서 무친다. 묵나물은 볶는다. 된장국을 끓인다.
음 식	나물 무침, 묵나물 볶음, 된장국
효 능	거담, 해독
주 의	체질에 따라 현기증, 두통, 구토, 위의 불쾌감이 생길 수 있다.

꽃 핀 모습, 9월 23일

↑ 꽃 핀 모습, 9월 22일   새순이 올라오는 모습, 4월 9일(나물하기 좋은 때) ↓

↑ 꽃 핀 모습, 9월 22일

↑ 뜯은 나물, 4월 30일   데쳐서 무침, 5월 2일 ↓

미국쑥부쟁이

털쑥부쟁이, 중도국화

국화과 / 쌍떡잎식물 / 여러해살이풀
자라는 곳 길가, 집 근처, 들   크기 30~120cm
꽃 필 때 9~10월

북아메리카가 원산지라고 해서 붙여진 이름이다. 잎은 어긋나고, 길이가 너비의 몇 배나 될 정도로 길고 뾰족하며 휘어진다. 잎의 양면에 모두 털이 없고 매끈하지만 가장자리에는 털이 있다. 줄기는 곧게 서고 가지가 많으며 큰 포기를 이룬다. 가지 끝에 흰색 꽃이 여러 송이씩 모여 피어 한 송이의 큰 꽃처럼 보인다.

민간에서는 천식과 노인성 기관지염 치료에 말린 잎과 줄기, 꽃을 달여 마셨다. 해열·해독·청열·진해·거담의 효능이 있어 기침·감기·벌레 물린 상처·기관지염·편도선염을 치료하는 약재로 쓴다.

나물의 채취와 이용	
시 기	봄
채취법	연한 잎과 순을 뜯는다.
조리법	데쳐서 무친다. 묵나물은 볶는다.
음 식	나물 무침, 묵나물 볶음
효 능	해열, 해독, 청열, 진해, 거담
주 의	—

꽃 핀 모습, 8월 20일

↑새순이 자라는 모습, 4월 3일(나물하기 좋은 때)   새순이 올라오는 모습, 3월 30일→

↑뜯은 나물, 4월 3일   데쳐서 무침, 4월 5일↑

섬쑥부쟁이

부지깽이나물

국화과 / 쌍떡잎식물 / 여러해살이풀
자라는 곳 울릉도의 양지 쪽 풀밭   크기 1m 정도
꽃 필 때 8~10월

울릉도를 대표하는 나물로, 배고픔을 느끼지 않게 해 주는 '부지기아초不知飢餓草'라는 말에서 유래되었다. 줄기는 가지를 많이 치고, 긴 타원형 잎은 어긋나는데 가장자리에 톱니가 있고 양면에 털이 있다. 줄기와 가지 끝에 작은 흰색의 꽃들이 모여 우산 모양으로 핀다.

민간에서는 호흡기가 약해 생기는 기침이나 가래 치료에 썼으며, 나물로 먹거나 잎과 줄기를 말려 달여 마셨다. 섬쑥부쟁이에는 비타민 A·C가 풍부하고, 단백질·칼륨·인·에스테르류·옥살리드류 등이 함유되어 있다. 가래를 삭이고, 기침·감기를 개선하는 등 호흡기의 기능을 강화하고 염증을 가라앉히는 작용을 한다. 기관지염·인후염·편도선염 치료에 효과가 있다.

나물의 채취와 이용	
시 기	봄
채취법	어린 순을 뜯는다.
조리법	떫은맛이 나므로 데쳐서 흐르는 물에 우려낸 후 조리한다.
음 식	나물 무침, 묵나물 볶음, 부각
효 능	호흡기 기능 강화, 염증 개선 작용
주 의	—

↑ 새순이 올라오는 모습, 3월 16일 　　자라는 모습, 3월 25일 ↓

↑ 꽃 핀 모습, 5월 12일

↑ 뿌리째 캔 모습, 3월 18일 　　무침, 3월 20일 ↓

씀바귀

고채, 씀배나물

국화과 / 쌍떡잎식물 / 여러해살이풀
자라는 곳 길가, 밭 가장자리, 양지 바른 풀밭　크기 20~25cm
꽃 필 때 5~6월

씀바귀는 이른 봄, 잎과 줄기를 함께 먹을 수 있는 대표적인 봄나물이다. 줄기는 가늘고 위에서 가지가 갈라진다. 잎과 줄기를 자르면 흰 즙이 나오고 쓴맛이 난다. 뿌리에 달린 잎은 뭉쳐 나며 창처럼 길고 뾰족한 모양이 거꾸로 달린다. 잎자루는 끝이 뾰족하고 가장자리에 이 모양의 톱니가 깊이 패어 들어갔다. 밑부분이 원줄기를 감싸며 가장자리에 이 모양의 톱니가 있다. 5~7월에 노란색 꽃이 피며 줄기 끝에 산방꽃차례로 달린다.

민간에서는 타박상과 종기에 생잎을 짓찧어 환부에 붙였다. 또한 음낭 습진에는 전초를 달인 물로 환부를 씻어 주었다. 해열·소종·건위 등의 효능이 있어 소화불량·기침·간염·폐렴·외이염 등을 치료하고 허파의 열을 내리게 한다.

나물의 채취와 이용	
시기	이른 봄, 늦가을
채취법	부드러운 잎과 뿌리를 함께 캔다.
조리법	쓴맛이 강하므로 데쳐서 흐르는 물에 우려내어 조리한다.
음식	나물 무침, 전, 김치(소금물에 쓴 맛을 우려낸 뒤)
효능	해열, 소종, 건위
주의	설사를 자주 하는 사람은 먹지 않는다. 나물로 먹을 때는 꿀을 먹지 않는다.

꽃 핀 모습, 7월 4일 ↑

↑ 벋씀바귀 새순이 올라오는 모습, 4월 6일   벋씀바귀 새순이 올라오는 모습, 4월 8일 ↓

↑ 뿌리째 캔 모습, 4월 16일   무침, 4월 20일 ↓

벋음씀바귀 · 벋씀바귀

전도고剪刀股

국화과 / 쌍떡잎식물 / 여러해살이풀
자라는 곳 논두렁, 습기가 많은 풀밭   크기 10~20cm
꽃 필 때 5~7월

뿌리줄기가 옆으로 벋으며 자란다고 하여 붙여진 이름이다. 가는 줄기가 발달하여 사방으로 퍼진다. 뿌리잎은 창을 거꾸로 세운 모양이거나 주걱 모양의 타원형이다. 가장자리는 밋밋하고 아래쪽에 톱니가 있다. 꽃줄기 끝에 머리 모양의 노란색 꽃이 1~6개 달린다. 열매는 수과이고 깊은 홈이 있으며 관모는 흰색이다.

민간에서는 안질 치료에 사용했으며, 나물을 꾸준히 먹고 전초를 말려 달인 물로 눈을 씻었다. 해열 · 해독 · 소종 · 건위 · 소염 · 이뇨 등의 작용이 있어 위염 · 소화불량 · 열독 · 유선염 · 안질 · 옹종(擁腫 : 작은 종기)을 치료하는 데 도움이 된다.

몸이 찬 사람이나 식욕이 없는 사람은 나물을 먹지 않는다.

나물의 채취와 이용	
시 기	봄
채취법	어리고 연한 잎을 뜯거나 뿌리째 캔다.
조리법	데치거나 생으로 먹는다.
음 식	쌈, 무침, 나물 무침, 김치
효 능	해열, 해독, 소종, 건위, 소염, 이뇨
주 의	몸이 차고 식욕이 없는 사람은 나물을 먹지 않는다.

↑ 노랑선씀바귀 꽃 핀 모습, 5월 16일

새순이 올라오는 모습, 4월 15일, (나물하기 좋은 때)↓

↑ 꽃 핀 모습, 5월 20일

무침, 4월 16일↓

선씀바귀

씸배나물, 씬내이

국화과 / 쌍떡잎식물 / 여러해살이풀
자라는 곳 길가, 밭 가장자리, 양지 바른 풀밭 크기 30~50cm
꽃 필 때 5~6월

줄기는 흰색으로 곧게 서며 가지를 친다. 많은 잎이 줄기 밑동에서 뭉쳐 나고 줄기에 2~3개 잎이 난다. 뾰족하고 긴 타원 모양의 잎은 창을 거꾸로 세운 것처럼 생겼으며, 가장자리는 새의 깃처럼 갈라지고 톱니가 있다. 흰색 꽃이 가지 끝에 여러 송이가 머리 모양으로 피며, 가장자리는 연한 붉은색을 띤다(노란색으로 피는 것은 노랑선씀바귀라고 한다). 열매는 수과이고 관모는 흰색이다.

민간에서는 입맛이 없을 때, 그리고 위장병 치료에 선씀바귀를 썼으며, 생잎을 나물로 먹거나 즙을 내어 마셨다. 해독·소종·진정·청열의 작용이 있어 종기·폐렴·타박상·요로결석·골절을 치료하는 효능이 있다. 쓰고 떫은맛이 나므로 데쳐서 물에 우려낸다. 식욕이 없고 설사를 자주 하는 사람은 나물을 먹지 않는다.

나물의 채취와 이용	
시기	봄
채취법	연한 잎과 뿌리를 캔다.
조리법	쓰고 떫은맛이 나므로 데친 후 물에 우려낸다.
음식	쌈, 양념장 무침, 즙, 나물 무침, 김치
효능	해독, 소종, 진정, 청열
주의	식욕이 없고 설사를 자주 하는 사람은 피한다.

↑ 꽃 핀 모습, 5월 8일

↑ 꽃 핀 모습, 5월 8일   무리지어 새순이 올라오는 모습, 4월 16일(나물하기 좋은 때)↓

무침, 4월 17일↓

좀씀바귀

둥근잎씀바귀, 주걱씀바귀(방언)

국화과 / 쌍떡잎식물 / 여러해살이풀
자라는 곳 산과 들의 양지바른 풀밭   크기 10cm 정도
꽃 필 때 4~6월

씀바귀 종류 중에서 가장 작은 종류의 식물이다. 줄기는 연약하고 가지가 갈라지며, 잎과 줄기를 자르면 흰 즙이 나온다. 잎은 뿌리에서 무더기로 모여 나거나 어긋나고, 잎자루가 길다. 잎의 모양은 달걀처럼 갸름하고 둥글며 가장자리는 밋밋하다. 꽃줄기에 노란색의 머리 모양처럼 둥근 꽃이 1~3개 달린다. 열매는 8월에 결실하는데 수과로 긴 부리 모양이고 관모는 백색이다.

민간에서는 위염, 위궤양 치료에 썼으며, 생잎을 나물로 먹거나 즙을 내어 마셨다. 해열, 해독, 항염 작용이 있어 감기·피부염·인후염·구강염·중이염·방광염·자궁염·전립선염 등 갖가지 염증을 치료하는 데 효과적이다.

손발이 차고 식사량이 적은 사람은 피한다.

나물의 채취와 이용	
시 기	봄
채취법	연한 잎과 줄기를 뜯는다.
조리법	쓴맛이 강하므로 데친 후 물에 우려낸 후 조리한다.
음 식	쌈, 생채겉절이, 양념장 무침, 즙, 나물 무침
효 능	해열, 해독, 항염
주 의	손발이 차고 식사량이 적은 사람은 피한다.

235

↑ 홍련 8월 8일

↑ 백련, 7월 28일

↑ 잎 모습, 7월 4일(차, 연잎 밥하기 좋은 때)

↑ 줄기와 고추잠자리, 10월 10일

↑ 홍련 8월 8일 　　　　뿌리, 11월 25일 ↓

연꽃

연화, 수지, 부용, 수운, 빙단, 초부용, 유월춘

수련과 / 쌍떡잎식물 / 여러해살이풀
자라는 곳 연못, 늪 크기 100~200cm
꽃 필 때 7~8월

예로부터 행운, 번영, 풍요, 건강, 장수, 명예, 신성 및 영원한 불사의 상징으로 여겨졌다. 뿌리줄기에서 나와 잎자루 끝에 1개씩 달리는 둥근 잎은, 지름 40cm 내외로 물에 젖지 않는다. 백색 또는 홍색의 꽃이 꽃줄기 끝에 하나씩 달리며, 꽃잎은 도란형이고 열매는 견과이다.

민간에서는 심신 쇠약, 불면증 치료에 사용했으며, 연자밥이나 죽을 끓여 먹었다. 어혈을 풀어 주고 혈액순환을 좋게 하며 마음을 안정시키고 기력을 왕성하게 한다. 또한 연잎에는 각종 비타민과 무기질이 풍부하여 면역력을 높이고 기력을 향상시켜 신장 기능을 강화하는 효능도 있다. 변비 · 부종 · 고혈압 · 당뇨 · 대하증 · 치매 · 불면증에 좋은 성분을 함유하고 있으며, 간 기능을 강화하고, 몸 안의 독소를 제거하며, 노폐물을 배출하는 이뇨 작용이 있다.

나물의 채취와 이용	
시기	여름 : 잎, 꽃 / 여름~가을 : 열매 가을~이듬해 봄 : 뿌리줄기
채취법	연한 잎을 뜯는다. 꽃봉오리를 딴다. 완숙한 열매를 딴다. 뿌리줄기를 캔다.
조리법	연잎밥을 한다. 연근을 조린다. 연근을 튀긴다. 연꽃 우려내 마신다.
음식	연잎밥, 차 / 꽃 : 차 / 열매 : 밥, 죽 뿌리줄기 : 조림, 튀김
효능	혈액순환 개선, 면역력 · 신장 기능 · 간 기능 강화, 독소 제거, 이뇨
주의	속이 냉한 사람, 임산부는 먹지 않는다.

연근조림

연근, 식초, 물, 간장, 맛술, 올리고당, 통깨

1 연근 껍질을 벗기고 5mm 이하의 두께로 썬다.
2 끓는 물에 식초를 2순가락 정도 넣고 10분 이상 충분히 연근을 삶아 찬물에 헹군다.
3 냄비에 연근이 잠기도록 물을 넉넉히 붓고 간장·맛술·올리고당을 넣어 바글바글 끓인다.
4 바글바글 끓어오르면 약불에서 천천히 조린다.
5 조림물이 거의 졸아들면 뒤적이면서 졸이다가 올리고당을 조금 더 넣어 마무리한다.

↑ 연근 조림, 11월 25일

연근튀김

연근, 튀김가루, 식초, 포도씨유

1 연근 껍질을 벗기고 2~3mm 두께로 썬다.
2 1을 식초물에 10분 정도 담가 둔다.
3 물기를 뺀 연근에 튀김가루를 묻힌다.
4 튀김옷을 만든다.
5 낮은 온도(160℃ 정도)에서 천천히 튀긴다.

↑ 연근전, 11월 25일

연잎밥

연잎 1장, 찹쌀 2컵, 은행 30알, 잣 1큰술 *소금물 물 1컵, 소금 1작은술

1 연잎을 억센 것으로 골라 깨끗이 손질해 놓는다.
2 찹쌀은 씻어서 1시간가량 불린다.
3 찜통에 젖은 면보를 깔고 불린 찹쌀을 20분가량 푹 찐다. 밥을 찌면서 소금물을 2~3회 끼얹는다.
4 찜통에 연잎을 깔고 찹쌀밥을 골고루 펴고 은행과 잣을 고명으로 올린 뒤 연잎으로 밥을 잘 감싼다.
5 30분간 찐 뒤 불을 끈다.

↑ 연잎밥, 7월 8일

연꽃차

연꽃은 평균 4일 피는데, 넷째 날이 되면 꽃잎이 떨어진다. 첫날 핀 꽃을 그 이튿날 새벽에 따서 냉동 처리하면 가장 질과 향이 좋은 차를 마실 수 있다. 랩으로 싸서 냉동실에 보관한다.

백련차, 7월 14일 →

↑ 꽃 핀 모습. 8월 30일

↓ 자라는 모습. 5월 29일(이때도 연한 잎 나물하기 좋다) ↓ 자란 모습. 7월 22일   자라는 모습. 5월 10일(나물하기 좋은때)

↑ 김치. 5월 19일   장아찌 ↓

왕고들빼기

고개채, 산와거, 산생채, 사라구

국화과 / 쌍떡잎식물 / 한두해살이풀
자라는 곳 낮은 산기슭, 들   크기 1~2m
꽃 필 때 7~9월

고들빼기 중에 가장 크다고 해서 붙여진 이름이다. 줄기는 곧게 서고 윗부분에서 가지가 갈라진다. 봄에 자라는 긴 타원형 모양의 잎은 땅바닥에 붙어 둥글게 퍼지고 깃털 모양으로 갈라진다. 줄기에서 자라는 잎은 서로 어긋나게 자리하고 끝이 창처럼 뾰족하며 새의 깃털 모양으로 깊고 얕게 갈라진다. 잎은 전체적으로 흰빛이 감돈다. 줄기 끝에 많은 꽃대가 올라와 1~2송이씩 흰빛에 가까운 노란색 꽃을 피운다. 열매는 수과로 흰색의 갓털이 있다.

민간에서는 목감기, 편도선염 치료에 사용했으며, 생잎을 찧어 즙을 내어 마시거나 환부에 붙였다. 해열·소종·건위·양혈 등의 작용을 하여 감기·인후염·편도선염·유선염·종기·소화불량을 치료하는 데 효과적이다.

나물의 채취와 이용	
시 기	봄~가을
채취법	연한 잎과 줄기를 뜯는다.
조리법	생쌈을 장에 찍어 먹는다. 김치를 담근다. 데쳐서 무친다. 샐러드를 한다.
음 식	생쌈, 무침, 김치, 샐러드, 나물 무침
효 능	해열, 소종, 건위, 양혈
주 의	-

뜯은 나물, 4월 8일 ↑

자라는 모습, 4월 8일(나물하기 좋은 때)

↑ 데쳐서 초고추장 무침, 4월 15일　무침, 4월 15일 ↑

자란 모습, 4월 13일(이때도 연한 잎은 나물하기 좋다)　꽃 핀 모습, 4월 21일 ↑

유채

겨울초, 호무, 호무우, 쓴나물·쓴배나물 (방언)

십자화과 / 쌍떡잎식물 / 두해살이풀
자라는 곳 밭이나 들, 집 근처　크기 100cm 정도
꽃 필 때 4~5월

'기름을 짜는 채소'라는 뜻으로, 겨울에도 얼지 않아 '겨울초[冬草]'라고도 한다. 원줄기에서 15개 정도의 곁가지가 나오고 곁가지에서 2~4개의 곁가지가 또 나온다. 잎의 앞면은 녹색이고 뒷면은 흰색이며 넓은 깃털 모양으로 끝이 뾰족하다. 가지 끝에 노란색 꽃이 총상꽃차례로 달린다. 열매는 견과로서 원통 모양이고 끝은 긴 부리 모양이다.

민간에서는 고혈압, 고지혈증, 심장 질환 치료에 유채씨 기름을 사용했으며, 유채씨 기름에는 불포화지방산이 많아 몸속의 지방을 낮춘다. 산후 조리에는 나물을 썼으며, 나물에는 비타민 A·B·K, 칼륨, 칼슘, 철분, 단백질이 들어 있어 피로 해소에 좋고 몸속에 쌓인 나쁜 독을 제거하여 혈액순환을 원활하게 한다. 손발의 염증·종기·변비·피부염·유선염·복통·산후 복통·편두통 치료에 도움이 된다.

나물의 채취와 이용	
시 기	겨울~이듬해 봄
채취법	연한 잎과 순을 뜯는다. 열매는 잘 익은 것을 골라 딴다.
조리법	쓴맛을 싫어하면 물에 데쳐 우려낸 후 조리한다.
음 식	쌈, 겉절이, 나물 무침이나 볶음. 비빔밥, 된장국. 씨(기름)
효 능	해독, 콜레스테롤 저하, 피로 해소
주 의	한꺼번에 나물을 많이 먹으면 중독 증상이 일어날 수 있다.

↑ 줄기를 칼로 4등분한다, 5월 7일

↑ 뜯은 나물, 5월 7일   데쳐서 무침, 5월 12일 ↓

↓ 새순이 올라오는 모습, 4월 29일(나물하기 좋은 때)   ↓ 열매 모습, 9월 2일   꽃봉오리가 위로 향한 모습, 6월 3일

자리공

장녹, 다미, 상륙, 당륙, 자리갱이

자리공과 / 쌍떡잎식물 / 여러해살이풀
자라는 곳 산, 집 근처   크기 100~150cm
꽃 필 때 6~7월

잎은 어긋나고 바소꼴 또는 넓은 바소꼴로 양끝이 좁고 밋밋하다. 원줄기는 녹색이고 털이 없으며 육질이다. 흰색 꽃은 총상꽃차례로 달린다. 자주색 열매는 8개의 골돌과가 돌려 달리고 검은색 종자는 1개이다.

민간에서는 타박상에 생잎을 짓찧어 환부에 발라 효과를 보았고, 소변이 잘 나오지 않는 증상에는 말린 잎을 소량(4~8g) 달여 마셨다. 이뇨 작용이 있어, 종기·신장염·간장염·만성 신후신염·늑막염·관절염에 좋다고 한다.

자리공은 줄기가 붉은 것과 푸른 것이 있는데, 붉은 자리공은 독성이 강하여 많이 먹으면 구토·복통·어지럼증·두통 등이 생기므로 먹지 않는다. 푸른색 자리공은 데쳐서 하루 정도 맑은 물에 우려낸 후 조리한다.

나물의 채취와 이용	
시기	봄
채취법	연한 잎과 줄기를 뜯는다.
조리법	데친 후 하루 정도 맑은 물에 우려낸다.
음식	나물 무침, 묵나물
효능	이뇨, 소염
주의	임산부는 나물을 먹지 않는다.

↑ 열매 모습, 6월 25일

↑ 꽃 핀 모습, 4월 26일   ↑ 자라는 모습, 4월 21일(나물하기 좋은 때)

↑ 뜯은 나물, 4월 21일   ↑ 데쳐서 초고추장 무침, 4월 22일

제비꽃

병아리꽃, 장수꽃, 씨름꽃, 오랑캐꽃

제비꽃과 / 쌍떡잎식물 / 여러해살이풀
자라는 곳 들, 양지쪽 풀밭　크기 10~15cm 내외
꽃 필 때 4~5월

강남 갔던 제비가 돌아올 무렵에 꽃이 핀다. 뿌리에서 긴 자루가 있는 잎이 자라 옆으로 비스듬히 퍼진다. 잎은 창처럼 긴 타원형이고 가장자리에 톱니가 있다. 잎 사이의 꽃줄기가 자란 곳에 짙은 붉은빛을 띤 자주색 꽃이 1개씩 달린다. 열매는 삭과로 6월에 익는다.

　민간에서는 불면증 치료에 제비꽃을 썼으며, 뿌리를 말려 달인 물을 잠자리에 들기 30분 전에 마시면 잠을 잘 잘 수 있다고 한다. 독사에 물렸을 때는 생잎을 짓찧어 환부에 붙였다.

　플라보노이드 성분이 함유되어 있으며, 소염·억균·청열·항균 작용이 있어 부스럼·장염·설사·화농성 피부염·신장염·방광염·결막염·유선염·감기·간염 등을 치료하는 데 도움이 된다.

　성질이 많이 차므로 몸이 찬 사람은 나물로 먹지 않는다.

나물의 채취와 이용	
시기	봄
채취법	연한 잎을 뜯는다.
조리법	쌈채소, 생채 또는 데쳐서 무친다. 초고추장에 무친다. 꽃전을 부친다.
음식	쌈, 무침, 나물 무침, 초고추장 무침, 꽃전
효능	소염, 억균, 청열, 항균
주의	성질이 많이 차므로 몸이 찬 사람은 나물로 먹지 않는다.

자라는 모습, 4월 8일(이때도 나물하기 좋다)

↑ 꽃 핀 모습, 5월 14일

↑ 뜯은 나물, 4월 8일

↓ 순이 올라오는 모습, 4월 2일(나물하기 좋은 때)

↓ 꽃봉오리 모습, 4월 26일

데쳐서 무침, 4월 10일 ↓

조뱅이

조방가시, 조바리, 자라귀

국화과 / 쌍떡잎식물 / 두해살이풀
자라는 곳 들, 밭 근처 크기 20~50cm
꽃 필 때 5~8월

길쭉한 타원형의 잎은 어긋나고 가장자리에 톱니가 있으며 톱니에는 가시가 있다. 뒷면에는 흰털이 빼곡하다. 줄기는 곧게 서고 가지를 많이 쳐서 넓게 퍼진다. 꽃은 연분홍색으로 수술과 암술이 모여 핀다. 열매는 수과로 9~10월에 익는다.

민간에서는 종기와 상처로 인한 출혈에 사용했으며, 생잎을 짓찧어 바르거나 잎을 말려 가루 내어 발랐다. 지혈 작용이 있어 어혈 · 코피 · 토혈 · 혈뇨 · 혈변을 치료하는 효능이 있고, 발진 · 간염 · 황달 · 급성 간염에도 좋다. 지혈 작용이 필요할 때는 신선한 전초의 즙을 내어 50~70ml씩 하루 2회 빈속에 마신다. 혈뇨에는 말린 전초 10~15g을 물에 달여 하루 3회 달여 마신다.

비장이나 위장이 약한 사람은 나물을 먹지 않는다.

나물의 채취와 이용	
시기	봄
채취법	연한 잎과 순을 뜯는다. 줄기는 금방 세기 때문에 연한 것을 뜯는다.
조리법	데쳐서 무친다. 묵나물은 볶는다. 된장국을 끓인다.
음식	나물 무침, 묵나물 볶음, 된장국
효능	지혈
주의	비장이나 위가 약한 사람은 나물을 먹지 않는다.

↑ 꽃봉오리 모습, 4월 30일

자라는 모습, 4월 26일

↑ 뜯은 나물, 4월 9일   데쳐서 무침, 4월 12일   가을 새순, 10월 18일(이때도 나물하기 좋다)↓   꽃 핀 모습, 5월 7일 ↓

지칭개
외두릅, 멧두릅, 구안독활

국화과 / 쌍떡잎식물 / 두해살이풀
자라는 곳 해발이 낮은 산지, 공터, 들, 밭 **크기** 60~90cm
꽃 필 때 5~7월

잎의 뒷면과 줄기에는 솜털이 많고 흰색이다. 뿌리잎은 땅바닥에 붙어 겨울을 나고 피침형으로 긴 타원형이다. 줄기는 곧게 서고 윗부분에서 가지가 많이 갈라진다. 꽃대 끝에 작은 꽃들이 많이 모여 피고 열매는 긴 타원형으로 익는다.

민간에서는 종기, 치루, 외상 출혈에 생즙을 짓찧어 환부에 붙이거나 달여 복용했다. 지혈·소종·건위·청열·해독 작용이 있어 소화불량·위염·악창·유방염에 효과가 있다.

쓴맛이 강하므로 데쳐서 맑은 물에 한참 우려내야 나물을 맛있게 먹을 수 있다.

나물의 채취와 이용	
시 기	봄, 가을
채취법	연한 잎과 순을 뜯는다.
조리법	데쳐서 무친다. 묵나물은 볶는다. 된장국을 끓인다.
음 식	나물 무침, 된장국, 묵나물 볶음
효 능	지혈, 소종, 건위, 청열, 해독
주 의	쓴맛이 강하므로 데쳐서 맑은 물에 한참 우려낸다.

↑ 꽃 핀 모습, 7월 28일

↓ 자라는 모습, 4월 30일(이때도 나물하기 좋다)　　↓ 된장국, 5월 2일　　새순이 올라오는 모습, 4월 8일(나물하기 좋은 때)　　↑ 뜯은 나물, 4월 30일　　묵나물 볶음, 12월 20일 ↓

질경이

길장구, 빼장구, 배부장이, 차전초

질경이과 / 쌍떡잎식물 / 여러해살이풀
자라는 곳 밭, 길가, 빈터 　크기 10~50cm
꽃 필 때 6~8월

잎은 뿌리에서 자라고 달걀 모양 또는 타원형으로 털이 있거나 없으며 가장자리에는 물결 모양의 톱니가 있다. 원줄기는 없고, 흰색 꽃이 잎 사이에서 나와 위쪽의 길고 가느다란 축에 빽빽이 핀다.

민간에서는 감기 치료에 질경이 잎 말린 것을 달여 마셨으며, 이것을 '차전초'라 한다. 질경이의 주성분인 플란타기닌plantaginin은 감기약의 주성분으로 이용된다. 군살을 빼는 용도로도 사용했으며, 열매(차전자 10~30g)를 달인 물에 멥쌀 80g을 넣어 죽을 쑤어 아침저녁으로 따끈하게 먹으면 이뇨 작용으로 인해 살을 뺄 수 있다. 신우신염·요로염·방광염·설사에도 좋고, 간 기능 활성으로 눈이 맑아지며, 기침·해열·어지럼증·두통·해수 치료 효과가 있다. 체질에 따라 아랫배가 차가워지고 설사를 하거나 무기력증이 생길 수 있다.

나물의 채취와 이용	
시기	봄~여름
채취법	어린 싹 밑부분과 부드러운 잎을 뜯는다.
조리법	데쳐서 나물 또는 묵나물을 만든다. 된장국을 끓이거나 장아찌를 담근다
음식	나물 무침, 볶음, 묵나물 볶음, 된장국, 장아찌
효능	이뇨, 간 기능 활성화, 눈을 맑게 함
주의	체질에 따라 아랫배가 차가워지고 설사를 하거나 무기력증이 생길 수 있다.

꽃 핀 모습, 9월 4일

저란 모습, 6월 21일

↑ 뜯은 나물, 5월 20일 　　양념 장아찌, 6월 1일

꽃이 지고 열매를 맺는 모습, 9월 17일

청소엽

차즈기

차조기, 소엽, 자소엽, 중국들깨·개소엽(방언)

꿀풀과 / 한해살이풀 / 쌍떡잎식물
자라는 곳 들, 밭둑가, 집 부근　크기 20~80cm
꽃 필 때 8~9월

'자소엽紫蘇葉'이란 이명에서 드러나듯이 식물 전체가 보랏빛을 띠며 향긋한 냄새를 풍긴다. 잎은 넓은 달걀 모양으로 마디마다 2장이 마주 난다. 연한 보랏빛 꽃은 이삭 모양으로 모여 핀다. 4개의 수술 중에서 2개는 짧고 2개는 긴 것이 특징이다. 꽃받침 안에 둥근 열매가 들어 있다. 잎이 녹색인 소엽은 '청소엽靑蘇葉'이라고 한다.

민간에서는 차즈기가 암을 예방하고 노화를 막아 주며 탈모에 좋다고 알려져 있다. 생선 식중독을 일으켰을 때 즙을 내어 마시기도 한다. 또한 철분이 많이 들어 있어 빈혈 치료와 예방에도 좋다. 페릴알데히드·시아닌·페릴라 케톤·리모넨·에르솔지아 케톤 등의 성분이 들어 있다. 해열·거담·발한·해독·이뇨·진통 작용이 있으며, 기침·감기·오한·소화불량·생선으로 인한 중독을 치료하는 데 효과적이다.

나물의 채취와 이용	
시 기	5월 20일~8월 31일
채취법	연한 잎을 뜯고 열매는 가을에 익기 전 꽃차례를 채취한다.
조리법	쌈채소, 비빔밥에 넣어 먹는다. 장아찌를 담근다. 튀긴다. 부각을 만든다.
음 식	쌈, 비빔밥, 장아찌, 튀김, 부각
효 능	해열, 거담, 발한, 해독, 이뇨, 진통
주 의	기가 부족하거나 열증으로 인한 지병이 있는 사람은 먹지 않는다.

↓새순이 올라오는 모습, 4월 8일(나물하기 좋은 때) ↓뿌리(비늘줄기), 3월 4일 자라는 모습, 4월 15일(이때도 나물하기 좋다)

↑잎 밑부분에 주아가 달린 모습. 6월 7일

↑뜯은 나물, 4월 15일

뿌리밥, 3월 6일↓

참나리

약백합, 호피백합, 피침형백합, 권단

백합과 / 외떡잎식물 / 여러해살이풀
자라는 곳 산과 들 크기 150cm
꽃 필 때 7~8월

잎은 어긋나고 녹색이며 두텁고 창처럼 뾰족하다. 밑부분에 갈색의 주아(主芽 : 자라서 줄기가 되어 꽃을 피우거나 열매를 맺는 싹)가 달려 있다. 줄기는 흑자색을 띠고 흑자색 점이 있다. 꽃은 연한 붉은색 바탕에 검은 자색 반점이 있고 4~20개 정도의 꽃이 아래를 향하여 핀다. 잎의 밑부분에 달린 주아가 땅에 떨어져 발아하는 것이 특징이다.

민간에서는 폐결핵에 뿌리(비늘줄기)를 구워 먹었고, 타박상에 뿌리를 짓찧어 환부에 발랐다. 거담·진해·건위·강장·해열 작용이 있어, 기침·감기·부종·부스럼을 개선하는 데 좋고, 원기를 회복하는 효능이 있다. 뿌리를 캐면 하얀 조각들이 나오는데 조각조각 떼어 밥에 넣어 먹거나, 간장에 조림을 하며 데쳐서 볶아 먹기도 한다. 소화력이 약해 설사를 하는 사람은 나물을 먹지 않는다.

나물의 채취와 이용	
시 기	봄 : 잎줄기 늦가을~이듬해 봄 : 뿌리
채취법	연한 잎과 순을 뜯는다. 뿌리를 캔다.
조리법	잎과 순은 데치고, 뿌리는 깨끗이 손질하여 밥이나 조림을 한다.
음 식	어린순 : 나물 무침 비늘줄기 : 밥, 조림, 나물 무침
효 능	거담, 진해, 건위, 강장, 해열
주 의	소화력이 약해 설사를 하는 사람은 나물을 먹지 않는다.

꽃핀 모습, 6월 10일

참나리 효능

꽃에 캡산틴capsanthin이라는 카로티노이드carotenoid계의 색소가 함유되어 있고 비늘줄기에는 많은 녹말과 글루코만난glukomannan, 비타민 C 등이 들어 있어 영양가가 높다. 한방에서는 참나리를 '백합'이라는 약재로 쓴다.

백합 뿌리 법제

1 가을에 뿌리를 캐서 깨끗이 씻은 뒤 살짝 쪄서 햇볕에 말린다. ⇨ 2 꿀을 약간 달달할 정도로 물에 희석한 뒤 백합 뿌리에 골고루 뿌린다. ⇨ 3 꿀물이 잘 스며들도록 밀폐한다. ⇨ 4 솥에 넣고 약한 불로 볶는다. ⇨ 5 표면이 노릇하게 광택이 나면서 끈적거리지 않을 정도가 되면 꺼내어 그늘에서 식힌다.

백합죽

1 백합을 말려 가루 낸다. ⇨ 2 멥쌀과 섞어 죽을 끓여 먹는다.
※만성 기관지염, 마른기침, 신경쇠약, 폐결핵, 여성들의 갱년기장애 등에 좋다.

↑ 꽃 핀 모습, 7월 12일   자라는 모습, 4월 20일(나물하기 좋은 때)↓

↑ 꽃과 왕자팔랑나비, 7월 3일

↑ 뜯은 나물, 4월 20일   묵나물 볶음, 11월 9일↓

큰까치수염

큰까치수영, 민까치수염, 큰꽃꼬리풀, 홀아빗대, 시금치나물(방언)

앵초과 / 쌍떡잎식물 / 여러해살이풀
자라는 곳 산과 들 크기 50~100cm
꽃 필 때 6~8월

줄기는 곧게 서고 밑동은 붉그스름한 빛을 띠며 가지를 치지 않는다. 잎은 마디마다 어긋나고 길쭉한 타원형이며 양끝이 뾰족하고 가장자리에 잔털이 있다. 흰색 꽃은 줄기 끝에 이삭 모양으로 피어나며, 갈고리 모양으로 휘어진다. 열매는 삭과이고 둥근 모양이다.

민간에서는 종기와 타박상 치료에 사용했으며, 큰까치수염의 생잎을 짓찧어 환부에 붙였다. 이질 · 림프절염 · 인후염 · 수종 · 종기 · 유방염 · 월경불순 · 타박상 · 신경통을 치료하는 데 효과적이다.

신맛을 싫어하는 사람은 물에 데쳐서 신맛을 우려낸 뒤에 조리한다. 임산부는 먹지 않는다.

나물의 채취와 이용	
시 기	봄
채취법	연한 잎과 순을 뜯는다.
조리법	신맛을 싫어하는 사람은 물에 데쳐서 신맛을 우려낸 뒤에 조리한다.
음 식	쌈, 나물 무침, 비빔밥, 묵나물 볶음
효 능	이뇨, 소종, 혈액순환 개선
주 의	임산부는 먹지 않는다.

꽃 핀 모습, 9월 18일

↑꽃 핀 모습, 9월 18일   새순이 올라오는 모습, 5월 4일(나물하기 좋은 때)↓

↑꽃 핀 모습, 9월 18일   데쳐서 무침, 5월 5일↓

털진득찰

회렴, 모희렴, 희렴초

국화과 / 쌍떡잎식물 / 여러해살이풀
자라는 곳 밭, 들, 집근처   크기 60~120cm
꽃 필 때 9~10월

　털진득찰은 꽃과 총포에 끈적한 물질이 있어 붙여진 이름이다. 열매가 사람의 옷이나 동물의 털에 붙어 옮겨 다니는 방식으로 번식한다. 세모난 달걀 모양의 잎이 잎자루에 난다. 잎은 뾰족하고 가장자리에 잔 톱니가 있다. 줄기의 윗부분에는 털이 빽빽하게 난다. 노란색 꽃은 줄기 끝에 산방꽃차례로 달린다.

　민간에서는 관절염, 근육통 치료에 사용했으며, 생즙을 짓찧어 즙을 복용했다. 고혈압에는 전초 20g에 물 8리터를 넣어 달인 물을 아침저녁으로 복용했다. 항염, 혈압 강하, 허리와 무릎의 무기력, 종기, 진통에도 생즙을 짓찧어 즙을 복용했다. 중풍과 수족 마비에도 좋은 효과를 볼 수 있다. 많은 양을 오래 복용하는 것은 피하는 것이 좋고, 몸이 허약한 사람은 나물을 먹지 않는 것이 좋다.

나물의 채취와 이용	
시기	5월
채취법	연한 잎을 뜯는다.
조리법	데쳐서 무친다. 묵나물은 볶는다.
음식	나물 무침, 묵나물 볶음
효능	항염, 혈압 강하, 소종, 진통
주의	다량 장기간 복용은 피하고, 몸이 허약한 사람은 나물로 먹지 않는다.

↑ 잎 모습, 10월 28일(나물하기 좋다)

↑ 뜯은 나물, 10월 28일

↑ 열매 모습, 11월 9일

↑ 꽃 핀 모습, 9월 30일(위쪽 붉은색 암꽃, 아래쪽 연노랑색 수꽃)

↑ 묵나물 볶음, 12월 19일   장아찌, 12월 6일 ↓

피마자
아주까리

대극과 / 쌍떡잎식물 / 한해살이풀
자라는 곳 집 근처, 밭둑   크기 2m 정도
꽃 필 때 8~9월

열대 아프리카 원산으로 야생화된 것도 있다. 줄기는 원기둥 모양이며 가지가 나무처럼 갈라진다. 손바닥 모양의 잎은 5~11개로 갈라지고 어긋난다. 갈래 조각은 달걀 모양으로 끝은 뾰족하고 가장자리에 톱니가 있다. 앞면은 갈색을 띠는 녹색이고 줄기에 흰색의 분이 묻어 있다. 꽃은 암수한그루로 연노란색이나 붉은색으로 원줄기 끝에 피며 총상꽃차례를 이룬다. 열매는 삭과이고 종자는 흰 점이 있는 검은색이다.

민간에서는 변비에 피마자 기름을 소량 먹고, 무좀에는 발랐으며 식중독과 이질에는 열을 가한 기름을 마셨다. 피마자유의 리시닌ricinine 성분은 염증을 제거하고 몸속의 독을 변으로 배출하는 작용으로 종기·변비·옴·피부병·구안와사·반신불수·화상 등에 효과적이다. 구토, 용혈성 위장염, 신장 장애, 호흡 저하를 일으킬 수 있으니 주의한다.

나물의 채취와 이용	
시기	가을
채취법	서리 내리기 전, 가지 위쪽의 연하고 부드러운 잎을 딴다. 잘 익은 열매를 딴다.
조리법	잎을 데쳐서 말리거나 그늘에서 먼저 말려 데친다. 반드시 1~2일 우려낸다.
음식	묵나물 볶음, 묵나물 쌈, 장아찌
효능	염증 제거, 독소 배출
주의	독성 물질을 정제하지 않은 기름은 절대 먹지 않는다.

꽃 핀 모습, 7월 16일

↑자라는 모습, 6월 4일(나물하기 좋은 때)   군락을 이루어 꽃 핀 모습, 8월 6일↑

↑뜯은 나물, 6월 4일   데쳐서 무침, 6월 5일↑

한련초
연자초, 조련자, 금릉초

국화과 / 쌍떡잎식물 / 한해살이풀
자라는 곳 논둑 **크기** 30~60cm
꽃 필 때 8~9월

마주나는 잎 양면에 털이 있으며 피침형으로 가장자리에는 톱니가 있다. 줄기는 곧게 자라 가지를 많이 치며 흰 털이 있다. 흰색의 꽃은 줄기와 가지 끝에 1~2개씩 달린다. 열매는 달걀을 거꾸로 세운 모양의 수과로 4개의 모서리가 있다.

민간에서는 각종 염증 치료에 사용했으며, 나물을 꾸준히 먹거나, 말린 잎과 줄기 30g을 물 1리터에 넣어 끓여서 하루 세 번씩 마시는 방법이 있다. 상처로 인해 피가 날 때는 생풀을 짓찧어 환부에 붙인다. 머리카락을 검게 하고, 강장·강정 작용을 하며, 항염증 작용이 탁월하여 자궁암·식도암·피부암에도 사용한다. 풍치·구내염·식욕부진·축농증·어지럼증에도 효과가 좋다. 한련초는 약성이 순하므로 4개월 이상 꾸준히 나물을 먹어야 효과를 볼 수 있다.

나물의 채취와 이용	
시 기	6~7월
채취법	연한 잎과 순을 뜯는다.
조리법	데쳐서 무친다. 묵나물은 볶는다. 장아찌를 담근다.
음 식	나물 무침, 묵나물 볶음, 장아찌
효 능	소염, 강장, 강정, 항염, 머리카락을 검게 함
주 의	효과가 천천히 나타나므로 4개월 이상 꾸준히 나물을 먹는다.

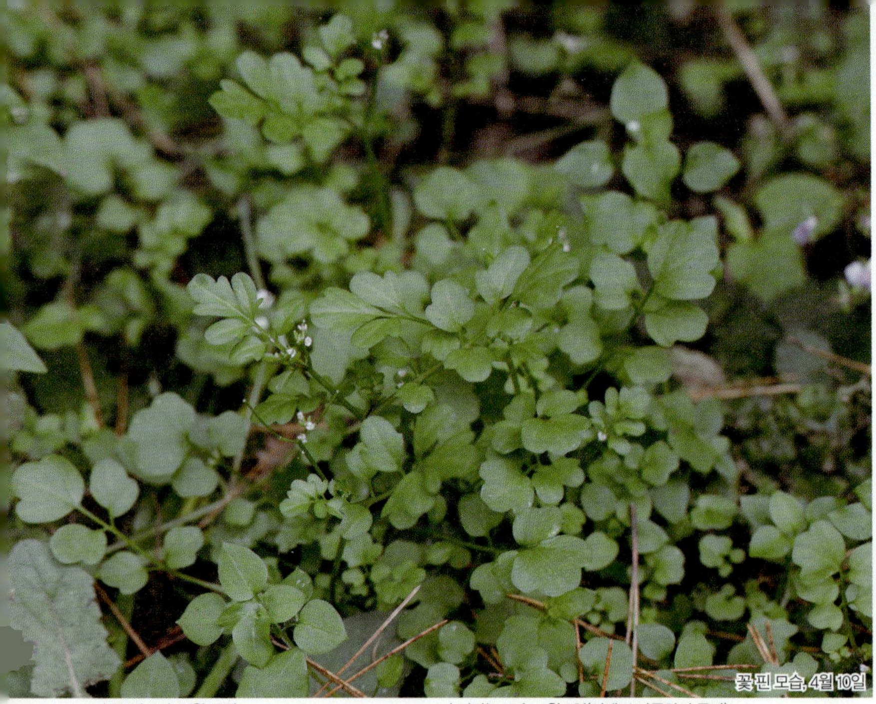

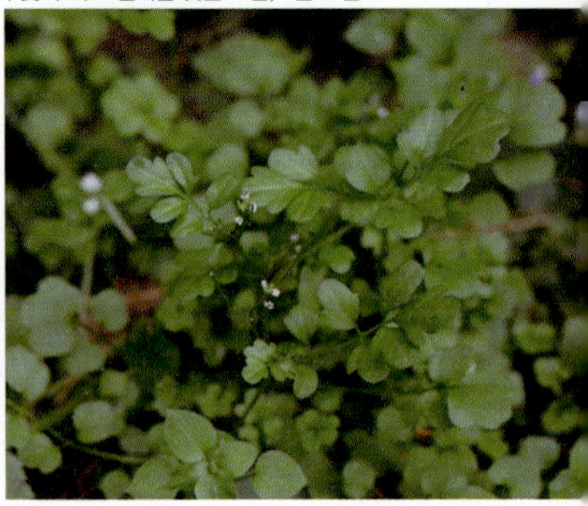

↑ 꽃 핀 모습, 4월 10일   ↑ 자라는 모습, 4월 5일(이때도 나물하기 좋다)   ↑ 뜯은 나물, 4월 5일   데쳐서 무침, 4월 6일 ↑

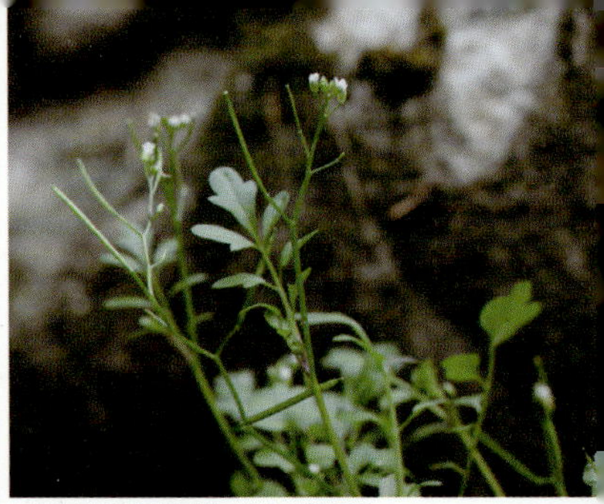

황새냉이

쇠미제, 황쇠냉이 (방언)

십자화과 / 쌍떡잎식물 / 두해살이풀
자라는 곳 논 밭 근처 습지, 개울가 크기 10~30cm
꽃 필 때 4~5월

잎은 어긋나고 깃털 모양으로 갈라지며 피침형이다. 잎 가장자리에는 물결 같은 톱니가 있다. 줄기는 뿌리에서부터 갈라져 퍼지고 밑부분엔 털이 있다. 꽃은 원줄기와 가지 끝에 흰색으로 피고 4장의 꽃잎은 십자형을 이룬다. 열매는 꽃이 지고 난 뒤 가늘고 긴 모양으로 익는다.

민간에서는 목감기 치료에 썼으며, 생잎을 짓찧어 환부에 붙이면 통증과 함께 목감기가 낫는다고 한다. 또한 즙을 내어 피부에 바르면 기미, 주근깨를 개선하는 등 피부 미용에도 좋다고 한다. 비타민·단백질·칼슘·칼륨·무기질이 풍부하여 혈액순환을 좋게 하고, 감기·기침·천식·방광염을 치료하는 데 도움이 된다. 특히 간이 원활한 기능을 할 수 있게 도와주어 눈 건강에 매우 좋다.

나물의 채취와 이용	
시기	봄
채취법	연한 잎과 순을 뜯는다.
조리법	생으로 무쳐 먹는다. 데쳐서 무친다. 김치를 담근다. 튀겨 먹는다.
음식	생채, 겉절이, 나물 무침, 김치, 튀김
효능	기미, 주근깨 개선, 혈액순환 촉진, 간 기능 개선
주의	–

나무 나물

새순이 올라오는 모습, 4월 13일

열매가 자라는 모습, 8월 2일

떨어진 열매, 9월 24일

꽃 핀 모습, 5월 13일

끓는 물에 데쳐 우려내는 모습, 4월 19일

묵나물 볶음, 1월 5일

가래나무

추목楸木, 핵도추核挑楸, 산추자·개추자나무(방언)

가래나무과 / 쌍떡잎식물 / 낙엽교목
자라는 곳 중부 이북 지방 산기슭 양지 크기 20m
꽃 필 때 4~5월

가래나무는 20m 정도의 키 큰 암회색 나무로, 잎은 7~17개이며 앞면에는 털이 있는데 자라면서 점차 없어지고 뒷면에는 털이 있거나 없다. 꽃은 4월 중순에서 5월에 피는데 암꽃은 위로 향하고 수꽃은 아래로 처진다. 열매는 난상타원형으로 9월에 익는데, 손바닥 마사지 용도로 사용하면 좋다. 활짝 펴진 잎과 열매껍질에는 독이 있으므로 이것을 찧어 개울물에 풀어 물고기를 기절시킨 후 잡는다.

민간에서는 가래나무 새순 나물을 먹으면 눈이 맑아진다고 했으며, 눈이 충혈되거나 부었을 때도 가래나무 나물을 썼다. 장염과 이질, 위염, 결막염, 십이지장궤양, 경련성 복통, 각종 피부 염증이나 종기 치료에 도움이 된다. 해열·수렴 작용을 한다.

나물은 잎이 펼쳐지지 않은, 어리고 연한 것을 채취한다.

나물의 채취와 이용

시기	4월 중순~하순
채취법	어리고 연한 잎과 줄기만 뜯는다. 열매는 가을에 채취하여 껍질을 벗긴다. 수액은 3~4월 초순까지 채취한다.
조리법	잎 : 데쳐서 말려 묵나물 / 열매 : 생으로 먹거나 견과류 샐러드 또는 잡곡밥
음식	잎 : 묵나물 열매 : 견과류 샐러드, 호두처럼 쓴다.
효능	해열, 수렴 작용 피부 염증이나 종기 치료
주의	성숙한 잎과 열매껍질에 독이 있다.

수꽃 꽃대가 자라는 모습. 5월 3일

가래

가래나무의 열매를 '가래'라고 한다. 한방에서 '추자楸子'라고 부르는데, 호두보다 더 딱딱하므로 손에서 굴려 자극을 주는 지압용으로 좋다. 호두와 비교해 보면, 호두는 약간 둥글지만 가래는 길쭉하고 끝이 뾰족하다. 가을에 땅에 떨어진 열매의 겉껍질을 벗겨 내고 열매를 쪼개어 속살을 까서 먹으면 호두와 비슷하면서 감칠맛이 난다. 호두와 마찬가지로 간식으로 먹거나 반찬 재료로 쓰고, 기름을 내어 약으로도 쓴다.

가래(첫번째)
가래를 반으로 쪼갠 것(가운데)
가래멸치볶음(세번째)

↑ 꽃 핀 모습, 5월 21일

새순이 올라오는 모습, 5월 1일

↑ 자란 모습, 5월 10일

↑ 열매 모습, 6월 6일

↑ 뜯은 나물, 5월 1일　　묵나물 볶음, 11월 3일

고광나무

쇠영꽃나무 · 오이순(방언)

범귀의과 / 쌍떡잎식물 / 낙엽관목
자라는 곳 높은 산, 산골짜기　크기 2~4m
꽃 피는 때 4~5월

우리나라 각처의 산골짜기에서 흔하게 볼 수 있는 낙엽관목이다. 일부 지방에서는 새순을 '고갱이'라고 하는데 고광나무는 고갱이를 먹는다고 하여 붙여진 이름이다. 잎은 끝이 뾰족한 달걀 모양으로 마주 달린다. 자란 잎에는 털이 거의 없으나 잔가지에 나는 잎은 흰 털이 많다. 꽃은 흰색으로 가지 하나에 여러 개가 달리며 향이 난다. 열매는 9월에 타원형으로 달린다.

　민간에서는 치질을 치료하기 위해 뿌리를 달여 먹었으며, 신경통과 근육통을 치료하는 용도로도 사용했다. 잎에서 오이 향이 난다고 해서 '오이순'이라고도 불리며, 잎에는 플라보노이드 성분이 있어 신경쇠약을 치료하고, 이뇨제로 사용한다.

나물의 채취와 이용	
시 기	4월말~5월 중순
채취법	어린잎과 줄기를 뜯는다. 꽃은 잘 말려서 차로 우려먹는다.
조리법	데쳐서 무친다. 묵나물은 볶는다. 생선 조림 밑나물로 쓴다. 꽃차를 만든다.
음 식	나물 무침, 묵나물 볶음, 생선 조림, 꽃차
효 능	뿌리 : 치질 개선 잎 : 신경쇠약 치료
주 의	-

꽃 핀 모습. 5월 24일

새순이 올라오는 모습. 6월 1일   자란 모습. 5월 15일   열매가 달린 모습. 6월 7일

뜯은 나물. 5월 7일   데쳐서 무침. 5월 10일

고추나무

매대나무, 미영꽃나무, 개절초나무

고추나무과 / 쌍떡잎식물 / 낙엽관목
자라는 곳 산골짜기, 개울가   크기 3~5m
꽃 필 때 5~6월

잎이 고춧잎을 닮았다고 해서 '고추나무'라고 부른다. 둥근 달걀 모양의 작은 잎이 3개씩 마주난다. 꽃은 5~6월에 흰색으로 가지 끝에 핀다. 열매는 윗부분이 2개로 갈라진 바지 모양이며, 종자는 납작하고 노란색이다.

민간에서는 산후통이나 기관지염에 고추나무를 사용했다. 비타민과 무기질이 풍부하여 마른기침을 치료하고, 지혈·이뇨·진해·거담 작용 및 어혈을 푸는 효과가 있다.

고추나무 잎을 생으로 많이 먹으면 체질에 따라 설사를 하는 경우도 있으니 한꺼번에 많이 먹지 않는다.

나물의 채취와 이용	
시 기	봄
채취법	어리고 연한 순을 딴다. 꽃이 피었을 때라도 순이 연하면 딴다.
조리법	데쳐서 무친다. 잡채를 한다. 묵나물은 볶는다.
음 식	나물 무침, 잡채, 묵나물 볶음
효 능	지혈, 이뇨, 진해, 거담, 산어
주 의	고추나무 잎을 생으로 많이 먹으면 체질에 따라 설사를 하는 경우도 있으니 한꺼번에 많이 먹지 않는다.

↑ 자란 모습과 꽃봉오리, 5월 28일

새순이 올라오는 모습, 5월 2일(나물하기 좋은 때)

↑ 뜯은 나물, 5월 2일   묵나물 볶음, 11월 14일 ↓

↑ 열매 모습, 8월 30일   ↓ 꽃 핀 모습, 6월 4일

광대싸리

고리비아리, 공정싸리, 구럭싸리, 굴사리

대극과 / 쌍떡잎식물 / 낙엽관목
자라는 곳 산기슭, 햇볕이 잘 드는 물가   크기 3~10cm
꽃 필 때 6~7월

잎은 둥글거나 뾰족한 긴 타원형이고 가지에 마주 달린다. 가장자리에 옅은 톱니가 있는 것도 있고 없는 것도 있다. 잎 뒷면은 흰색이다. 꽃은 노란 녹색으로 잎 달린 자리에 피며, 암수딴그루이다. 열매는 9~10월에 노란 갈색으로 둥글게 여문다.

민간에서는 혈액순환이 원활하게 이루어지지 않을 때나 관절에 통증이 있을 때, 광대싸리의 잎과 가지, 줄기를 말려서 달여 마셨다. 또한 류머티즘·안면신경마비·중이염·중풍 등을 개선하며, 특히 소아마비·요통에 효과가 좋다.

약간의 독성이 있으므로 한꺼번에 많이 먹지 않도록 하며, 오랫동안 꾸준히 먹는 것도 삼간다. 과식하면 호흡이 가빠지는 부작용이 생길 수 있다.

나물의 채취와 이용	
시 기	봄
채취법	연한 잎과 순을 뜯는다.
조리법	데쳐서 무친다. 묵나물은 볶는다.
음 식	나물 무침, 묵나물 볶음
효 능	소아마비, 요통 완화
주 의	과식하면 호흡이 가빠지는 부작용이 생길 수 있다.

꽃 핀 모습. 8월 28일

↑ 열매차. 2월 3일   데쳐서 초고추장 무침. 4월 22일 ↑

나물하기 좋은 때. 4월 19일
새순이 자라는 모습. 4월 14일 ↓

익은 열매. 10월 17일 ↓

구기자나무

구기枸杞, 구기엽, 구내자, 기초, 개고추(방언)

가지과 / 쌍떡잎식물 / 낙엽관목
자라는 곳 마을 근처, 냇가, 둑, 산비탈   크기 2~4m
꽃 필 때 6~9월

구기자나무는 가지과 식물 중에서 유일한 목본류이다. 잎은 마디에서 여러 장이 모여 나고, 타원형 또는 긴타원형 모양으로 가장자리는 밋밋하다. 꽃은 자주색이고, 긴 타원형 열매는 8~10월에 빨갛게 익는다. 열매가 고추를 닮아서 '개고추'라고도 불린다. 울타리로 가꾸기도 한다.

민간에서는 어린잎을 나물로 먹거나 열매와 함께 달여 차로 마시면 기침이 멎고 혈압이 내린다고 했다. 한방에서는 말린 열매를 '구기자枸杞子', 뿌리껍질을 '지골피地骨皮'라고 한다. 요통腰痛이 있을 때 지골피를 달여 차로 마시면 효과가 좋다. 강장제·해열제로도 쓰고, 폐결핵과 당뇨병을 개선하는 효과가 있다. 나물과 차도 쓰임새가 같다.

열매는 비장이 허하거나 습이 있는 사람, 설사 중인 사람은 복용을 삼간다.

	나물의 채취와 이용
시기	봄
채취법	어리고 연한 잎을 뜯는다. 열매는 잘 익은 것을 따서 말린다.
조리법	데쳐서 무치거나 볶는다. 나물밥을 한다. 식혜를 만들어 먹는다.
음식	나물 무침이나 볶음. 나물밥 열매와 뿌리 : 차. 식혜
효능	강장, 해열, 혈압 저하 폐결핵, 당뇨병 개선
주의	열매는 비장이 허하거나 습이 있는 사람, 설사 중인 사람은 복용을 삼간다.

↑꽃대가 올라오는 모습. 5월 19일 ↑새순이 올라오는 모습. 4월 16일 ↑뜯은 나물. 5월 6일 묵나물 볶음. 1월 5일↑

국수나무

수국繡菊, 소진주화, 거렁방이나무(방언)

장미과 / 쌍떡잎식물 / 낙엽관목
자라는 곳 산의 숲, 들판, 양지 바른 비탈 크기 1~2m
꽃 필 때 5~6월

긴 가지가 국수 가락처럼 생겼다 하여 붙여진 이름이다. 넓은 달걀 모양의 잎은 몇 갈래로 깊이 갈라지고 끝이 뾰족하다. 꽃은 가지 끝에 흰색으로 피고, 열매는 8~9월에 둥글게 갈색으로 여물며, 잔털이 있다.

산속에서 갈증이 날 때, 연한 줄기를 꺾어서 껍질을 벗겨 먹으면 도움이 된다.

민간에서는 국수나무 잎과 줄기가 비만과 당뇨병에 도움이 된다고 했다. 또한 줄기의 파란 부분을 긁어 모아 볶아서 술에 타서 마시면 기력을 회복한다고 한다.

데쳐서 나물로 무쳐 먹는 것보다 묵나물로 볶아 먹는 것이 맛이 더 좋다.

나물의 채취와 이용	
시 기	봄
채취법	어리고 연한 잎과 순을 꺾는다.
조리법	데쳐서 무친다. 묵나물은 볶는다. 된장국을 끓인다.
음 식	나물 무침, 묵나물 볶음, 된장국
효 능	갈증 해소, 비만·당뇨병 개선
주 의	-

열매가 달린 모습 ↑

← 꽃 핀 모습, 5월 6일   잎이 자란 모습, 4월 22일(나물하기 좋은 때) ↓

↑ 꽃 핀 모습, 5월 6일   묵나물 볶음, 12월 10일 ↓

귀룽나무

귀룽나무, 구름나무

장미과 / 쌍떡잎식물 / 낙엽교목
자라는 곳 골짜기, 비탈, 계곡 근처   크기 10~15m
꽃 필 때 5월

잎은 끝이 뾰족한 타원형으로, 어긋나며, 잎자루에 꿀샘이 있다. 꽃은 새로 나온 잎가지에 흰색으로 피고, 열매는 6~7월에 둥근 모양으로 검게 익으며 생으로 먹는다.

민간에서는 귀룽나무의 가지를 '구룡목九龍木'이라 한다. 나물과 구룡목은 체증을 치료하고, 온몸이 붓고 누르면 자국이 남는 증상을 치료한다고 한다. 피부병에는 잎과 줄기를 달인 물로 씻는다. 기혈의 순환을 좋게 하여 기관지염, 인후염, 신경통, 관절염을 치료하고 간염, 간 질환, 근육통, 요통에 효과가 있다. 잎에는 배당체인 프루나신 prunasin이 들어 있어 기침을 멎게 하는 작용을 한다.

암귀룽나무 · 흰귀룽나무 · 흰 털귀룽나무 · 서울귀룽나무도 나물로 먹는다.

나물의 채취와 이용	
시기	5월
채취법	어리고 연한 순을 뜯는다.
조리법	데쳐서 무친다. 묵나물은 볶는다. 열매는 생으로 먹는다.
음식	나물 무침. 묵나물 볶음. 열매(생)
효능	기혈 순환 촉진 체증 · 부기 개선
주의	잎에서 특유의 좋지 않은 냄새가 나므로 데쳐서 맑은 물에 우려낸다.

잎이 자라는 모습, 4월 29일(나물하기 좋은 때)

↑ 잎 달린 곳에 꽃대가 나와 둥글게 핀다.

↑ 가시 모습, 6월 10일

↑ 장아찌, 6월 25일

↑ 붉은색 열매, 10월 26일   열매 즙, 10월 30일 ↑

꾸지뽕나무

구지뽕나무, 굿가시나무, 활뽕나무

뽕나무과 / 쌍떡잎식물 / 낙엽소교목
자라는 곳 바닷가, 양지 바른 기슭, 바위 틈 크기 10m 정도
꽃 필 때 6월

생김새가 '굳이' 뽕나무를 닮았다는 유쾌한 이름이다. 줄기는 회갈색이고, 가지에는 날카로운 가시가 있다. 달걀 모양의 잎은 어긋나고 가장자리가 2~3갈래 갈라진다. 앞면에는 잔털, 뒷면에는 융털이 있으며 두툼하다. 꽃은 둥글게 뭉쳐서 피며, 암꽃은 밝은 녹색, 수꽃은 연한 녹색으로, 암수딴그루이다. 열매는 9~10월에 작은 열매들이 모여 덩어리를 이루어 붉은색으로 익는다.

민간에서는 피부병에 봄에 말린 잎을 달여 복용했고, 타박상에는 가을에 말린 잎을 빻아 물에 개어 환부에 붙였다. 잎에는 프롤린proline, 포풀린populin 성분이 들어 있으며, 폐결핵·기관지염·간염·신경통·관절염·피부병·습진·월경불순·동맥경화·당뇨병·위암·식도암·자궁암 등을 치료하는 효과가 있다.

나물의 채취와 이용	
시 기	봄 : 잎 가을 : 열매
채취법	어리고 연한 잎과 순을 뜯는다. 잘 익은 열매를 딴다.
조리법	데쳐서 무친다. 묵나물은 볶는다. 장아찌를 담근다. 열매로 잼을 만든다.
음 식	잎 : 나물 무침, 묵나물 볶음, 장아찌 열매 : 생으로 먹기, 즙, 잼
효 능	항암, 생활습관병 예방 및 치료
주 의	비장과 위장이 약하고 냉한 체질은 나물을 먹지 않는다.

꽃 핀 모습, 6월 3일

자라는 모습, 4월 28일(이때로 연하고 부드러운 잎과 줄기는 나물하기 좋다)

뜯은 나물, 4월 28일

묵나물 볶음, 1월 16일

새순이 나오는 모습, 4월 17일(나물하기 좋은 때)

열매 모습, 11월 19일

노박덩굴

노랑꽃나무, 노박따위나무

노박덩굴과 / 쌍떡잎식물 / 낙엽덩굴나무
자라는 곳 산과 들의 숲 속 크기 10m
꽃 필 때 5~6월

줄기는 회색이며 세로로 불규칙하게 갈라진다. 끝이 뾰족한 타원형의 잎은 어긋난다. 잎이 달린 자리에 연녹색 꽃이 핀다. 암꽃과 수꽃이 다른 나무에 피는데 간혹 한 나무에 피기도 한다. 둥근 열매는 10월에 노란 갈색으로 열린다. 열매가 익으면 껍질이 3갈래로 갈라지면서 노란색을 띤 붉은 씨앗이 나온다.

민간에서는 잎을 짓찧어 생즙을 내어 벌레 물린 곳에 발랐다. 열매는 생리통과 관절염 치료에 사용했으며, 달여 마시거나, 술을 담가 소주잔으로 매일 한잔씩 복용한다. 해독·소종·거풍 작용이 있어 요통·이질·장염·뼈와 근육의 통증과 마비 증상·생리통·타박상·치통·신경쇠약을 치료하는 효과가 있다.

한꺼번에 많이 먹으면 설사를 할 수 있으므로 주의한다.

나물의 채취와 이용	
시기	봄
채취법	연한 잎과 순을 뜯는다.
조리법	약간의 독성이 있으므로 데친 후 맑은 물에 우려낸다.
음식	잎 : 나물 무침, 묵나물 볶음 열매 : 차, 담금주
효능	해독, 소종, 거풍
주의	한꺼번에 많이 먹으면 설사를 할 수 있다.

↑ 꽃 핀 모습, 8월 9일

↑ 열매, 10월 1일   묵나물 볶음, 11월 17일 ↓

↓ 어린나무의 새순, 5월 9일   ↓ 뜯은 나물, 5월 10일

누리장나무

개나무, 노나무, 구릿대나무, 개똥나무(방언)

마편초과 / 쌍떡잎식물 / 낙엽관목
자라는 곳 산기슭이나 골짜기, 바닷가   크기 2m
꽃 필 때 8~9월

잎에서 누린내가 난다 하여 '누리장나무', 냄새가 고약해서 '구릿대나무'라고 불린다. 잎은 심장 모양으로 둥글고 끝이 뾰족하다. 꽃은 엷은 분홍색이고, 열매는 10월에 짙은 파란색으로 익는다.

민간에서는 피부 질환이 있을 때 나무를 달인 물로 씻거나 바르면 피부병이 낫는다고 했다. 누리장나무는 혈압을 낮추고 진통 작용과 진정 작용을 하며 편두통과 타박상을 치료하는 효과가 있다. 팔다리의 저림 증상을 치료하고 이질, 피부의 종기나 부스럼에도 사용한다. 뿌리를 달여 먹으면 소화를 촉진시킨다.

잎에서 특유의 누린내가 나므로 데쳐서 맑은 물에 우려낸다. 나물을 데치면 구수한 냄새가 난다.

나물의 채취와 이용	
시기	봄~초여름
채취법	어리고 연한 잎과 순을 뜯는다.
조리법	데친 후 쌈이나 무침 한다. 장아찌를 담근다. 묵나물은 볶는다.
음식	데친 후 쌈이나 무침, 장아찌, 묵나물 볶음
효능	혈압 저하, 진통, 진정, 소화 촉진
주의	잎에서 특유의 누린내가 나므로 데쳐서 맑은 물에 우려낸다.

↑잎이 자라고 열매가 익어 가는 모습. 5월 31일

↑뜯은 나물. 5월 7일

↑잎이 자라는 모습. 5월 4일(나물하기 좋은 때)

묵나물 볶음. 11월 14일↑

↑새순이 올라오는 모습. 4월 27일

잎이 자라는 모습. 5월 4일(나물하기 좋은 때)↑

느릅나무

춘유春楡, 가유家楡, 코나무·소춤나무(방언)

느릅나무과 / 쌍떡잎식물 / 낙엽교목
자라는 곳 산골짜기, 계곡, 냇가 크기 20~30m
꽃 필 때 초봄

잎은 어긋나고 끝이 뾰족한 긴 타원형이며 거칠거칠한 잔털이 있다. 어두운 자주색 꽃이 잎보다 먼저 핀다. 갈색의 납작한 타원형 열매는 엽전을 닮아 '유전楡錢'이라고 하며, 장을 담가 회를 먹을 때 곁들여 먹는다.

민간에서는 느릅나무 잎으로 국을 끓여 먹으면 불면증이 낫는다고 했다. 기미나 주근깨에는 잎을 말려 달인 물을 바른다. 상처 난 곳, 종기, 부스럼에는 느릅나무 껍질이나 뿌리껍질을 짓찧어 붙였는데 신기할 정도로 상처나 종기, 부스럼이 낫는다. 또한 위염이나 온갖 염증에도 좋으며 위궤양·십이지장궤양·장궤양·부종·중이염·축농증·비염을 치료하는 효과가 있다.

임신부는 한꺼번에 많은 양의 나물을 먹지 않는다.

나물의 채취와 이용	
시 기	잎 : 봄 열매 : 봄
채취법	어리고 연한 잎과 순을 뜯고 열매는 떨어진 것을 줍는다.
조리법	데쳐서 무친다. 국을 끓인다. 묵나물은 볶는다. 열매로 장을 담근다.
음 식	나물 무침, 국, 묵나물 볶음 열매 : 장 담기
효 능	소염, 불면증 개선
주 의	임신부는 한꺼번에 많은 양의 나물을 먹지 않는다.

↑ 꽃 핀 모습, 6월 10일

새로 자라는 줄기와 잎 모습, 5월 1일 (나물하기 좋은때)

↑ 묵나물 볶음, 5월 30일

↑ 딴 열매, 9월 3일

↑ 열매 모습, 7월 15일

잼과 샌드위치, 10월 12일 ↓

다래

미후리, 목자, 등리, 다래넝쿨 (방언)

다래나무과 / 쌍떡잎식물 / 낙엽덩굴나무
자라는 곳 산, 바위 많은 비탈진 산, 산골짜기 크기 2~7m
꽃 필 때 5~6월

다래는 우리나라 각처의 산에서 자라는 낙엽 덩굴나무이다. 잎은 난형과 타원형으로 잔 톱니가 있고 앞면은 윤이 난다. 꽃은 연한 갈색빛이 도는 흰색으로 여러 송이가 모여서 아래를 향해 핀다. 둥근 타원형 열매는 10월에 녹색으로 익는데 단맛이 강하다.

민간에서는 잎을 나물로 먹으면 만성간염이나 간경화, 황달에 효과가 크다고 알려져 있다. 중풍, 신장병, 관절염, 위염, 간 질환에도 효과가 있다. 열매에는 비타민 C와 탄닌 성분이 풍부하여 피로 해소에 좋으며 불면증과 괴혈병을 치료한다. 구토, 소화불량에도 좋은 효과가 있다.

열매는 익었을 때 따지만 장아찌는 익기 전에 딴다. 뿌리를 차로 마시는 경우 가려움증이나 발진 또는 구토, 설사를 할 수 있다.

나물의 채취와 이용	
시기	잎 : 봄 / 열매 : 가을 / 수액 : 이른 봄
채취법	어리고 연한 잎을 뜯는다. 열매는 익었을 때 따고, 수액은 이른 봄 새순이 돋기 전 채취한다.
조리법	데쳐 말려 묵나물을 만든다. 열매를 생으로 먹거나 풋열매로 장아찌를 담근다.
음식	묵나물 볶음 열매 : 생으로 먹기, 장아찌, 잼
효능	피로 해소, 불면증 개선
주의	뿌리를 차로 마시는 경우 가려움증이나 발진 또는 구토, 설사를 할 수 있다.

박달나무를 감고 올라간 다래, 9월 3일

↑ 새순이 올라오는 모습, 5월 4일

↑ 꽃 핀 모습, 6월 28일

↑ 잎이 하얗게 변해 가는 모습, 6월 12일   ↑ 묵나물 볶음, 12월 8일   ↑ 열매, 8월 17일(장아찌 시기)   열매 장아찌, 10월 3일 ↓

개다래

말다래나무, 갈조미후도

다래나무과 / 쌍떡잎식물 / 낙엽덩굴나무
자라는 곳 깊은 산속이나 계곡 옆　크기 5m
꽃 필 때 6~7월

덩굴성 식물로 나무나 주변의 물체를 감고 올라가며 자란다. 잎은 어긋나고, 둥근 타원형으로 끝이 조금씩 뾰족해진다. 꽃은 흰색으로 피는데, 꽃이 필 무렵에 곤충들을 유혹하기 위해 잎들이 하얗게 변해 가는 것이 특징이다. 수정이 끝난 후에는 제 색깔로 되돌아온다. 열매는 톡 쏘는 매운맛이 나며 9~10월 누렇게 익는다.

민간에서는 중풍이나 신장병, 통풍을 고친다고 했다. 한기를 배출시키는 작용이 있어 몸이 찬 사람이나 수족 냉증이 있는 사람이 먹으면 좋은 효과를 볼 수 있다. 신장병과 요로결석에도 좋다.

열매에는 약간의 독성이 있으므로 한꺼번에 많이 먹지 않는다.

나물의 채취와 이용

시 기	5월
채취법	어리고 연한 잎과 줄기 뜯는다.
조리법	데쳐서 무친다. 묵나물은 볶는다. 열매는 장아찌를 담근다.
음 식	나물 무침, 묵나물 볶음 열매 : 장아찌
효 능	한기 배출, 신장병, 요로결석 개선
주 의	열매에는 약간의 독성이 있으므로 한꺼번에 많이 먹지 않는다.

↑ 열매가 익은 모습. 9월 20일 / 잎이 하얗게 변해 가는 모습. 6월 12일 ↓

새순이 나오는 모습, 4월 25일(나물하기 좋은 때)

↑ 꽃대가 올라오는 모습, 8월 1일

↓ 새순이 나오는 모습, 4월 25일(나물하기 좋은 때)

↓ 자란 모습, 5월 27일

꽃 핀 모습, 8월 23일 　　 열매 모습, 9월 25일 ↓

두릅나무

두릅, 드릅(방언)

두릅나무과 / 산형목 / 낙엽관목
자라는 곳 산기슭의 양지쪽, 골짜기　크기 3~4m
꽃 필 때 8~9월

두릅나무의 새순인 '두릅'은 '산나물의 제왕'이라고 불릴 만큼 맛과 향이 뛰어나다. 그러나 두릅의 순을 두 번 이상 꺾으면 나무가 고사하므로 주의한다. 잎은 가지 끝에 모여 어긋나고 줄기 밑에는 가시가 많다. 가지 끝에 흰색 꽃이 피고, 열매는 핵과(核果 : 중심부에 단단한 핵을 갖고 있는 열매)로 둥글고 검게 익는다.

민간에서는 두릅을 꾸준히 섭취하면 신경세포를 안정시키고 강화시켜 주기 때문에 신경통에 특효라고 했다. 신경계 안정 및 강화 효과는 스트레스 해소에도 도움이 된다. 비타민 C가 풍부하고 암 예방에 좋으며, 콜레스테롤을 녹여 배출시키는 작용을 하여 각종 혈관계 질환을 예방한다. 또한 혈당치를 낮추고 인슐린 분비를 활성화시켜 당뇨병의 치료와 예방에도 좋다.

나물의 채취와 이용	
시 기	봄
채취법	어리고 연한 순을 딴다. 순을 두 번 이상 꺾으면 나무가 고사한다.
조리법	데쳐 무치거나 초고추장에 찍어 먹는다. 장아찌를 담근다. 전을 부친다.
음 식	초고추장 숙회, 나물 무침, 장아찌, 전, 튀김
효 능	신경계 안정 및 강화
주 의	두릅을 많이 먹으면 카페인 중독이 될 수 있다.

두릅튀김

두릅, 부침가루(또는 튀김가루, 찹쌀가루), 포도씨 기름

1. 줄기를 감싸고 있는 작은 떡잎을 떼어낸 뒤 물에 씻어 물기를 턴다. 잎이 큰 것은 하나씩 떼어 놓는다.
2. 손질한 두릅에 부침가루를 입힌다.
3. 날가루가 거의 없어지도록 잠시 둔다.
4. 달구어진 기름에 두릅을 한 개씩 넣어서 바삭하게 튀긴다.
5. 종이타월에 올려 기름기를 뺀다.

두릅숙회

두릅, 소금, 초고추장 : 고추장, 매실액, 식초, 설탕(또는 사이다)

1. 두릅을 소금물에 데친 뒤 바로 건져서 찬물에 헹군다.
2. 물기를 제거하고 초고추장을 곁들인다.

두릅장아찌

두릅, 간장 1 : 물 1 : 식초 0.5 : 소주 0.5 : 설탕 0.5

1. 줄기를 감싸고 있는 작은 떡잎을 떼어낸다.
2. 소금을 넣은 끓는 물에 살짝 데쳐서 찬물에 헹군다.
3. 물기를 빼서 통에 담는다.
4. 짜지 않게 끓인 간장물을 뜨거울 때 3에 붓는다.
5. 다음날 바로 먹는다.

↑뜯은 나물, 4월 26일

↑숙회, 4월 26일

↑튀김, 4월 28일

장아찌, 5월 20일 →

↓줄기에서 잎이 자라는 모습, 5월 14일(이때도 나물하기 좋다)

↓새순이 나오는 모습, 5월 1일(나물하기 좋은 때)

↓자란 잎 모습, 6월 20일

↑새순, 5월 1일(나물하기 좋은 때)　묵나물 볶음, 11월 4일↓

들메나무

떡물푸레, 들미순 · 들메순(방언)

물푸레나무과 / 쌍떡잎식물 / 낙엽교목
자라는 곳 깊은 산의 음지　크기 30m 정도
꽃 필 때 5월

옛날에 사람들이 짚신을 신고 다닐 때, 짚신이 잘 벗겨지지 않게 단단히 동여매던 끈을 만드는 나무라는 의미에서 붙여진 이름이다. 줄기는 곧은데 간혹 휘어지는 것도 있다. 수피는 밝은 회색이고 묵을수록 회색이 짙어지며 세로로 갈라진다. 잎은 3~17개씩 마주나고, 꽃은 잎 달린 자리에 잎과 함께 노란색으로 핀다. 납작하고 긴 타원형 모양의 열매는 9~10월에 갈색으로 여문다.

민간에서는 천식, 관절통 치료에 썼으며, 줄기 껍질과 뿌리껍질을 말려 달여 마셨다. 통풍에는 달인 물로 찜질을 했다. 일부 지방에서는 나물을 '들메순'이라 한다. 해열·진통·지혈·이뇨의 작용을 하여, 감기·천식·장염·간염·간질·안질·관절통·입덧을 치료하는 효과가 있다.

나물의 채취와 이용	
시기	봄
채취법	연한 잎을 뜯는다.
조리법	데쳐서 무친다. 묵나물은 볶는다.
음식	나물 무침, 묵나물 볶음
효능	해열, 진통, 지혈, 이뇨
주의	-

꽃 핀 모습, 5월 25일 ↑

↑ 풋열매 모습, 9월 4일

묵나물 볶음, 10월 24일

자라는 모습, 5월 6일(나물하기 좋은 때) ↓

새로운 줄기가 자라는 모습, 5월 19일 ↓

머루덩굴을 감고 자라는 모습, 6월 7일 ↑

등칡

큰쥐방울, 긴쥐방울, 칡향

쥐방울덩굴과 / 쌍떡잎식물 / 낙엽덩굴나무
자라는 곳 산기슭 크기 10cm 정도
꽃 필 때 5월

등나무와 칡을 함께 닮았다고 해서 붙여진 이름이다. 잎은 둥글고 끝이 뾰족하며 가장자리는 밋밋하다. 옆에 있는 나무나 다른 물체를 감고 올라가며 자란다. 줄기는 회갈색이며, 새로 자라는 가지는 녹색이다. 꽃은 잎자루 달린 자리에 연녹색이 도는 노란색 단성화로 피고, 오리 모양이다. 열매는 삭과로 10~11월에 익는다.

민간에서는 입 안에 염증이 생겼을 때 나물 삶은 물로 양치를 했다. 치열(治熱 : 병의 근원이 되는 열기를 다스림)·이뇨·통경·해독·해열·진해 등의 작용을 하여, 천식·복통·신경쇠약·현기증·방광염·종기를 치료하는 데 도움이 된다.

독성이 있으므로 약으로 사용할 때에는 전문의 처방이 꼭 필요하다. 한꺼번에 많이 먹는 것을 피하고, 임산부는 나물을 먹지 않는다.

나물의 채취와 이용	
시기	봄
채취법	연한 잎과 순을 뜯는다.
조리법	독성이 있으므로 데친 후 흐르는 물에 하루 정도 우려낸다.
음식	나물 무침, 묵나물 볶음
효능	치열, 이뇨, 통경, 해독, 해열, 진해
주의	임산부는 나물을 먹지 않는다. 한꺼번에 많이 먹는 것을 피한다.

↑ 잎이 자라는 모습. 4월 27일(나물하기 좋은 때)

↑ 꽃 핀 모습. 5월 23일

↑ 열매 모습. 7월 16일

↑ 새순이 나오는 모습. 4월 23일(나물하기 좋은 때)

↑ 뿌리에서 자라는 모습. 4월 30일(이때도 나물하기 좋다)

데쳐서 무침. 5월 3일 ↓

딱총나무

접골목, 고려접골목

인동과 / 쌍떡잎식물 / 낙엽관목
자라는 곳 산, 그늘진 산골짜기 크기 3m
꽃 필 때 5월

잎은 마주나고, 길고 뾰족한 타원형이며 잔 톱니가 있다. 어린가지는 연녹색을 띠며 나무껍질은 갈색 또는 회갈색이다. 꽃은 가지 끝에 연한 녹색으로 피며, 둥근 타원형 열매는 7월에 붉은색으로 익는다.

민간에서는 골절과 근육 통증, 옻이 올랐을 때 생즙을 짓찧어 환부에 바르거나 잎을 말려 복용했다. 기미, 주근깨, 거칠어진 피부, 땀띠에는 꽃을 술에 담가 약성을 우려낸 물을 바르기도 했다. 천식 · 황달 · 골절 · 류머티스 관절염 · 통풍 · 신경통 · 화상 · 학질 · 타박상 · 염좌 등에 좋은 효과가 있다.

몸을 차게 하여 설사를 유발할 수 있으므로 한꺼번에 많이 먹지 않는 것이 좋고, 특히 임산부는 나물을 먹지 않는다.

나물의 채취와 이용	
시 기	봄 : 잎 / 5월 : 꽃 / 7월 : 열매
채취법	연한 잎과 순을 뜯는다. 꽃과 열매를 딴다.
조리법	잎에는 좋지 않은 향과 쓴맛이 있기 때문에 데친 후 맑은 물에 우려낸다.
음 식	나물 무침, 묵나물 볶음, 꽃차, 열매 장아찌
효 능	골절, 류머티스 관절염, 신경통 개선
주 의	몸을 차게 하여 설사를 유발할 수 있으므로 한꺼번에 많이 먹지 않고 특히 임산부는 피한다.

꽃 핀 모습, 7월 5일

새순이 올라오는 모습, 4월 30일

↑뜯은 나물, 5월 10일

장아찌, 6월 30일

줄기에 가시가 돋은 모습, 6월 20일↓

자란 모습, 6월 4일↓

땃두릅나무

자인삼, 천삼·멧나무(방언)

두릅나무과 / 쌍떡잎식물 / 낙엽관목
자라는 곳 깊은 산의 숲 속   크기 2~3m
꽃 필 때 7~8월

고산지대의 깊은 숲 속에서 드물게 자란다. 잎은 어긋나고, 끝이 5~7 가닥으로 갈라져 손바닥 모양을 이루며, 잎 양면과 가지에는 가시가 빽 빽하게 나 있다. 꽃은 산형꽃차례로 피었다가 다시 총상으로 모인다.

땃두릅나무에는 사포닌, 알칼로이드, 플라보노이드, 휘발성 정유, 고 무질, 녹말, 탄닌질, 다당류 강심 배당체가 들어 있다. 열을 내리고 기침 을 누그러뜨리는 효능이 있고, 또한 인삼의 작용과 비슷하다는 옛 기록 이 있으며 몸이 허약할 때, 신경쇠약, 정신분열증, 중풍으로 인한 후유 증, 정신 및 육체적 피로, 성기능 저하, 당뇨병, 무릎이나 어깨 및 모든 관절통에 좋은 효과가 있다. 당뇨병에 인슐린과 같이 쓰면 치료 효과가 좋다.

만성질환을 앓고 있는 사람은 나물을 한꺼번에 많이 먹지 않는다.

나물의 채취와 이용	
시 기	5월 초~5월 중순
채취법	연한 잎을 뜯는다. 줄기에 가시가 있으므로 채취할 때 주의한다.
조리법	쌈채소, 묵나물은 볶는다. 장아찌를 담근다.
음 식	쌈, 묵나물 볶음, 장아찌
효 능	해열, 진해, 자양강장 당뇨병, 관절통 개선
주 의	만성질환을 앓고 있는 사람은 나물을 한꺼번에 많이 먹지 않는다.

↑꽃 핀 모습. 5월 28일

새순이 올라오는 모습. 5월 6일

↑잎이 떨어지고 열매만 남은 모습. 10월 31일   ↑뜯은 나물. 5월 15일   ↑열매를 맺은 모습. 6월 21일   묵나물 볶음. 10월 9일↓

마가목

마아목

장미과 / 쌍떡잎식물 / 낙엽교목
자라는 곳 높은 산의 바위가 많은 곳, 서늘한 음지, 계곡가 크기 8m
꽃 필 때 5~6월

마가목은 봄에 돋아나는 새순이 말의 이빨처럼 힘차고 튼튼해 보여 '마아목'이라 부르다가 '마가목'으로 바뀌었다는 설과, 먼 길에 지쳐 쓰러졌던 말이 마가목 잎을 뜯어 먹고 바로 일어나서 '마가목'이 되었다는 설이 있다. 나무껍질은 회갈색이고 가지는 회색, 햇가지는 적자색이다. 가지 끝에 흰색의 작은 꽃들이 모여 핀다. 열매는 둥근 사과 모양이고 9~10월에 붉게 익는다.

민간에서는 마가목 지팡이만 짚고 다녀도 무릎과 허리 아픈 것을 치료한다고 할 만큼 요통, 관절에 좋다. 기침, 기관지염, 위장병, 허약 체질에 좋은 효능이 있으며, 흰머리가 많은 사람에게도 좋다.

마가목은 철분이 많아 한꺼번에 많이 먹으면 몸이 무거워질 수 있으므로 조금씩 먹는 것이 좋다.

나물의 채취와 이용	
시기	5월 초~5월 중순
채취법	연한 잎을 뜯고 잘 익은 열매를 딴다.
조리법	데쳐서 무친다. 잎 장아찌 또는 열매 장아찌를 담근다. 묵나물은 볶는다.
음식	잎 : 나물 무침, 묵나물 볶음, 장아찌 열매 : 장아찌, 식혜
효능	요통, 관절통 완화, 허약 체질 개선
주의	마가목은 철분이 많아 한꺼번에 많이 먹으면 몸이 무거워질 수 있다.

새순이 나오는 모습. 5월 5일(나물하기 좋은 때)

↑뜯은 나물. 5월 5일   장아찌. 6월 10일

↑꽃 핀 모습. 5월 20일   가지와 새순. 5월 5일(나물하기 좋은 때)

매발톱나무

시금치나무(방언)

매자나무과 / 쌍떡잎식물 / 낙엽관목
자라는 곳 높은 산(해발 1,000m 이상)   크기 2~3m
꽃 필 때 5월

잎자루 부위에 달린 가시가 매의 발톱 같다고 하여 붙여진 이름이다. 잎은 햇가지에 어긋나고 타원형이며 가장자리에는 바늘 모양의 톱니가 있다. 잎겨드랑이에 노란색 꽃이 10~20송이 모여 총상꽃차례로 핀다. 열매는 타원형이고 7~9월에 붉게 익는다.

민간에서는 나물과 잎과 줄기를 달여 마셨으며, 혈압을 낮추는 작용이 있어 고혈압에 좋다고 했다. 잎과 줄기, 열매에 베르베린berberine, 옥시칸틴 성분이 있으며, 이 성분들은 암세포에 대한 산소 공급을 차단하여 암세포 성장을 막는 작용을 한다. 혈압 강하, 항균, 종양 치료 작용으로 고혈압·이질·장염·기관지염·위염·위궤양·신경쇠약·각종 염증·위암·식도암·간암 등을 치료하는 효과가 있다.

매발톱나무 잎은 신맛이 강하므로 데친 후 맑은 물에 우려낸다.

나물의 채취와 이용	
시기	봄
채취법	연한 잎을 뜯는다. 열매는 단단해지기 전에 딴다.
조리법	생쌈, 데쳐서 무치거나 장아찌, 열매의 씨를 제거하고 잼, 주스를 만든다.
음식	쌈, 나물 무침, 장아찌 열매 : 잼, 주스
효능	혈압 강하, 항균, 항암 작용
주의	매발톱나뭇잎은 신맛이 강하므로 데쳐서 맑은 물에 우려낸다.

자라는 모습, 5월 10일 (나물하기 좋은 때)

↑ 뽕나무를 감고 올라가며 자라는 모습, 5월 29일

↓ 뜯은 나물, 5월 10일   ↓ 묵나물 볶음, 11월 20일   ↑ 익은 열매, 10월 4일   샌드위치, 10월 26일 ↓

머루

산머루, 산포도, 시금치덩굴(방언)

포도과 / 쌍떡잎식물 / 낙엽덩굴나무
자라는 곳 산　크기 10m 정도
꽃 필 때 5~6월

잎을 생으로 먹으면 시큼한 맛이 나서 '시금치덩굴'이라고도 부른다. 잎은 어긋나고 뒷면에 적갈색 털이 있으며 가장자리에는 톱니가 있다. 황록색 꽃은 원추꽃차례를 이루고 꽃자루 밑부분에 덩굴손이 발달한다. 열매는 장과로 지름 8mm 정도이며 9월에 검은색으로 익는다.

민간에서는 시력 개선과 피부 노화 방지에 이용했으며, 잘 익은 머루는 안토시아닌 성분이 풍부하여 생으로 먹거나 술로 담가 마셨다. 칼슘·철분·인·비타민·미네랄·유기산이 혈액순환을 원활하게 하여 고혈압·동맥경화·심장병 예방에 효과적이고, 인슐린 기능을 높여서 당뇨병 치료에 도움이 된다. 또한 관절을 부드럽게 하는 작용을 하여 관절염 치료에도 도움이 된다. 손발과 아랫배가 찬 사람, 소화 기능이 떨어지는 사람은 나물을 많이 먹지 않는다.

나물의 채취와 이용

시기	봄 : 잎 / 가을 : 열매
채취법	연한 잎과 순을 뜯는다. 잘 익은 열매를 딴다.
조리법	신맛을 싫어하면 데쳐서 맑은 물에 우려낸 뒤 조리한다.
음식	잎 : 쌈, 나물 무침, 묵나물 볶음 / 열매 : 생으로 먹기, 잼, 담금주, 발효액
효능	시력 개선, 생활습관병 예방, 피부 미용
주의	손발과 아랫배가 찬 사람, 소화 기능이 약한 사람은 많이 먹지 않는다.

꽃 핀 모습, 7월 25일

열매, 9월 20일

새순이 나오는 모습, 5월 10일(나물하기 좋을 때)

묵나물 볶음, 12월 26일

자란 모습, 5월 25일(이때도 나물하기 좋다)

자란 모습, 5월 25일

미역줄나무

메역순나무, 미역줄거리나무 (방언)

노박덩굴과 / 쌍떡잎식물 / 낙엽덩굴나무
자라는 곳 산기슭, 숲 속 크기 2m
꽃 필 때 6~7월

미역 줄기 같다고 하여 붙여진 이름이다. 미역줄나무가 있는 곳은 사람이 지나가지 못할 정도로 무리를 지어 빽빽하게, 주변 나무나 바위에 기대어 자란다. 잎은 둥글고 뾰족한 타원형으로 톱니가 있고 뒷면에는 털이 있다. 줄기는 밝은 갈색이고 속은 비어 있다. 꽃은 가지 끝이나 잎이 달린 자리에 연녹색으로 피며 열매는 9~10월에 타원형의 납작한 모양으로 열려 붉은 녹색으로 익는다.

민간에서는 잔가지를 잘라 말려 두었다가 림프절염이 있을 때 끓여 마셨다 한다. 열을 내리고 독을 풀어 주며 염증을 가라앉힌다. 또한 어혈을 풀어 주고, 종기·관절염·림프절염·백혈병·폐결핵에 좋은 효과가 있다. 독성 식물로, 조금씩 먹는 것은 괜찮지만 많은 양을 한꺼번에 먹지 않는다. 소량으로 먹더라도 장복하는 것은 피한다.

나물의 채취와 이용	
시 기	봄
채취법	어리고 연한 잎과 순을 뜯는다.
조리법	데쳐서 무친다. 묵나물은 볶는다.
음 식	나물 무침, 묵나물 볶음
효 능	해열, 해독, 소염
주 의	독성이 있으므로 조금만 먹는다. 장복하지 않는다.

↑ 꽃 핀 모습, 6월 14일

자라는 모습, 5월 10일(나물하기 좋은 때)

↑ 전체 모습, 5월 20일   장아찌, 6월 30일 ↓

↓ 새순이 올라오는 모습, 5월 6일(나물하기 좋은 때)   ↓ 자란 모습, 6월 10일

박쥐나무
누른대나무, 남방잎

박쥐나무과 / 쌍떡잎식물 / 낙엽관목
자라는 곳 산의 돌이 많은 곳 **크기** 3m 정도
꽃 필 때 5~7월

잎 모양이 마치 박쥐가 날개를 펼친 것처럼 보인다. 줄기 껍질은 검자주색이다. 사각형 원 모양의 잎은 어긋나고 끝이 3~5개로 얕게 갈라지며 가장자리는 밋밋하다. 잔가지의 끝 잎겨드랑이에 흰색을 띤 누런색 꽃이 1~4송이 핀다. 하늘색 둥근 열매는 핵과로 9월에 익는다.

민간에서는 타박상과 편두통 치료에 썼으며, 타박상에는 잎과 줄기를 짓찧어 환부에 붙였고, 편두통에는 달인 물을 마셨다. 박쥐나무의 잎과 줄기, 뿌리에는 아미노산, 유기산, 수지가 함유되어 있어 거풍·진통·통락(通絡: 맥락을 통하게 함)·접골接骨 작용을 하며, 편두통·타박상·류머티즘으로 인한 통증·반신불수를 치료하는 효과가 있다.

잎은 생으로 먹을 수 있지만, 꽃은 독이 있으므로 먹지 않는다. 나물로 먹을 때도 한꺼번에 많이 먹지 않는다.

나물의 채취와 이용	
시 기	봄
채취법	연한 잎과 순을 뜯는다.
조리법	데쳐서 무친다. 묵나물은 볶는다. 장아찌를 담근다.
음 식	나물 무침. 묵나물 볶음. 장아찌
효 능	거풍. 진통. 통락
주 의	잎은 생으로 먹을 수 있으나 꽃은 독이 있으므로 먹지 않는다.

꽃 핀 모습, 5월 9일 ↑

↑ 뜯은 나물, 4월 24일   묵나물 볶음, 1월 3일 ↑

자라는 모습, 4월 24일(이때도 나물하기 좋다)   새순이 올라오는 모습, 4월 16일(나물하기 좋은 때)   꽃 핀 모습, 5월 9일 ↑

병꽃나무

붉은병꽃, 조선병꽃나무, 조선금대화, 명태취(방언)

인동과 / 쌍떡잎식물 / 낙엽관목
자라는 곳 산골짜기 햇볕이 잘 드는 곳   크기 2~3m
꽃 필 때 5월

 잎이 명태의 주둥이를 닮아 '명태취'라고도 한다. 나무 줄기는 연한 회색으로 얼룩무늬가 있으며 가지를 많이 친다. 잎은 마주나고 도란형으로 끝은 뾰족하고 양면에 털이 있으며 가장자리에 톱니가 있다. 잎겨드랑이에 깔때기 모양의 연노란색 꽃이 1~2개 피어 점차 붉은색으로 변한다. 열매는 삭과로 9월에 익고 2개로 갈라지며, 종자에는 날개가 있다. 처음부터 붉은색으로 피는 것을 '붉은병꽃나무', 꽃이 흰색으로 피는 것을 '흰병꽃나무'라고 한다.

 민간에서는 간염이나 소화불량 치료에 사용했으며, 꽃을 말려 차로 우려 수시로 마셨고, 식중독에 걸렸을 때에는 나물을 삶은 물이나 나물을 먹었다. 이뇨 작용이 있어 몸속에 쌓인 부종을 개선하고, 피부 가려움증·골절·신경통·산후풍을 치료하는 효과가 있다.

나물의 채취와 이용	
시 기	봄
채취법	연한 잎과 순을 뜯는다. 꽃은 딴다.
조리법	데쳐서 무친다. 묵나물은 볶는다. 꽃으로 장아찌를 담근다.
음 식	잎 : 나물 무침, 묵나물 볶음. 꽃 : 차, 장아찌
효 능	이뇨 작용, 가려움증, 골절, 신경통 치료
주 의	-

↑ 복사꽃 핀 모습, 4월 3일

↑ 돌복숭아 풋열매 모습, 5월 31일(채취하기 좋은 때)

↑ 돌복숭아 열매, 5월 31일　　장아찌, 7월 10일 ↓

복사나무 [돌복숭아]

도화수桃花樹, 선과수仙果樹, 복사

장미과 / 쌍떡잎식물 / 낙엽소교목
자라는 곳 마을 근처, 낮은 산　크기 3~6m
꽃 필 때 4~5월

마을 인가 근처에서 야생화된 복사나무의 열매를 '돌복숭아' 또는 '개복숭아'로 부르기도 하는데 정식 이름은 아니다. 잎은 어긋나고 피침형 또는 둥근 피침형으로 가장자리에 잔 톱니가 있다. 흰색 또는 연한 홍색 꽃이 잎보다 먼저 핀다. 열매는 핵과로 8~9월에 익는다. 작은 가지에는 털이 없고 겨울눈에는 털이 있다.

민간에서는 관절염 치료에 사용했으며, 5월경에 채취한 줄기 껍질을 달여서 마시거나 술로 담가 1년 후에 복용했다. 열매는 피를 맑게 하고 혈액순환을 촉진하여 어혈을 풀어 주는 효과가 있다. 위장과 폐를 튼튼하게 하며, 기침·천식·기관지·월경통·변비·관절염에 효과가 좋다.

알레르기성 비염이나 피부병, 몸에 열이 많은 사람은 먹지 않는다.

나물의 채취와 이용	
시 기	봄
채취법	씨앗이 딱딱하기 전에 딴다.
조리법	장아찌를 담근다. 발효액을 만든다.
음 식	장아찌, 발효액
효 능	청혈, 혈액순환 촉진 건위, 건폐
주 의	알레르기성 비염, 피부병, 몸에 열이 많은 사람은 먹지 않는다.

꽃봉오리 모습, 7월 13일

자라는 모습, 4월 16일(이때도 나물하기 좋다)

↑ 뜯은 나물, 4월 16일   데쳐서 초고추장 무침, 4월 19일 ↑

오배자(진딧물 벌레집) 모습, 9월 1일

열매 익은 모습, 9월 25일

붉나무

오배자나무, 굴나무, 불나무, 소금나무 (방언)

옻나무과 / 쌍떡잎식물 / 낙엽소교목
자라는 곳 산 크기 7m 내외
꽃 필 때 7~8월

잎은 7~13장씩 어긋나고 깃털 모양이다. 가장자리에 톱니가 약간 있고 봄에는 붉은색을 띤다. 꽃은 노란색을 띤 녹색으로 암꽃과 수꽃이 각기 다른 나무에서 핀다. 둥글고 납작한 열매는 10월에 노란색을 띤 붉은 갈색으로 여문다.

민간에서는 피부염 치료약으로 사용했으며, 열매를 말려 빻은 가루를 발랐다. 진딧물 벌레집을 '오배자'라고 하는데, 가을에 채취하여 말려서 달여 마시면 입 안이 헌 것, 피부병, 장염, 치질, 당뇨를 치료한다. 감기, 기침, 가래, 황달, 골절을 치료하는 효과가 있다.

감기, 기침, 인후염에 걸린 사람이나, 설사를 하는 사람은 나물을 먹지 않는 것이 좋다.

나물의 채취와 이용	
시기	봄
채취법	연한 잎과 순을 뜯는다. 열매는 늦은 가을에 딴다.
조리법	데쳐서 무친다. 묵나물은 볶는다. 열매로 두부 간수를 만든다.
음식	잎 : 나물 무침, 묵나물 볶음 열매 : 두부 간수
효능	피부병, 장염, 치질, 당뇨 치료
주의	감기, 기침, 인후염, 설사를 하는 사람은 피한다.

↑ 수꽃 핀 모습. 5월 24일

↑ 잎이 자라는 모습. 5월 14일(이때도 나물하기 좋다)　↑ 장아찌. 6월 20일　새순이 나오는 모습. 5월 2일(나물하기 좋은 때)　↑ 열매(오디). 6월 7일　오디 딴 모습. 6월 7일 ↓

뽕나무

상桑, 상수桑樹, 상심수桑椹樹, 오디나무

뽕나무과 / 쌍떡잎식물 / 낙엽소교목
자라는 곳 마을 근처, 들　크기 3~10m
꽃 필 때 6월

줄기 껍질은 회갈색이고, 잎은 3~5갈래이며 앞면은 거칠고 뒷면 잎줄 위에 잔털이 있다. 꽃은 암수딴그루로 피고, 암꽃은 넓은 타원형, 수꽃은 꼬리 모양 꽃차례로 긴 타원형이다. 열매는 6월에 검게 익는다.

　뽕나무로 젓가락과 지팡이를 만들어 쓰면 중풍을 예방한다는 옛 기록이 있을 만큼, 잎·가지·열매·뿌리 모두 약재로 널리 쓰인다. 민간에서는 사지 마비 치료약으로 서리 맞은 잎을 물에 넣고 끓여서 손과 발을 담갔으며, 잎으로 차를 끓여 마셨다. 칼슘·철분·미네랄·식이섬유·알라닌alanine·아스파라긴산·아미노산 성분이 풍부하다. 간 기능 향상, 생활습관병 개선 및 예방 효과가 있으며, 특히 당뇨병 환자의 혈당을 떨어뜨리는 효과가 크다. 고혈압·기관지천식·동맥경화·당뇨병·골다공증·각기병·각종 암의 예방과 치료에 효과가 있다.

나물의 채취와 이용	
시 기	봄 : 새순 / 봄~가을 : 잎(연한 것) / 서리 내린 뒤 : 차 재료 / 6월 : 열매
채취법	어린순, 연한 잎을 딴다. 열매는 완숙한 것을 딴다.
조리법	잎은 생으로 먹거나 데쳐서 묵나물을 만든다. 열매로 잼, 즙을 만든다.
음 식	쌈나물 무침, 묵나물 볶음, 장아찌, 차, 나물밥 / 열매 : 생, 잼 발효액, 즙, 샌드위치
효 능	생활습관병, 당뇨병, 각종 암 예방 및 치료
주 의	몸이 차고 소화력이 약한 사람과 소변량이 많은 사람은 나물로 먹지 않는다.

↑ 풋열매 모습, 6월 3일

↓ 잎이 자란 모습, 5월 25일(이때도 나물하기 좋다)

↑ 뜯은 나물, 5월 25일   묵나물 볶음, 11월 4일↑   장아찌, 6월 20일↑   뽕나무(좌)와 산뽕나무(우), 5월 30일↑

산뽕나무

뽕나무, 개뽕낭·드릇뽕낭(제주), 가세뽕나무(화순)

뽕나무과 / 쌍떡잎식물 / 낙엽소교목
자라는 곳 산, 논밭둑   크기 7~8m
꽃 필 때 5월

나무껍질은 잿빛을 띤 갈색이다. 가지는 비스듬히 뻗어 위쪽이 둥근 타원형을 이룬다. 꽃은 암수딴그루로 피지만 함께 피기도 하며, 암꽃은 녹색 타원형이고 수꽃은 아래로 처져 핀다. 검자줏빛 열매는 '상실桑實', '상심자桑椹子'라고 한다. 뽕나무와 같은 용도로 쓰인다.

민간에서는 구내염 치료에 썼으며, 잎을 달여 양치를 하고, 가지를 길게 잘라 가운데 부분을 불에 태우면 양끝에서 물이 흘러 내리는데, 이것을 입안 환부에 발랐다. 잎과 열매를 오래 먹으면 흰머리가 검어진다고 할 만큼 효과가 크고, 루틴 성분이 혈관을 강화하는 작용을 한다. 뇌졸중·중풍·당뇨병·고혈압·동맥경화·고지혈증·지방간·불면증·신장병·폐결핵을 치료하는 효능이 있으며, 노화를 억제하고, 암을 예방하는 효과가 있다.

나물의 채취와 이용

시기	봄 : 새순 / 서리 내린 뒤 : 잎(차 재료) / 열매 : 6월
채취법	연한 잎과 순을 따고 다음 부드러운 잎을 딴다. 열매는 잘 익은 것을 딴다.
조리법	생으로 먹거나 데쳐서 나물 또는 데쳐 말려서 묵나물
음식	생쌈, 나물 무침, 묵나물 볶음, 장아찌, 차, 나물밥 / 열매 : 생으로 먹기, 즙, 떡, 잼
효능	혈관 강화, 노화 억제, 암 예방, 구내염 치료
주의	—

새순이 올라오는 모습, 4월 12일 (나물하기 좋은 때)

↑ 열매 익은 모습, 10월 20일

↑ 묵나물, 4월 25일   묵나물 볶음, 10월 25일 ↓

↑ 자란 잎 모습, 5월 20일   ↑ 꽃 핀 모습, 8월 18일

사위질빵

질빵풀

미나리아재비과 / 쌍떡잎식물 / 낙엽덩굴나무
자라는 곳 산과 들 크기 3m 정도
꽃 필 때 7~9월

사위가 힘이 들지 않도록 잘 끊어지는 지게 질빵을 만든다고 하여 붙여진 이름이다. 주변 식물체를 감고 올라가며 자란다. 잎은 마주나고 잎줄기에 3장씩 나거나 2회에 걸쳐 3장씩 달린다. 가장자리에 깊이 패어 들어간 톱니가 있고 뒷면 맥 위에 털이 있다. 잎겨드랑이 끝마다 마주 갈라지는 꽃대가 나와 흰색 꽃이 원추꽃차례로 달린다. 열매는 9~10월에 익는데 흰색이나 연한 갈색 털이 난다.

민간에서는 요통·관절염이 있을 때 사위질빵 뿌리를 말려 두충·접골목과 함께 달여 마셨다. 한방에서는 뿌리를 '위령선威靈仙'이라는 약재로 쓰는데, 소염·진통·지사·이뇨 효과가 있다. 설사·신경통·안면신경마비·편두통·근육마비·관절염·요통·신장염으로 인한 부종을 개선하는 효과가 있다. 한꺼번에 나물을 많이 먹지 않도록 한다.

나물의 채취와 이용	
시 기	봄
채취법	연한 잎과 순을 뜯는다.
조리법	독성이 있으므로 데쳐서 맑은 물에 우려낸다. 묵나물도 충분히 우려낸다.
음 식	나물 무침, 묵나물 볶음
효 능	소염, 진통, 지사, 이뇨
주 의	한꺼번에 나물을 많이 먹지 않는다.

꽃 핀 모습, 5월 25일 ↑

새순이 올라오는 모습, 5월 6일(나물하기 좋은 때)

↑ 열매, 8월 24일   장아찌, 6월 18일 ↓

뜯은 나물, 5월 12일 ↑

자란 모습, 7월 20일 ↓

산겨릅나무 [벌나무]

단풍나무과 / 쌍떡잎식물 / 낙엽소교목
자라는 곳 깊은 산 **크기** 15m
꽃 필 때 5월

산저릅나무, 참겨릅나무, 산청목山靑木, 봉목蜂木

잎은 마주나고 가장자리가 3~5개로 얕게 갈라지며 뾰족한 톱니가 있다. 노란빛을 띤 녹색 꽃이 총상꽃차례로 피며, 원뿔 모양이다. 열매는 시과(翅果 : 얇은 막으로 돌출한 열매 껍질이 날개를 이루어 바람을 타고 흩어지는 열매)로 9월에 익으며 털이 없다.

민간에서는 모든 간장병에 효과가 있다고 하여, 나물은 물론 잔가지, 껍질, 뿌리까지 약용으로 사용했다. 종기나 외상 출혈에는 생잎을 짓찧어 발랐다. 탄수화물, 지방, 칼륨, 칼슘, 철분, 망간, 단백질, 그리고 탄닌,아스코르빈산ascorbic酸이 들어 있다. 몸의 열을 내리고 시력을 좋게 하며 혈액 속의 콜레스테롤을 낮춘다. 간염·간경변증·숙취·피로 등을 개선하는 효과가 크다. 성질이 차므로 한꺼번에 많이 먹지 않는 것이 좋고, 몸이 찬 사람은 가능하면 먹지 않는다.

나물의 채취와 이용	
시 기	봄
채취법	어리고 부드러운 잎을 뜯는다.
조리법	쌈채소로 먹는다. 데쳐서 무친다. 묵나물은 볶는다. 장아찌를 담근다.
음 식	쌈, 나물 무침, 묵나물 볶음, 장아찌
효 능	간 기능 개선, 해열, 숙취 해소
주 의	성질이 차므로 한꺼번에 많이 먹지 않는다. 몸이 찬 사람은 피한다.

↑ 열매, 9월 20일(장아찌하기 좋은 때)

열매가 익어 가는 모습, 10월 13일(기름 짜기 좋은 때)

↓ 새순이 올라오는 모습, 5월 6일(나물하기 좋은 때) ↓ 뜯은 나물, 5월 6일 ↓ 종자가 떨어진 모습, 10월 31일 잎과 열매 장아찌, 11월 2일 ↓

산초나무

분지나무, 산추나무, 진초秦椒, 천초川椒

운향과 / 쌍떡잎식물 / 낙엽관목
자라는 곳 산 크기 3m
꽃 필 때 8~9월

초피나무와 비슷한데, 가시가 어긋나는 것이 산초나무, 마주나는 것이 초피나무다. 씨앗과 씨앗 가루는 향신료로 주로 쓰인다. 잎은 어긋나고, 꽃은 연녹색, 둥근 열매는 녹갈색에서 붉은 갈색으로 익는다.

민간에서는 뿌리를 달인 물을 입에 물고 있으면 치통이 가라앉는다고 했고, 옻이 오른 부분을 달인 물로 씻으면 낫는다고 했다. 타박상에는 말린 잎 가루를 밀가루로 반죽하여 환부에 붙였다. 열매에는 건위·정장·해독·구충 등의 작용이 있어 소화불량·복통·식체·위하수·구토·식중독·설사·기침·회충 구제에 효과가 있다. 또한 항균 작용이 있어 무좀이나 피부 습진, 지루성 피부염에 좋다. 기관지 천식·축농증·중풍·대상포진·당뇨병·고지혈증에도 효과가 좋다. 몸에 열이 많은 사람과 임산부는 나물을 먹지 않는다.

나물의 채취와 이용

시기	봄 : 잎 가을 : 열매
채취법	어리고 연한 잎과 순을 뜯는다. 열매는 익기 전에 딴다.
조리법	열매 익은 것은 겉껍질을 버리고 검은 종자로 기름을 짠다.
음식	잎 : 튀김, 장아찌 / 풋열매 : 장아찌, 튀김 / 열매 : 기름, 향신료, 두부구이
효능	건위, 정장, 해독, 구충, 항균
주의	몸에 열이 많은 사람과 임산부는 나물을 먹지 않는다.

열매, 9월 28일(말려서 향신료로 쓰기 좋을 때)

열매 모습, 9월 28일(말려서 향신료로 쓰기 좋을 때)

↑ 풋열매, 9월 10일(장아찌하기 좋은 때)

말린 열매와 가루(말린 열매 겉껍질을 갈아서), 10월 31일

뜯은 나물, 4월 8일 ↓

자라는 모습, 4월 15일(나물하기 좋은 때) ↓

초피나무

천초川椒, 조피나무, 제피·젠피(방언)

운향과 / 쌍떡잎식물 / 낙엽관목
자라는 곳 산, 산골짜기 크기 3~5m
꽃 필 때 5~6월

가지가 비스듬히 벋어 윗쪽은 타원형을 이룬다. 잎은 9~10장씩 어긋나며 홀수로 난 깃꼴겹잎으로, 가장자리에 잔 톱니가 있고 노란 기름점이 있다. 잎 달린 자리에 노란빛을 띤 녹색 꽃이 피는데 암수딴그루이다. 열매가 붉게 익으면 껍질이 갈라지며 검은 종자가 나온다.

민간에서는 신경통과 타박상 치료에 사용했으며, 잎을 말려 가루 낸 것을 밀가루에 개어 환부에 붙였고 탈모에는 생즙을 발랐다. 진통·구충 작용이 있어, 소화불량·신복 냉통·구토·식중독 예방·설사에 효과가 있다. 진통의 경우에는 말린 뿌리를 2~4g 달여 마시고, 외상인 경우에는 그 가루를 물에 개어 환부에 붙인다. 소화불량의 경우에는 열매 껍질 5g에 물 500ml를 넣고 달인 물을 아침저녁으로 반씩 나누어 복용한다. 임신부는 나물을 먹지 않는다.

나물의 채취와 이용

시 기	겨울~이듬해 봄
채취법	연한 잎과 순을 뜯는다. 열매는 잘 익은 것을 골라 딴다.
조리법	익은 열매 껍질을 갈아 향신료로 쓴다.
음 식	잎 : 생선 요리 양념, 장아찌 / 열매 : 추어탕·생선 요리 양념, 장아찌
효 능	진통, 구충, 탈모 예방 및 치료
주 의	손발에 열이 심하거나, 입안이 마르고 목이 아프고, 음이 허해 간열을 제어하지 못해 풍열 증상이 있는 사람, 임신부는 먹지 않는다.

↑ 잎이 자라는 모습, 4월 20일 (나물하기 좋은 때)

↑ 꽃봉오리 모습, 3월 16일

↑ 익은 열매, 10월 30일 (기름 내기 좋은 때)

↓ 꽃 핀 모습, 3월 22일   ↓ 자란 잎 모습, 5월 17일 (부각하기 좋은 때)   장아찌, 5월 31일

생강나무

산강山欔, 산동백, 동백나무, 동박나무

녹나무과 / 쌍떡잎식물 / 낙엽관목
자라는 곳 산의 양지 바른 곳 크기 3m 정도
꽃 필 때 3~4월

잎과 가지에서 생강 냄새가 난다. 나무껍질은 회갈색으로 밝은 회색 얼룩이 생기며, 어긋나는 잎은 2~3갈래 불규칙하게 갈라진다. 잎보다 먼저 작고 노란 꽃들이 한데 뭉쳐 산형꽃차례를 이루며 피는데, 암수딴그루이다. 열매는 장과로 9월에 검은색으로 익는다.

민간에서는 타박상을 입었을 때, 그리고 발목을 삐었을 때, 줄기 껍질을 짓찧어 즙을 환부에 붙였고, 달인 물을 마셨다. 시토스테롤sitosterol, 스티그마스테롤stigmasterol, 린데롤 등의 성분이 함유되어 있고, 해열·소종·건위·거담 등의 작용을 하여, 기침·두통·손발 저림과 시림·근육통·관절염·간염·골다공증·타박상·산후풍을 치료하는 효과가 있다. 열매로 기름을 짜서 머릿기름으로 사용하면 머릿결이 고와지고 흰머리를 방지한다고 한다.

나물의 채취와 이용	
시 기	봄
채취법	연한 잎을 뜯는다. 꽃을 딴다. 열매를 딴다.
조리법	쌈채소, 데쳐서 무친다. 장아찌를 담근다. 열매에서 기름을 짠다.
음 식	잎 : 쌈, 데쳐서 쌈이나 무침, 부각, 장아찌 / 꽃 : 차 / 열매 : 기름
효 능	해열, 소종, 건위, 거담
주 의	—

꽃아카시아 꽃 핀 모습, 5월 15일↑

꽃 핀 모습, 5월 8일(꽃 채취하기 좋은 때)

꽃 핀 모습, 5월 8일(꽃 채취하기 좋은 때)

꽃차, 6월 2일↑

장아찌, 5월 24일↑

꽃 튀김, 5월 9일↑

아까시나무

아카시나무, 아카시아 · 아카시아나무(방언)

콩과 / 장미목 / 낙엽교목
자라는 곳 산과 들 크기 15~25m
꽃 필 때 5~6월

아까시나무를 흔히 '아카시아'라고 부르는데 이는 잘못된 것이다. 껍질은 노란색을 띤 갈색이고 세로로 갈라지며 가시가 있다. 잎은 어긋나고 작은 잎 9~19개로 이루어진다. 어린 가지 잎겨드랑이에 작고 하얀 꽃들이 모여 핀다. 열매는 9월에 갈색으로 익는다.

민간에서는 소변이 잘 나오지 않을 때 뿌리껍질을 채취하여 햇볕에 말려 달여 먹으면, 이뇨 작용을 하여 수종, 변비를 치료한다고 했다. 꽃에는 비타민 E와 칼슘, 철, 미네랄이 함유되어 있어, 기를 보하는 작용을 하므로 허약 체질, 고혈압, 빈혈에 좋다. 노폐물과 콜레스테롤을 제거하여 혈액순환을 돕고 심장을 강화하는 효과가 있다.

잎과 순을 나물로 먹으면 얼굴과 손에 부종이 일어날 수 있으므로 먹지 않는다.

나물의 채취와 이용	
시기	봄
채취법	꽃을 딴다. 뿌리껍질을 채취한다.
조리법	꽃으로 전을 부친다. 장아찌를 담근다. 꽃 샐러드를 만든다. 꽃차
음식	꽃 : 전, 장아찌, 샐러드, 무침, 부각, 말린 후 차
효능	허약 체질 개선, 빈혈 치료, 기력 보강
주의	잎과 순을 나물로 먹으면 얼굴과 손에 부종이 일어날 수 있다.

자라는 모습, 4월 24일(이때도 나물하기 좋다)

↑ 꽃 핀 모습, 8월 14일

↓ 자란 잎 모습, 5월 6일   ↓ 뜯은 나물, 4월 24일   ↓ 열매, 10월 3일   묵나물 볶음, 12월 4일 ↓

오갈피나무

오가五加, 오가목五加木

두릅나무과 / 쌍떡잎식물 / 낙엽관목
자라는 곳 산속의 그늘진 곳 크기 3~4m
꽃 필 때 8~9월

손바닥 모양으로 갈라지는 잎 모양 때문에 붙여진 이름이다. 가지가 많이 나와 전체가 둥그렇게 되고 가시가 드문드문 달린다. 잎은 가지에 5장씩 둥글게 모여 달리고 가장자리에 겹톱니가 있다. 가지 끝에 노란 녹색 꽃이 방사형으로 달린다. 열매는 10월에 검게 익는다.

민간에서는 근육통, 타박상 치료에 썼으며, 생잎을 짓찧어 환부에 붙였다. 잎, 줄기, 열매, 뿌리 모두 약으로 쓰일 만큼 효능이 뛰어나다. 나물과 줄기, 열매, 뿌리를 꾸준히 복용하면 혈관 속의 콜레스테롤을 낮춰 고지혈증을 치료하며, 피로를 해소하고 근골을 튼튼하게 하여 힘줄을 좋게 하는 효과가 크다. 중추 신경계를 흥분시키는 작용과 강심·강장 작용이 있어 노화를 방지하고, 요통·근육통·관절염·신경통·혈액순환 장애를 치료하는 효과가 있다.

나물의 채취와 이용	
시기	봄
채취법	연한 잎과 순을 뜯는다.
조리법	쓴맛이 있으므로 데쳐서 맑은 물에 우려낸다.
음식	쌈, 나물 무침, 고추장 무침, 묵나물 볶음, 장아찌, 튀김, 나물밥
효능	중추 신경계 흥분 작용, 강심, 강장
주의	음이 허한 사람은 나물을 먹지 않는다.

열매, 10월 20일

새순이 올라오는 모습, 5월 8일(나물하기 좋은 때)

↑열매, 10월 20일　장아찌, 6월 20일↓

겨울 가지에 가시가 난 모습, 12월 24일

자란 모습, 6월 22일

가시오갈피나무

가시오갈피, 가시오가피

두릅나무과 / 쌍떡잎식물 / 낙엽관목
자라는 곳 깊은 산의 계곡 옆　크기 2~3m
꽃 필 때 7~8월

'오가五加'라는 한자는 잎이 5갈래인 산삼과 같다는 뜻으로, 산속에서 키 작은 가시오갈피나무를 보면 산삼과 혼동하기 쉽다. 회갈색 줄기에 가늘고 긴 가시가 빽빽하게 나 있다. 잎은 어긋나고, 앞뒷면에 털이 있으며 가장자리에 뾰족한 톱니가 있다. 연한 자줏빛을 띤 황색 꽃이 산형꽃차례를 이룬다. 열매는 10월에 검은색으로 둥글게 익는다.

민간에서는 요통과 손발저림 치료에 썼으며, 열매나 껍질, 뿌리를 술에 담가 취침 전에 한잔씩 복용했다. 몸속의 독을 풀고 혈액 속의 콜레스테롤과 혈당치를 낮추며 뇌의 피로를 풀어 준다. 눈과 귀를 밝게 하며 신체의 기능에 활력을 주어 온갖 질병을 예방하는 효과가 있다. 항염·해열·진통 작용이 있어, 간염·당뇨·고혈압·요통·관절염·신경통·근육통·신경쇠약·식욕부진 등을 치료하는 효과가 있다.

나물의 채취와 이용	
시 기	봄 : 잎 가을 : 열매
채취법	연한 잎과 순을 뜯는다. 잘 익은 열매를 딴다.
조리법	데쳐서 무친다. 묵나물은 볶는다. 장아찌를 담근다. 열매로 발효액을 만든다.
음 식	잎 : 쌈, 나물 무침, 묵나물 볶음, 장아찌, 밥 / 열매 : 식혜, 발효액, 담금주
효 능	항염, 해열, 진통, 해독 뇌의 피로 해소, 눈과 귀를 밝게 함
주 의	체질적으로 소화기가 약한 소음인은 복통을 일으킬 수 있다.

새순이 올라오는 모습, 5월 5일

↑ 꽃 핀 모습, 5월 24일

↑ 열매 익어 가는 모습, 7월 16일

↑ 열매 익은 모습, 9월 14일 ↑ 묵나물 볶음, 12월 20일 열매 화채, 9월 17일

오미자

북오미자, 조선오미자, 오미자수, 오매자(방언)

오미자과 / 붓순나무목 / 낙엽덩굴나무
자라는 곳 햇볕이 잘 드는 숲 가장자리 크기 6~9m
꽃 필 때 5~6월

맵고, 쓰고, 달고, 시고, 짠 5가지 맛이 나서 '오미자五味子'로 불린다. 잎은 어긋나고 끝이 짧거나 길고 뾰족한 넓은 타원형으로 가장자리에 톱니가 있으며 붉은빛이 돈다. 꽃은 5~6월에 햇가지의 잎이 달린 자리에 붉은빛이 도는 노란색 또는 흰색으로 피는데 암꽃과 수꽃은 다른 나무에서 핀다. 열매는 장과이며, 9~10월에 빨갛게 익는다.

한방에서는 신장을 좋게 하는 5가지 약재 중 하나로 꼽는다. 민간에서는 피부가 까칠하고 머릿결이 거칠 때 나물을 데친 물과 열매 우려낸 물을 바르거나 씻었다. 오미자는 기침, 감기, 천식, 만성 기관지염, 신장염, 혈관계 질환·당뇨·뇌질환의 예방과 치료에 효과가 있다. 식물성 에스트로겐estrogen인 리그난lignan이 함유되어 있으며, 간을 보호하고 재활을 촉진하며 간암의 발생을 억제하는 효과가 있다.

나물의 채취와 이용	
시 기	봄 : 새순 / 가을 : 열매
채취법	어리고 연한 잎과 순을 뜯는다. 열매는 익은 것을 딴다.
조리법	물에 데쳐 우려낸다. 열매는 찬물에 담가 몇 시간 우려내어 물을 쓴다.
음 식	잎 : 나물 무침, 묵나물 볶음, 장아찌 / 열매 : 차, 술, 식혜, 화채
효 능	피로 해소, 혈관계질환·당뇨·뇌질환의 예방과 치료
주 의	감기 초기처럼 몸에 열이 날 때에는 나물이나 열매를 먹지 않는다.

↑ 암꽃 핀 모습, 4월 30일 ↑

↑ 풋열매, 9월 17일 | 데쳐서 무침, 4월 8일 ↑ | 나무를 걸고 자라는 모습, 4월 6일(나물하기 좋은 때) | 자란 잎 모습, 4월 19일 ↑ | 익어 벌어지는 열매 모습, 10월 15일 ↑

으름덩굴

으름, 으름덤불, 으름나무, 목통木通, 먹통

으름덩굴과 / 쌍떡잎식물 / 낙엽덩굴나무
자라는 곳 산, 들   크기 5m
꽃 필 때 4~5월

잎은 햇가지에 어긋나고, 묵은 가지에는 손바닥 모양의 겹잎으로 5개씩 난다. 자줏빛을 띤 갈색 꽃은 암수한그루로 피며 총상꽃차례로 달린다. 열매는 장과로 긴 타원형이고 10월에 자줏빛을 띤 갈색으로 익는다.

민간에서는 신부전증·방광염·결석 치료에 사용했다. 줄기 껍질과 열매 껍질을 말려서 가루 내어 당귀·띠 뿌리·차전자와 함께 달여 마셨다. 소염·이뇨·통경·진통 작용을 하고, 수종·신경통·관절염·월경불순·당뇨·두통·부종·신부전증·소화불량·방광염을 치료하는 데 쓰인다. 초봄에 줄기에서 채취하는 수액은 위장병·심장병·당뇨·골다공증에 좋다.

맥이 약하거나 소화력이 약한 사람과 임산부는 나물을 먹지 않는다.

나물의 채취와 이용	
시기	봄 : 새순 / 가을 : 열매
채취법	부드럽고 연한 잎과 순을 뜯는다. 익은 열매를 딴다. 수액은 초봄에 채취한다.
조리법	열매는 씨앗을 제거하고 먹는다.
음식	새순 : 나물 무침, 된장국, 초고추장무침 / 잎 : 차 / 열매 : 차, 생식
효능	소염, 이뇨, 통경, 진통
주의	맥이 약하거나 소화력이 약한 사람과 임산부는 나물을 먹지 않는다.

↑ 꽃 핀 모습. 7월 7일

↑ 흰색으로 변한 잎 모습. 6월 7일 ↑ 데쳐서 초고추장 찍어 먹기. 4월 29일 자라는 모습. 4월 28일 (나물하기 좋은 때) ↑ 뜯은 나물. 4월 28일 장아찌. 6월 1일 ↓

음나무

엄나무, 개두릅 · 개두릅나무(방언)

두릅나무과 / 쌍떡잎식물 / 낙엽교목
자라는 곳 산 중턱 양지 바른 곳 크기 10~25m
꽃 필 때 7~8월

가지가 위로 비스듬히 벋으며 가시가 있다. 잎은 가지에 어긋나게 달리며 둥근 손바닥 모양으로 가장자리가 5~9갈래로 갈라진다. 앞면은 짙은 녹색이고 뒷면은 연녹색으로 얕고 잔 톱니가 있다. 햇가지 끝에 노란빛이 도는 연녹색 꽃이 우산살 모양으로 핀다. 열매는 9~11월에 검고 둥글게 여문다.

민간에서는 신경통, 관절염, 요통 치료에 썼으며, 음나무 가지를 닭에 넣어 닭백숙을 끓여 먹거나 뿌리껍질을 생으로 갈아 마셨다. 잎, 줄기, 속껍질, 뿌리 모두 약으로 쓴다. 항암, 진통 작용이 있어 각종 암과 위염 · 비염 · 관절염 · 신경통 · 종기 · 피부병 · 근육통 · 산후 요통 · 기침 · 가래 · 중풍 · 당뇨병을 치료하는 효과가 있다.

몸에 열이 많거나 피가 부족한 사람은 나물을 먹지 않는다.

나물의 채취와 이용	
시 기	봄
채취법	연한 잎과 순을 뜯는다.
조리법	데쳐서 먹는다. 물김치를 담글 때는 생것을 소금에 절인다.
음 식	나물 무침, 초고추장 숙회, 장아찌, 튀김, 전, 물김치
효 능	항암, 진통
주 의	몸에 열이 많거나 피가 부족한 사람은 나물을 먹지 않는다.

꽃 핀 모습, 4월 23일

↑ 뜯은 나물, 4월 12일

자라는 모습, 4월 12일(나물하기 좋은 때)

묵나물, 4월 20일   새순이 올라오는 모습, 4월 7일↑   군락을 이루어 꽃 핀 모습, 4월 23일↑

조팝나무

조팝, 단화이엽수선국, 조밥·조밥나무 (방언)

장미과 / 쌍떡잎식물 / 낙엽관목
자라는 곳 산의 양지 바른 기슭   크기 1.5~2m 정도
꽃 필 때 4~5월

작고 하얀 꽃들이 다닥다닥 피어 있는 모습이 마치 가지 위에 튀긴 좁쌀을 뿌려 놓은 것 같다. 줄기는 곧게 서고 가느다란 가지가 위로 비스듬히 뻗으며 밤색을 띠고 능선이 있고 윤기가 난다. 잎은 어긋나고, 가장자리에 갈래로 갈라지며 잔 톱니가 있다. 흰색 꽃은 4~6송이씩 달린다. 열매는 골돌과로 9월에 익는다.

민간에서는 설사와 인후염 치료에 사용했으며, 뿌리를 채취하여 말려 금은화와 함께 달여 마셨다. 해열, 수렴, 소염, 진통 등의 작용이 있어, 감기·인후염·설사·해열·신경통·대하를 치료하는 효과가 있다. 꽃은 아스피린의 주원료로 이용되고 있을 정도로 탁월한 효과를 갖고 있으므로, 감기로 인해 열이 나거나 목이 붓고 통증이 심할 때 꽃차를 마시면 효과가 좋다. 임산부는 나물을 먹지 않는다.

나물의 채취와 이용	
시 기	봄
채취법	어리고 연한 잎을 뜯는다. 꽃은 딴다.
조리법	데쳐서 무친다. 묵나물은 볶는다. 꽃은 말려서 차로 우려 마신다.
음 식	새순 : 나물 무침, 묵나물 볶음 꽃 : 차
효 능	해열, 수렴, 소염, 진통
주 의	임산부는 나물을 먹지 않는다.

↓ 군락을 이루어 자라는 모습, 5월 20일

↑ 꽃 핀 모습, 7월 13일

↑ 뜯은 나물, 5월 14일

↓ 새순이 올라오는 모습, 5월 9일(나물하기 좋은 때)   ↓ 새순이 올라오는 모습, 5월 9일(나물하기 좋은 때)   묵나물 볶음, 12월 4일 ↓

좀깨잎나무

새끼거북꼬리, 점거북꼬리, 쇄기풀나물(방언)

쐐기풀과 / 쌍떡잎식물 / 낙엽반관목
자라는 곳 산골짜기, 시냇물 근처의 돌무덤   크기 50~100cm
꽃 필 때 7~8월

잎이 들깻잎을 닮았다 해서 붙여진 이름이다. 초본(풀)으로 보이지만 밑부분을 보면 목본(나무)임을 알 수 있다. 잎은 마주나고 둥근 사각형이며 끝이 꼬리처럼 길어진다. 가장자리에 큰 톱니가 있으며, 잎 표면에 털이 있고 뒷면에는 맥에만 털이 있다. 줄기는 붉은빛을 띠는 갈색이다. 꽃은 낱알이 많이 달린 벼 모양으로 꽃차례의 축이 없고 자루가 길다. 열매는 수과이고 둥근 모양으로 10월에 익는다.

민간에서는 아토피와 습진 치료에 사용했으며, 잎과 줄기를 달여 복용했다. 피부병, 종기, 벌레와 뱀에 물렸을 때는 생즙을 짓찧어 환부에 발랐다. 해독·지혈·청열·산어(散瘀: 어혈을 없애고 부기를 가라앉힘)의 작용이 있어 토혈·단독·창종·독사 교상을 치료하는 효과가 있다.

나물의 채취와 이용

시기	봄
채취법	연한 잎과 순을 뜯는다.
조리법	데쳐서 무친다. 묵나물은 볶는다. 생선 조림 밑나물로 쓴다.
음식	데쳐서 무침, 묵나물 볶음, 생선 조림 밑나물
효능	해독, 지혈, 청열, 산어
주의	-

꽃 핀 모습, 3월 2일 ↑

새순이 올라오는 모습, 5월 6일

↑ 대나무

들깨볶음, 5월 10일 ↓

장아찌, 5월 27일 ↓

대나무숲 ↓

죽순대

맹종죽 孟宗竹, 강남죽 江南竹

벼과 / 외떡잎식물 / 상록교목
자라는 곳 남부 지방 크기 10~20m
꽃 필 때 3월

대나무의 땅속줄기에서 이른 봄에 돋아나는 어리고 연한 싹을 말한다. 마디에 고리가 1개 있으며 가지에는 2~3개씩 있다. 꽃은 원추꽃차례로 달리는데, 개화 주기가 3~120년이라 일생에 한 번 보기도 어렵다.

섬유질·단백질·당질·회분·인·칼슘·염분·철 등이 들어 있으며, 고혈압, 햇볕으로 인한 피부염, 만성 기관지염, 간염을 치료하는 효과가 있다. 죽순은 채취한 뒤에도 성장을 계속하면서 아미노산과 당질을 소모하여 맛이 떨어지므로 빨리 가공해야 한다. 쌀뜨물에 담가 두면 여러 성분의 산화를 막고, 쌀겨 안에 넣어 두면 쌀겨의 효소 작용으로 더 부드럽고 식감이 좋아진다. 죽순에는 인체에 좋지 않은 수산 성분이 있는데, 이 역시 쌀겨나 쌀뜨물에 넣어 두면 녹아 나온다. 몸이 차거나 설사가 잦은 사람은 먹지 않는다.

나물의 채취와 이용	
시 기	5월 초순~5월 중순
채취법	어리고 연한 죽순을 꺾는다.
조리법	조리하기 전에 쌀겨나 쌀뜨물에 넣어 수산이 녹아 나오게 한다.
음 식	무침, 볶음, 밥
효 능	고혈압, 만성 기관지염, 간염 치료
주 의	몸이 차거나 설사가 잦은 사람은 먹지 않는다.

↑ 꽃 핀 모습, 4월 3일(화전, 술, 발효액 하기 좋은 때)↓

↑ 화전, 4월 5일

↑ 술, 5월 20일   진달래 덖음차, 5월 20일 ↓

진달래

참꽃, 두견화杜鵑花

진달래과 / 쌍떡잎식물 / 낙엽관목
자라는 곳 산지의 햇볕이 잘 드는 곳 크기 2~3m
꽃 필 때 4월

전국 산야에 무리 지어 자란다. 어린 나무는 밝은 갈색이고 비늘조각이 있으며, 묵은 가지는 갈색을 띤다. 줄기 위쪽은 가지가 많이 갈라진다. 잎은 어긋나고 가지 끝에 5장씩 뭉쳐 나며, 끝이 뾰족한 긴 타원형으로 가장자리는 밋밋하다. 꽃은 잎이 나오기 전에 연한 분홍색으로 핀다. 열매는 긴 원통 모양으로 10월에 붉고 노란색으로 여문다.

민간에서는 기관지염 치료에 사용했으며, 꽃술을 떼어낸 꽃을 흑설탕으로 재워 발효시켜 물에 타서 마셨다. 관절염에는 뿌리 말린 것을 달여 마셨다. 꽃잎은 조경·진해·활혈 작용을 하는 성분이 있어서 기침·가래·기관지염·당뇨·토혈·해수·고혈압의 개선에 효과적이다. 꽃을 많이 먹으면 눈이 침침해지는 부작용이 있을 수 있으니 한꺼번에 많이 먹지 않는다.

나물의 채취와 이용	
시기	봄
채취법	꽃을 따고 부드러운 잎을 뜯는다.
조리법	꽃술에는 독성이 있으므로 제거한다.
음식	꽃 : 화전, 술, 발효액 / 잎 : 차
효능	조경, 진해, 활혈
주의	꽃을 많이 먹으면 눈이 침침해질 수 있으니 한꺼번에 많이 먹지 않는다.

꽃 핀 모습, 4월 3일

↑ 새순, 4월 18일(나물하기 좋은 때)

↑ 꽃 핀 모습, 4월 22일

↑ 자라는 모습, 4월 23일(이때도 나물하기 좋다)   ↑ 뜯은 나물, 4월 18일   ↑ 찔레꽃 군락, 4월 22일   데쳐서 초고추장 무침, 4월 19일 ↓

찔레꽃

찔레나무, 가시나무, 새베낭·들장미(방언)

장미과 / 쌍떡잎식물 / 낙엽덩굴나무
자라는 곳 산과 들, 햇볕이 잘 드는 골짜기   크기 2m
꽃 필 때 5~6월

잎은 어긋나고 장타원형이다. 끝은 뾰족하고 둥근 쐐기 모양이며 가장자리에 뾰족한 톱니가 있다. 잎 뒷면과 옆쪽에는 부드러운 털이 있다. 흰색 또는 연한 분홍색 꽃은 원추꽃차례로 모여 핀다. 열매는 난상 원형으로 9~10월에 붉은색으로 익는다. 봄에 연한 잎과 순을 뜯으며, 꽃을 채취할 때는 꽃받침째 딴다.

민간에서는 관절염 치료에 말린 뿌리 4~10g을 달여 복용했고, 만성적 코피에는 말린 찔레 뿌리 80~100g을 암탉과 함께 약한 불에 달여 먹었다. 불면증·건망증·부종·산후풍·어혈 등에 효과가 있다.

몸이 차고 맥이 약한 사람은 나물을 한꺼번에 많이 먹지 않는다.

나물의 채취와 이용	
시 기	봄
채취법	연한 잎과 순을 뜯고, 꽃은 꽃받침째 딴다.
조리법	데쳐서 무친다. 꽃전을 부친다. 줄기는 껍질을 벗겨 생으로 먹는다.
음 식	나물 무침 / 꽃 : 전, 차 / 줄기 : 생
효 능	관절염, 불면증, 건망증, 부종 치료
주 의	몸이 차고 맥이 약한 사람은 나물을 한꺼번에 많이 먹지 않는다.

찔레 열매, 11월 20일

영실薔實의 쓰임

영실주는 당뇨병 환자에게 매우 좋은 술이다. 장이 약해서 자주 설사를 하는 사람은 20여일 정도만 꾸준히 마시면 치유가 된다. 소변불리에도 좋고 강장 효과도 크다.

영실주(덜 익은 열매로 만들기)

1 찔레 열매가 빨갛게 익는 11월이 되기 전(10월)에 열매를 딴다. ⇨ 2 깨끗이 씻어 물기를 완전히 제거한다. ⇨ 3 2를 독이나 항아리에 담는다. ⇨ 4 독한 술을 재료의 2~3배 정도 붓고 밀봉하여 지하실이나 냉암소에 보관한다. ⇨ 5 술로 먹을 때는 3~4개월 정도 지나면 되고, 약용으로 쓸 때는 1년 이상 두어야 약효가 뚜렷하다.

영실주(잘 익은 열매로 만들기)

1 11월 경 잘 익은 열매를 딴다. ⇨ 2 깨끗이 씻어 가마솥에 넣고 물을 조금 부어 뭉긋하게 끓인다. ⇨ 3 24시간 달인 후에 토종꿀을 넣어서 다시 하루쯤 졸인다. ⇨ 4 완전히 식힌 다음, 술을 재료의 2~3배 정도 붓고 밀봉하여 냉암소나 지하실에 1년 이상 두었다가 먹는다.

↑ 꽃 핀 모습, 10월 14일 　　새순이 올라오는 모습, 4월 2일(나물하기 좋은 때)　　↑ 꽃과 열매, 10월 20일

↑ 녹차를 우려 마시는 모습, 5월 30일　　↑ 찻잎 초고추장 무침, 5월 30일

차나무

차茶, 다수茶樹, 차수다, 차엽수

차나무과 / 쌍떡잎식물 / 상록관목
자라는 곳 제주도, 남부지방　크기 4~8m
꽃 필 때 10~11월

중국이 원산지로 열대, 아열대, 온대 지방에서 자라며, 우리나라에서는 야생화 된 것도 있다. 1년생 가지는 갈색이고 2년생 가지는 회갈색이다. 잎은 어긋나고 두껍고 윤기가 나며 앞면은 녹색이고 뒷면은 회록색이다. 양끝이 뾰족하며 창처럼 긴 타원 모양으로 가장자리에 거치가 있다. 꽃은 양성으로 열매가 익어 가는 시기에 흰색으로 핀다. 열매는 삭과로 둥근 모양이며 11월에 다갈색으로 익는다.

민간에서는 감기와 두통 치료에 썼으며, 말린 잎과 진피(감귤 껍질)를 같은 양으로(20g) 물 4리터에 넣어 달여 마셨다.

잎에는 비타민과 카페인, 탄닌 성분이 함유되어 있어 피로를 해소하는 데 좋고 이뇨 작용을 하며 암 예방 효과가 있다. 또한 콜라겐 생성에 필수인 비타민 C가 함유되어 있어 피부 미용에 좋으며, 면역력을

나물의 채취와 이용	
시 기	봄 : 잎 봄~가을 : 차
채취법	어리고 연한 잎을 딴다.
조리법	차로 우려낸 잎으로도 나물을 한다.
음 식	나물 무침, 차
효 능	중금속 배출, 니코틴 배출, 살균 작용
주 의	불면증이 생길 수 있다. 몸이 찬 사람, 빈혈, 위가 약한 사람은 피한다.

녹차밭

강화해 주므로 감기가 예방되고, 몸속의 중금속을 배출하는 작용을 한다.
　폴리페놀 성분은 인체에 쌓인 니코틴을 배출하는 데 큰 효과가 있다. 살균 작용을 하는 불소가 함유되어 있어 식중독과 충치를 예방한다. 나물이나 차를 꾸준히 섭취하면 혈관 내에 쌓인 콜레스테롤을 배출하여 고혈압·고지혈증·동맥경화 등 심혈관 질환을 예방하고 혈당을 낮추어 당뇨병 치료에 도움이 된다.

녹차의 분류

우 전	곡우(4월 20일경)에 따서 덖어 차를 만든 것
세 작	가장 어린잎(4월 30일 전)을 따서 덖어 차를 만든 것
중 작	세작보다 좀 더 큰 잎(5월 5일)을 따서 덖어 차를 만든 것
대 작	여름과 가을에 따서 덖어 차를 만든 것

↑ 단풍 든 모습. 11월 6일

자라는 모습. 4월 23일(나물하기 좋은 때)

↑ 자란 모습. 5월 26일   ↑ 자라는 모습. 5월 26일   ↑ 뜯은 나물. 4월 24일   부각. 4월 29일 ↓

참죽나무

참중나무, 중나무, 쭉나무, 가죽나물

멀구슬나무과 / 쌍떡잎식물 / 낙엽교목
자라는 곳 들, 마을 근처 크기 20~30m
꽃 필 때 6월

중국이 원산지로, 가지가 옆으로 퍼지지 않고 위쪽으로 뻗어 전체적으로 원기둥 모양이 된다. 성장 속도가 매우 빠르며, 큰 나무 뿌리 쪽에서도 새로운 줄기가 많이 나온다. 깃털 모양의 잎이 10~20장 정도 어긋난다. 끝은 뾰족한 달걀 모양이고 가장자리엔 물결 모양의 톱니가 있기도 하다. 종 모양의 흰 꽃은 양성화로, 가지 끝에서 모두송이꽃차례를 이룬다. 열매는 삭과로 긴 타원형이다.

어린순은 몸속에 쌓인 독소를 체외로 배출하고 신진대사를 촉진하여 기운을 돋운다. 민간에서는 종기와 옻이 오른 데 치료약으로 사용했으며, 잎을 말려 달인 물을 환부에 발랐다.

단백질·아미노산·비타민·칼슘이 풍부하고, 해열·지혈·살충·소염, ·항균 등의 작용이 있으며, 장염·이질·종기·설사·대하·유

나물의 채취와 이용	
시 기	봄
채취법	연한 잎과 순을 뜯는다.
조리법	새순에도 익혀야 파괴되는 독이 있으므로 꼭 익혀 먹는다.
음 식	데쳐서 쌈, 무침, 튀김, 부각, 장아찌
효 능	해열, 지혈, 살충, 소염, 항균
주 의	한꺼번에 많이 먹으면 두통과 설사를 할 수 있다. 비장과 위장이 약하거나 음이 허한 사람은 먹지 않는다.

자라는 모습. 4월 28일(나물하기 좋은 때)

정(遺精 : 정액이 저절로 나오는 병증)·대장염·류머티즘 관절염을 치료하는 효과가 있다.

구충에 사용할 때는 6~12g 달여 복용하거나 환을 만들어 먹는다.

만성 대장염에는 껍질 또는 뿌리껍질 8~16g을 달여 하루 세 번 나누어 먹는다.

새순에도 익혀야 파괴되는 독이 있으므로 꼭 익혀서 먹어야 한다. 한꺼번에 많이 먹으면 두통과 설사를 할 수 있다. 비장과 위장이 약하거나 음이 허한 사람은 먹지 않는다.

↓ 자라는 모습, 5월 17일(덩굴손과 꽃봉오리 모습)   새순이 올라오는 모습, 5월 8일(나물하기 좋을 때)

↑ 꽃 핀 모습(암꽃), 6월 1일

↓ 군락을 이루어 자라는 모습, 5월 20일

↑ 열매 모습, 9월 30일   묵나물 볶음, 11월 26일 ↓

청가시덩굴

청가시나무, 종가시나무, 청가시덤불

백합과 / 외떡잎식물 / 낙엽덩굴나무
자라는 곳 산기슭, 들 크기 5m 정도
꽃 필 때 6~7월

잎은 마디마다 하나씩 돌려나고 타원형이거나 심장 모양이다. 끝이 뾰족하고 표면은 녹색이며 뒷면은 연한 녹색이고 덩굴손이 있다. 원줄기는 녹색이고 가시가 있으며, 가지는 녹색으로 흑갈색 점이 있다. 꽃은 황록색으로 암꽃과 수꽃이 다른 나무에 피고, 열매는 과즙과 액즙이 많으며 검은색으로 익는다.

민간에서는 종기가 났을 때나 삭신이 쑤시고 아플 때, 뿌리를 진하게 달여 환부에 바르거나 줄기와 잎을 짓찧어 생즙을 내서, 또는 말린 후 가루를 내어 발랐다. 풍을 제거하고 피의 흐름을 원활하게 하며 부은 종기나 상처, 근육이나 뼈에 생긴 통증을 멈추게 하고 치료하는 효과가 있다.

나물의 채취와 이용	
시 기	봄
채취법	연한 잎과 순을 뜯는다.
조리법	데쳐서 가볍게 헹군다.
음 식	나물 무침, 초고추장 숙회, 묵나물 볶음
효 능	진통, 소풍, 혈액순환 개선
주 의	-

익은 겨울 열매, 12월 20일

새순이 올라오는 모습, 4월 15일(나물하기 좋은 때)

↑잎과 열매 장아찌, 6월 26일

망개떡, 6월 1일

자라는 모습, 4월 22일(잎장아찌하기 좋은 때)↓

열매, 5월 17일(열매 장아찌 만들기 좋은 때)↓

청미래덩굴

경반, 선유량, 망개, 망개나무, 명감나무(방언)

백합과 / 외떡잎식물 / 낙엽덩굴나무
자라는 곳 산 크기 2~3m
꽃 필 때 5월

굵고 딱딱한 뿌리줄기[토복령]는 옆으로 길게 벋으며, 어긋나는 잎은 둥근 달걀 모양으로 윤기가 나고 두껍다. 잎자루는 짧고 턱잎은 칼집 모양으로 끝이 덩굴손이다. 줄기는 마디마다 굽으면서 갈고리 같은 가시가 있다. 황록색 꽃은 산형꽃차례이고, 둥근 열매는 붉게 익는다.

민간에서 구황식품으로 이용했고, 수은 중독·간 질환·변비 치료제로 썼으며, 뿌리를 쌀뜨물에 넣어 푹 고아 먹었다. 잎에 들어 있는 파릴린parillin, 스밀라신smilacin, 사포닌 성분이 천연 방부제 역할을 하여, 부드러운 잎으로 밥이나 떡을 싸면 잘 쉬지 않는다. 해독·진통·해열 작용이 있으며, 변비·종기·간 질환·관절염 개선 효과가 있다. 종기에는 잘게 썰어 말린 뿌리 15~30g을 물 한 되에 넣어 물이 반으로 줄 때까지 은근히 달여 하루 3회 공복에 마신다.

나물의 채취와 이용	
시기	봄 : 새순 늦가을~이듬해 봄 : 뿌리
채취법	연한 잎과 순을 뜯는다. 열매는 익기 전에 딴다.
조리법	떡을 할 때는 소금에 절여서 쓴다.
음식	나물 무침, 튀김 / 잎 : 장아찌, 떡, 밥 / 뿌리 : 차
효능	해독, 진통, 해열 변비, 종기, 간 질환, 관절염 개선
주의	간장과 신장이 음허한 사람은 나물을 먹지 않는다.

↑꽃 핀 모습, 8월 10일

↑자라는 모습, 4월 23일(나물하기 좋은 때) ↑새삼과 함께 자란 모습, 9월 13일 ↑겨울 열매, 12월 9일 ↑뿌리, 2월 20일

칡

갈근葛根, 갈화葛花, 칡넝쿨, 칙·측·칡덤블(방언)

콩과 / 쌍떡잎식물 / 낙엽덩굴나무
자라는 곳 산, 들 크기 20m 이상
꽃 필 때 7~8월

칡은 다른 물체를 감고 자라는데 굵기가 굵어져서 나무로 분류된다. 잎은 어긋나고 홈이 있으며 갈색 잔털이 있는 잎줄기에 아래쪽에 2장, 위쪽이 1장, 총 3장이다. 작은 잎은 털이 있고 마름모꼴 또는 넓은 타원 모양이며 가장자리는 밋밋하고 뒷면은 흰색을 띤다. 꽃은 잎겨드랑이에 붉은빛이 도는 자주색으로 피는데 총상꽃차례를 이룬다. 9~10월에 납작하고 긴 꼬투리 열매가 갈색으로 익으며 억세고 갈색 잔털이 빽빽하게 난다.

민간에서는 상처에서 피가 날 때 잎을 짓찧어 붙였고 알코올 중독 치료제로 썼다. 뿌리를 말려 차로 장복하면 술에 대한 욕구가 현저히 줄어든다고 한다. 뿌리에는 식물성 에스트로겐이 풍부하여 골다공증을 예방하고 피부 노화 방지와 갱년기로 인한 우울증에 좋은 효과가

나물의 채취와 이용	
시기	봄~여름 : 잎 / 여름 : 꽃 늦가을~이듬해 봄 : 뿌리
채취법	부드럽고 연한 잎과 순을 뜯는다. 꽃은 따고 뿌리는 캔다.
조리법	연한 순을 나물로, 잎을 장아찌로, 뿌리는 식약재로 다양하게 쓴다.
음식	잎 : 숙쌈, 장아찌, 튀김, 밥 / 꽃 : 차, 발효액 / 뿌리 : 생즙, 갈근차
효능	노화 방지, 갱년기 우울증 개선 피부 세포 재생
주의	성질이 매우 차서 속이 찬 사람은 먹지 않는다.

있다. 숙취·피로 해소·해열 효과가 있고, 위장과 간을 보호하며, 감기·폐질환·갈증·이질·설사·소화불량·변비·고지혈증·당뇨·혈관계 질환 등을 치료한다. 칡순에는 피부 세포 생장을 촉진하고 주름과 피부 탄력을 개선하는 효과가 있다.

칡잎장아찌

칡잎, 육수, 간장, 설탕, 식초, 소금 약간

1. 칡잎을 식초를 탄 물에 넣어 10~20분간 담갔다가 여러 번 씻는다.
2. 소쿠리에 담아서 물기를 뺀 뒤 소금을 넣은 끓는 물에 데친다.
3. 찬물에 헹군 뒤 물기를 꼭 짜서 용기에 차곡차곡 담는다.
4. 육수에 간장·설탕·식초를 넣고 끓여 달임장을 만든다.
5. 달임장을 식힌 뒤 칡잎에 붓는다. 2~3일 뒤에 간장을 따라내어 다시 끓여서 식혀 붓기를 3회 정도 반복한다.
6. 서늘한 곳에 두고 숙성시킨다.

칡순 튀김

칡순 100g, 녹말가루 1/2컵, 물 1/2컵, 튀김가루 130g, 튀김기름 적당량

1. 칡순은 다듬어 씻어 튀김옷이 잘 입혀지도록 녹말가루를 골고루 묻힌다.
2. 물 1/2컵에 튀김가루를 개어 칡순에 튀김옷을 입힌다.
3. 튀김기름에 반죽을 조금 떨어뜨려 반죽이 가라앉았다 떠오르면 칡순을 하나씩 넣고 튀김옷이 익을 정도로만 튀긴다.
4. 채반이나 키친타월에 얹어 기름을 빼고 다시 한 번 살짝 튀긴다.

↑ 뜯은 나물, 5월 7일

↑ 장아찌, 6월 15일

↑ 순을 뜯은 나물, 4월 23일(튀김하기 좋다)

순 튀김, 4월 24일 →

↑ 새순이 올라오는 모습. 5월 2일(나물하기 좋은 때)

↑ 뜯은 나물. 5월 10일

↓ 자라는 모습. 5월 10일(이때도 나물하기 좋다)　↓ 나무껍질. 5월 30일　↑ 장아찌. 6월 5일　헛개열매차. 12월 12일 ↓

헛개나무
지구자나무

갈매나무과 / 쌍떡잎식물 / 낙엽교목
자라는 곳 산　크기 10~17m
꽃 필 때 6~7월

잎은 달걀 모양 또는 타원형으로 가장자리에 잔 톱니가 있다. 나무껍질은 검은 회색이고 작은 가지는 갈자색이다. 흰색 꽃은 취산꽃차례로 달린다. 닭의 발톱처럼 생긴 열매가 9~10월에 갈색으로 익는다.

민간에서는 술독을 풀고 구역질을 멈추게 하는 약으로 썼으며, 생잎을 쌈으로 먹거나 즙을 내어 마셨다. 은은한 향기와 단맛이 있어 입맛을 돋우며, 잎·줄기·열매 모두 간에 좋다고 한다. 암페롭신·호베니틴스 등의 성분이 많이 함유되어 있으며, 간 기능을 개선하고, 체내에 쌓인 독소를 제거하여 피로 해소·숙취 해소 효과가 좋다. 변비·방광염·지방간·황달·류머티스 관절염·소화불량을 치료하는 효과가 있다.

나물의 채취와 이용	
시 기	봄
채취법	연한 잎을 뜯는다. 열매는 따거나 늦가을 떨어진 것을 줍는다.
조리법	생으로 쌈을 싸 먹거나 묵나물, 장아찌를 만든다.
음 식	잎 : 쌈, 장아찌, 묵나물 볶음 / 열매 : 차
효 능	간 기능 개선 – 피로 해소, 숙취 해소
주 의	간에 열이 없는 사람은 나물이나 차를 복용하지 않는다.

전체모습 5월 30일

헛개나무 열매 효능

헛개나무 열매인 지구자(枳椇子)의 효능에 대해 《동의보감》에서는 '간장과 대장을 치료하고 술독을 풀어 주는 효능이 불가사의할 정도'라고 기록하고 있다.

열매를 가을에 채취하여 햇볕에 말려 쓰는데, 씨앗에 독성이 있으므로 미리 제거해야 한다.

지구자 효능

- 숙취로 인한 갈증 해소
- 관절염 개선
- 독소 배출
- 변비 해소
- 이뇨 작용
- 피로 해소
- 근육통 해소

↓ 새순, 4월 17일(나물하기 좋은 때)

↑ 익은 열매, 11월 30일

↓ 자란 모습, 5월 20일   ↓ 풋열매, 8월 26일   ↓ 새순, 4월 17일   데쳐서 무침, 4월 18일 ↓

화살나무

홋잎나물, 귀전우鬼箭羽, 홑잎나물, 화살나무(방언)

노박덩굴과 / 쌍떡잎식물 / 낙엽관목
자라는 곳 산   크기 1~3m
꽃 필 때 5월

줄기에 화살처럼 날개가 있어 붙여진 이름이다. 잎은 마주나고 타원형 또는 둥근 모양으로 가장자리에 잔 톱니가 있다. 꽃은 황록색으로 피고 열매는 10월에 붉은색으로 익는다.

민간에서는 당뇨병 치료에 썼으며, 어린 줄기 5~10g을 달여 하루 세 번 마셨다. 화살나무 날개를 태워 그 재를 가시 박힌 곳에 붙이면 신기할 정도로 쉽게 가시가 빠진다. 혈액순환을 좋게 하여 혈액을 맑게 하므로 고혈압·동맥경화·당뇨병을 개선하고 신심 안정 효과가 있다. 지혈·항염·진통·구충·소염·구풍·혈행 개선 작용이 있어, 위암·식도암·우울증·불면증·자궁 출혈·대하·어혈 등을 치료하는 효과가 있다.

임산부는 나물로 먹지 않는다.

나물의 채취와 이용	
시 기	봄
채취법	연한 잎을 뜯는다.
조리법	생으로 먹는다. 데쳐서 무치거나 볶는다.
음 식	생채, 나물 무침이나 볶음
효 능	지혈, 항염, 진통, 구충, 소염, 구풍, 혈행 개선
주 의	임산부는 나물로 먹지 않는다.

꽃 핀 모습, 5월 6일

새순, 4월 10일(이때 나물하기 좋은 때)

↑ 열매 모습, 11월 21일   데쳐서 무침, 4월 22일 ↑

자라는 모습, 4월 19일(이때도 나물하기 좋다) ↑

단풍 든 잎, 10월 26일 ↑

회잎나무

홋잎나물, 홑잎나물

노박덩굴과 / 쌍떡잎식물 / 낙엽관목
자라는 곳 산   크기 1~3m
꽃 필 때 5~6월

전체적인 모습이 화살나무와 비슷한데 단지, 줄기에 화살 같은 날개가 없다. 잎은 마주나고 가장자리에 잔 톱니가 있다. 꽃은 잎겨드랑이에 황록색으로 피는데 3개가 모여 취산꽃차례로 달린다. 열매는 10월에 삭과로 붉게 익는다.

민간에서는 산후 출혈·자궁 출혈·월경불순 등의 여성 질환 치료에 사용했으며, 꽃이 피기 전에 잎을 채취하여 말린 후 차로 끓여 마셨다. 차와 나물은 인슐린 분비를 촉진하는 작용이 있어 당뇨병 치료에 도움이 되고 혈액순환을 좋게 한다. 다양한 부인과 질환에 효과가 있다.

나물의 채취와 이용	
시 기	봄
채취법	연한 잎과 순을 뜯는다.
조리법	데쳐서 무친다. 묵나물은 볶는다. 말려서 차로 끓여 마신다.
음 식	나물 무침, 묵나물 볶음, 차
효 능	인슐린 분비 촉진, 여성 질환 치료
주 의	-

바닷가 나물

↑ 꽃 핀 모습, 6월 25일

자란 모습, 5월 16일(이때에도 나물하기 좋다)

↓ 새순이 올라오는 모습, 3월 20일 ↓ 장아찌, 6월 7일 ↓ 뜯은 나물, 5월 3일 데쳐서 초고추장 무침, 5월 4일 ↓

갯기름나물

갯기름, 일본전호 日本前胡

산형과 / 쌍떡잎식물 / 여러해살이풀
자라는 곳 바닷가 바위틈 크기 60~100cm
꽃 필 때 6~8월

줄기는 곧게 서고 여러 개의 가지를 치며 끝 부분에 털이 있다. 회색빛이 도는 녹색 잎은 어긋나고, 깊게 3개로 갈라지며, 갈라진 조각은 다시 3개로 갈라진다. 작고 하얀 꽃들은 우산 모양으로 뭉쳐 핀다. 열매는 타원형으로 잔털이 있으며 9월에 익는다.

민간에서는 뿌리를 말려 달이거나 술을 담가 중풍·감기·폐결핵 치료에 사용했다. 마니톨, 유기산, 고미배당체, 정유 등의 성분이 다량 함유되어 있으며, 경락의 순환을 촉진하고 열을 내리며 풍을 제거하는 효과가 있다. 나물을 오래 먹으면 풍으로 인한 어지럼증·구안와사·전신통·안구 충혈 등이 완화된다. 감기·몸살·기침·가래·폐렴·종기·피부 가려움증·산후풍·관절염 등을 치료하는 효과가 있다. 풍사에는 녹두를 먹지 않는다.

나물의 채취와 이용	
시 기	봄 : 잎과 순 늦가을~이듬해 봄 : 뿌리
채취법	연한 잎과 순을 뜯는다. 뿌리는 캔다.
조리법	독성이 있고 떫고 매운맛이 있으므로 데쳐서 하루 정도 물에 우려낸다.
음 식	나물 무침(고추장·된장·간장), 초고추장 숙쌈, 장아찌
효 능	통경, 해열, 소풍
주 의	몸에 열이 없는 사람과 소음인 체질인 사람은 나물을 많이 먹지 않는다.

꽃 핀 모습, 7월 4일

새순이 올라오는 모습, 5월 4일 · 꽃 핀 모습, 7월 4일 · 열매를 맺은 모습, 8월 16일

뜯은 나물, 5월 4일 · 초고추장 무침

갯까치수염

갯좁쌀풀, 해변진주초, 갯꽃꼬리풀(방언)

앵초과 / 쌍떡잎식물 / 여러해살이풀
자라는 곳 제주도, 울릉도, 남해안 바닷가 크기 10~40cm
꽃 필 때 7~8월

해 잘 드는 곳의 바위틈이나 마른 토지에서 자란다. 잎은 어긋나고 윤기 나는 두터운 육질로 길이 2~5cm, 너비 1~2cm이다. 밋밋한 가장자리는 끝이 둥글거나 둔하며 밑으로 좁아지면서 원줄기에 직접 달린다. 흑색 내선점이 있는 것이 특징이다. 하얀 꽃이 여러 송이 뭉쳐 피고 꽃자루는 비스듬히 퍼진다. 지름 4~6mm의 둥근 열매가 익으면 꼭대기에 작은 구멍이 뚫려 씨가 나온다.

갯까치수염에는 심장을 자극하고 심실의 수축력을 강화하는 성분이 들어 있어서, 나물을 먹으면 전신의 혈류가 증강되면서 신장으로 도달하는 혈류 또한 증가하여 소변을 강하게 보게 된다. 고혈압, 당뇨, 타박상, 부종, 변비 치료에 좋다.

나물의 채취와 이용	
시 기	5월 초순~6월 중순
채취법	연한 잎을 뜯는다.
조리법	데친 후 간장, 된장, 초고추장에 각각 무친다.
음 식	나물 무침
효 능	심장 기능 강화
주 의	-

↑ 잎이 자라는 모습, 4월 30일(나물하기 좋은 때)

↑ 꽃 핀 모습, 6월 9일

↑ 뜯은 나물, 4월 30일 　　데친 후 무침 5월 2일

↓ 모래에 떨어진 열매와 새순, 5월 1일

↓ 새순이 올라오는 모습, 5월 1일

갯방풍

해방풍海防風, 해사삼海沙蔘, 북사삼北沙蔘

미나리과 / 쌍떡잎식물 / 여러해살이풀
자라는 곳 바닷가 모래땅   크기 5~20cm
꽃 필 때 6~7월

바닷가에서 자라는 식물이 중풍을 예방한다고 하여 '해방풍海防風'이라고도 한다. 뿌리는 모래 속에 깊이 묻히고, 전초에 잔털이 빽빽이 나 있다. 윤기 나는 잎은 어긋나고, 깃꼴겹잎으로 두툼하며, 작고 하얀 꽃들이 줄기 끝에 뭉쳐 우산 모양을 이룬다. 달걀 모양의 열매는 긴 털로 덮여 있다.

민간에서는 중풍 치료에, 뿌리를 술에 담가 마셨고, 관절염에는 뿌리를 짓찧어 환부에 붙였다. 진해 · 거담 · 지갈 · 살균 · 진통 작용을 하여, 나물을 꾸준히 먹으면 폐가 깨끗해지고, 폐의 열로 인한 기침 · 감기 · 기관지염 · 호흡기 질병 · 두통 · 신경통 · 관절염 · 중풍 · 안면신경마비 · 피부 가려움증 등이 완화된다. 살균 작용이 있어 생선회를 먹을 때 쌈으로 같이 먹으면 식중독을 예방하는 효과가 있다.

나물의 채취와 이용	
시 기	잎 : 봄 / 뿌리 : 겨울~이듬해 봄
채취법	연한 잎과 순을 뜯는다. 뿌리는 캔다.
조리법	데쳐서 무치거나 볶는다. 장아찌를 담근다. 뿌리로 차나 술을 담근다.
음 식	쌈, 나물 무침, 볶음, 장아찌 / 뿌리 : 차, 담금주
효 능	진해, 거담, 지갈, 살균, 진통
주 의	소음인 체질인 사람은 나물을 한꺼번에 많이 먹지 않는다.

열매를 채취한 모습. 7월 5일

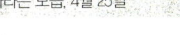
뜯은 나물. 4월 25일

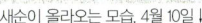
데쳐서 무침. 4월 28일

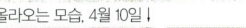
새순이 올라오는 모습. 4월 10일

자라는 모습. 4월 25일

열매가 익어 가는 모습. 7월 17일

갯완두

개완두

콩과 / 쌍떡잎식물 / 여러해살이풀
자라는 곳 바닷가 모래땅 크기 20~60cm
꽃 필 때 4~6월

갯가에 자라는 완두라고 해서 붙여진 이름이다. 잎은 어긋나고 작은 잎 8~12장으로 된 깃꼴겹잎이다. 줄기 위쪽에 잎끝이 변한 덩굴손이 있는 것이 특징이다. 보라색 꽃이 잎겨드랑이에서 난 꽃대 끝에 3~5개씩 달린다. 납작한 타원형의 열매 안에는 씨가 3~5개 들어 있으며 7~8월에 익는다.

바닷가 모래땅에 비스듬히 누워 군락을 이루고 있는 것을 흔히 볼 수 있는데 봄철 나물로 어디에 내놓아도 손색이 없을 만큼 맛도 좋다. 민간에서는 감기 걸렸을 때, 몸이 부었을 때, 피부에 물집이 생겼을 때, 소변이 잘 안 나올 때, 갯완두를 나물이나 국으로 먹었다. 근육통, 신경통, 설사에 좋은 효과가 있다.

나물의 채취와 이용	
시 기	잎 : 봄 / 열매 : 여름
채취법	연한 잎과 순을 딴다. 열매는 약간 덜 익었을 때 꼬투리째 딴다.
조리법	데쳐서 무치거나 볶는다. 열매는 삶아 먹거나, 밥을 지을 때 넣어서 먹는다.
음 식	나물 무침, 볶음 / 열매 : 밥, 찜
효 능	근육통, 신경통, 설사 치료
주 의	-

↑ 자란 모습. 6월 2일

↑ 잎이 지고 꽃이 핀 모습. 7월 16일

↑ 뜯은 나물. 4월 30일　데쳐서 초고추장 무침. 5월 1일

↑ 새순이 올라오는 모습. 4월 16일

↑ 꽃 핀 모습. 6월 9일

갯질경이

보혈초補血草, 금시엽초金匙葉草, 갯질갱이 · 반짝잎개질(방언)

질경이과 / 쌍떡잎식물 / 여러해살이풀
자라는 곳 바닷가 풀밭이나 모래땅　**크기** 10~50cm
꽃 필 때 5~7월

질경이에 비해 잎이 두껍고 윤기가 있다. 원줄기 없이 뿌리에서 잎자루와 꽃자루가 나오고 긴 잎자루가 비스듬히 모여 나오는 것이 특징이다. 하얀 꽃이 수상꽃차례로 달린다. 열매는 타원형 삭과로 흑갈색 씨가 10개 정도 들어 있다.

민간에서는 치통이 있을 때 삶은 물로 양치를 한다고 하며, 달인 물을 마시면 생리통 · 월경불순에 좋다고 한다. 감기 · 신경통 · 이명 · 염증 · 종기 · 어혈 · 가려움증 · 상처를 치료하는 효과가 있다.

맛은 달고 성질은 평하고 독이 없다.

나물의 채취와 이용	
시 기	4월 중순~5월 말
채취법	어린잎을 뜯는다.
조리법	데쳐서 나물이나 된장국을 끓인다. 묵나물 볶음을 한다.
음 식	나물 무침, 된장국, 묵나물 볶음
효 능	치통, 생리통, 월경불순, 이명 치료
주 의	—

열매를 맺은 모습. 10월 17일

↑ 뜯은 나물. 4월 22일

자라는 모습. 5월 25일(나물하기 좋은 때)
자라는 모습. 4월 25일(나물하기 좋은 때)↓

가루를 넣어 만든 돌김 자반. 11월 2일

붉게 변해 가는 모습. 9월 11일↓

나문재

갯나문재, 갯솔나물, 나무재나물·함초나물(방언)

명아주과 / 쌍떡잎식물 / 한해살이풀
자라는 곳 바닷가 모래땅이나 갯벌   크기 50~120cm
꽃 필 때 7~8월

원기둥 모양의 줄기는 곧추서고, 가지는 가늘고 길게 많이 갈라진다. 회색빛 가지와 줄기는 가을에 밑부분부터 붉게 물든다. 잎은 어긋나고 잎자루가 없으며 가늘다. 녹황색 꽃이 1~2개 잎겨드랑이에 달린다. 열매 속에는 까만색 바둑돌 같은 씨가 1개씩 들어 있다.

민간에서는 소화불량과 고혈압에 약으로 썼다. 칼슘·칼륨·인·철분·나트륨 등의 미네랄, 비타민 A·B_1·B_2·C 등이 풍부하게 들어 있고, 플라보노이드 성분과 루틴이 함유되어 있어 항산화 작용을 하고 혈관을 튼튼하게 한다. 몸속의 열을 내려 주고 뭉친 것을 풀어 주는 효능이 있어 가슴이 답답한 증상과 속 쓰림에 좋다.

고혈압이나 신장병이 있는 사람, 몸이 찬 사람은 나물을 많이 먹지 않는 것이 좋다.

나물의 채취와 이용	
시 기	5~6월
채취법	연한 잎과 줄기를 뜯는다.
조리법	뿌리를 제거하고 살짝 데쳐서, 맑은 물에 충분히 우려 짠맛을 제거한다.
음 식	간장 무침
효 능	항산화, 해열, 산어
주 의	고혈압, 신장병이 있는 사람과 몸이 찬 사람은 나물을 많이 먹지 않는다.

↑ 새순이 올라오는 모습. 5월 4일(나물하기 좋은 때)　　자라는 모습. 5월 20일 ↓

↑ 자란 모습. 5월 30일 ↓

↑ 데쳐서 무침. 5월 8일 ↓

방석나물

방석풀

명아주과 / 쌍떡잎식물 / 한해살이풀
자라는 곳 바닷가 간척지, 갯벌　크기 10~25cm
꽃 필 때 9~10월

　방석나물은 염생식물이다. 염생식물이란 바닷가 또는 내륙의 염분이 있는 곳에서 자라는 식물과 해조류를 뜻한다. 가지는 아래쪽에서 비스듬히 누워 방석 모양으로 퍼져 자란다. 잎은 마주나고 선형이다. 잎의 윗면은 납작하고 뒷면은 반원 모양으로 볼록하다. 꽃은 잎겨드랑이에 이삭꽃차례로 달린다. 열매는 황갈색과 검정색으로 익는다.

　민간에서는 변비 치료에 방석나물을 썼다. 방석나물에는 섬유질이 특히 많이 들어 있어서, 포만감을 빨리 느끼게 하는 섬유질의 특성상, 변비 치료뿐만 아니라 다이어트에도 매우 효과적이다.

나물의 채취와 이용	
시 기	봄
채취법	연한 잎과 순을 뜯는다.
조리법	짠맛이 강하므로 물에 데쳐 소금기를 제거한다.
음 식	나물 무침
효 능	변비 해소, 다이어트
주 의	-

무침, 4월 3일

돌무더기에서 꽃 핀 모습, 4월 13일

↑ 된장국, 4월 3일

과일 샐러드, 4월 5일

자란 모습, 4월 24일

겨울 모습, 1월 18일

번행초

번행 番杏, 법국파채 法國波菜, 갯상추 (방언)

석류풀과 / 쌍떡잎식물 / 여러해살이풀
자라는 곳 제주도, 남해안 바닷가 모래밭이나 돌무더기 사이   크기 40~60cm
꽃 필 때 4~10월

허준이 스승 유의태의 위암을 치료하기 위해 직접 찾아나섰다는 '번행초'는 위장에 좋은 3대 약초로 꼽힌다. 땅바닥에 붙어 옆으로 누워 자라며, 잎은 어긋나고, 하얀 분 같은 돌기가 있으며 두껍고 물기가 많다. 짭짜름한 맛이 일단 먹어 보면 자꾸만 손이 가는 나물이다. 꽃은 4~10월에 피는데 제주도에서는 1년 내내 볼 수 있다. 꽃잎은 없고 녹색의 꽃받침 조각이 있는 것이 특징이며, 잎겨드랑이에 종 모양의 노란색 꽃이 1~2개 달린다.

맛은 달고 매우며 성질은 평하다. 위염, 위장병, 소화불량, 변비, 부스럼, 심장병, 종기에 좋다. 비타민 A와 칼슘 등 갖가지 영양소가 풍부하여 안구 충혈과 통증을 완화하고, 빈혈을 개선하고, 산후 기력 회복에 좋은 효능이 있으며, 살균 작용이 있어 식중독 예방 효과가 있다.

나물의 채취와 이용	
시기	5월 중순~9월 말
채취법	연한 잎과 줄기를 뜯는다. 가을에도 연한 잎을 나물로 한다.
조리법	생것을 겉절이한다. 데쳐서 짠맛을 우려둬 나물로 먹는다.
음식	생채 겉절이, 나물 무침, 샐러드, 된장국, 비빔밥
효능	진통, 살균, 빈혈, 산후 기력 회복 위암 예방 및 치료
주의	-

↑ 열매 모습, 11월 3일

자란 모습, 6월 28일(연한 순은 이때로 나물하기 좋다)

↑ 새순이 올라오는 모습, 4월 29일   ↑ 자라는 모습, 5월 13일(나물하기 좋은 때)   ↑ 뜯은 나물, 5월 13일   데쳐서 무침, 5월 16일 ↑

수송나물

가시솔나물, 저모채 猪母菜

명아주과 / 쌍떡잎식물 / 한해살이풀
자라는 곳 바닷가 모래땅   크기 20~40cm
꽃 필 때 7~8월

어린잎이 솔잎을 닮아서 '가시솔나물'이라고도 부른다. 바닷가 모래땅에서 무리 지어 자라고, 밑에서 갈라진 가지는 비스듬히 자란다. 잎은 어긋나고 다육질이며, 꽃은 녹색으로 핀다. 열매는 포과(胞果 : 얇고 마른 껍질 속에 씨가 들어 있는 열매)로 9월에 익는다.

민간에서는 간 질환과 고혈압 치료를 위해서 나물을 꾸준히 먹거나, 말려 달인 물을 마셨다. 통통마디(함초)처럼 미네랄 성분이 포함되어 있는 짠맛이므로 소금을 넣지 않아도 기본적인 간이 저절로 맞는다. 칼슘, 칼륨, 나트륨, 철, 비타민 A · B · C를 풍부하게 함유하고 있어, 혈압을 내리고 해열 · 해독 작용을 하며, 위염 · 위궤양 · 장궤양 · 간 질환 · 고혈압을 치료하는 효과가 있다. 특히 간에 쌓인 독을 풀어 주는 효능이 탁월하다. 5월 단오 이후에는 약간의 독이 생기므로 먹지 않는다.

나물의 채취와 이용	
시 기	봄
채취법	연한 잎과 순을 뜯는다.
조리법	미네랄 성분이 포함되어 있는 짠맛이므로 데쳐서 가볍게 헹구어 조리한다.
음 식	데친 후 샐러드, 나물 무침, 볶음
효 능	해열, 해독, 혈압 강하 간에 쌓인 독을 풀어 줌
주 의	5월 단오 이후에는 약간의 독이 생기므로 먹지 않는다.

↑ 꽃 핀 모습, 8월 22일

새순이 올라오는 모습, 5월 3일(나물하기 좋은 때)

↑ 겨울철 모습, 2월 3일 　데쳐서 무침, 5월 7일 ↑　　　　　붉게 새순이 올라오는 모습, 4월 19일 ↑　　바위틈에서 자라는 모습, 5월 28일 ↑

칠면초

칠면조(방언)

명아주과 / 쌍떡잎식물 / 한해살이풀
자라는 곳 바닷가 갯벌 크기 20~50cm
꽃 필 때 7~9월

칠면초는 칠면조의 얼굴처럼 붉게 변한다고 해서 붙여진 이름이다. 줄기는 곧게 서고 윗부분에서 가지가 많이 갈라진다. 녹색 잎은 곤봉 모양의 육질로 어긋나며, 끝이 둔하고 점차 붉은색으로 변한다. 꽃은 잎겨드랑이에 피며, 수꽃과 암꽃이 함께 2~10개씩 달린다. 꽃 색깔은 처음에 녹색이었다가 자주색으로 변한다. 열매는 포과이고 원반 모양으로 꽃받침에 싸여 있으며 씨는 1개이다.

민간에서는 소화불량과 변비 치료에 썼으며, 어린순을 나물로 먹거나 뿌리를 제외한 전체를 말려 가루를 내어 복용했다. 해열, 소적(消積, 가슴과 배가 답답한 것을 없앰) 작용이 있고 고혈압, 비만증 치료에 유용하다.

짠맛이 있으므로 나물로 먹을 때는 물에 데쳐 소금기를 제거한다.

나물의 채취와 이용	
시 기	5~6월 초
채취법	연한 잎을 뜯는다.
조리법	데쳐서 무치거나, 말려서 가루 내어 소금 대신 쓴다.
음 식	나물 무침, 전, 김무침, 가루(각종 요리 첨가)
효 능	해열, 소적
주 의	나물로 먹을 때는 물에 데쳐 소금기를 제거한다.

↓ 잎과 줄기가 올라오는 모습. 5월 30일 ↓ 잎과 줄기가 올라오는 모습. 6월 5일 갯벌에서 자란 모습. 10월 5일 붉은자주색으로 변하는 모습. 6월 25일 데쳐서 무침. 6월 3일

퉁퉁마디

염각초鹽角草, 해연자, 해봉자, 함초(방언)

명아주과 / 쌍떡잎식물 / 한해살이풀
자라는 곳 서해안 바닷가, 남해안 바닷가, 갯벌 양지, 울릉도 크기 10~30cm
꽃 필 때 8~9월

'함초'라는 이름으로 알려져 있지만, 정명은 '퉁퉁마디'다. 전초가 다육질이고, 녹색의 줄기는 가을에 붉은 자주색으로 변한다. 녹색 꽃은 가지 윗부분 마디에 이삭꽃차례를 이룬다. 열매는 납작한 달걀 모양의 포과로 10월에 익으며 검은 씨가 들어 있다.

민간에서는 미네랄이 풍부한 건강식으로 국을 끓여 먹거나, 말려서 가루를 내어 전을 부쳐 먹기도 했으며, 음식의 맛을 내는 천연 조미료로 사용했다. 니아신, 나트륨, 단백질, 비타민 C·E, 식이섬유, 칼륨, 칼슘, 엽산 등의 성분이 풍부하게 들어 있으며, 위장 기능을 활성화하고 숙변을 제거하여 소화불량, 변비를 개선한다. 당뇨병 예방에도 좋다.

꾸준히 먹으면 혈압이 내려가지만 한꺼번에 많이 먹으면 혈압이 올라갈 수 있으므로 조금씩만 먹는다.

나물의 채취와 이용	
시기	5월 중순~6월 중순
채취법	잎이 통통하고 줄기에 마디가 많은 것을 채취한다.
조리법	소금간을 하지 않고 무친다. 말려서 가루 내어 소금 대용으로 한다.
음식	나물 무침, 국, 전, 가루(각종 요리 첨가, 돌김 자반)
효능	위장 기능 개선, 숙변 제거
주의	한꺼번에 많이 먹으면 혈압이 올라갈 수 있다.

새순이 자라는 모습. 4월 30일

새순이 자라는 모습. 4월 30일

↑열매 맺은 모습. 10월 27일   데쳐서 무침. 5월 6일

열매 맺은 모습. 10월 27일   잎이 붉게 변하고 열매를 맺은 모습. 10월 5일

해홍나물

남은재나물, 갯나문재(방언)

명아주과 / 쌍떡잎식물 / 한해살이풀
자라는 곳 바닷가, 갯벌   크기 30~50cm
꽃 필 때 7~8월

해홍나물은 나문재와 비슷하게 생겨서 '갯나문재'라고도 한다. 잎은 선형으로 빽빽하게 어긋나며 흰 가루로 덮여 있고 다육질이다. 가을에 통통해지면서 붉은색으로 변한다. 노란빛이 도는 녹색 꽃은 잎겨드랑이에 3~5개씩 모여 달리고, 꽃대가 없다. 꽃받침 조각은 5개인데, 열매가 성숙할 때까지 커지지 않는 것이 특징이다. 둥근 원반 모양의 열매는 포과로, 검은 씨가 1개씩 들어 있다.

민간에서는 몸속의 독소를 제거하는 약으로 해홍나물을 썼으며, 당뇨병을 비롯한 생활습관병 예방과 치료에 좋다고 널리 알려져 있다. 해열 작용을 하며, 변비·소화불량·비만에도 효과가 있다.

나물의 채취와 이용	
시 기	5월
채취법	연한 잎을 채취한다.
조리법	데쳐서 무친다.
음 식	나물 무침
효 능	제독, 해열 생활습관병 예방 및 치료
주 의	물에 데쳐 소금기를 제거한다.

독이 있는 풀과 나무

바위 틈에서 꽃봉오리가 맺힌 모습. 4월 18일

개구리발톱

개구리망, 천규자

미나리아재비과 / 쌍떡잎식물 / 여러해살이풀
자라는 곳 산기슭   크기 15~30cm
꽃 필 때 4~5월

어린싹이 올라오는 모습이 마치 개구리 발톱 같아서 붙여진 이름이다. 줄기는 곧게 서고 가지가 갈라지며 털이 있다. 잎의 윗부분은 녹색이고 뒷면은 흰색이다. 잎자루는 짧고 3갈래로 깊게 갈라진다. 꽃은 가지 끝에 1개씩 피고, 흰색 바탕에 약간 붉은색을 띤다. 꽃잎은 5개이고 밑부분에 통 모양의 짧은 꿀주머니가 있다. 6월에 익는 열매는 골돌과로, 길이 5~6cm의 열매 3개가 별 모양으로 달린다.

  민간에서는 뱀이나 벌레에 물렸을 때 생잎을 짓찧어 상처에 붙였다. 독성이 강한 식물이기 때문에 절대로 나물로 먹지 않는다.

주의 사항

독성이 강한 식물이기 때문에 절대로 나물로 먹지 않는다.

↑ 아침이라 꽃잎을 닫은 모습. 5월 14일

↑ 바닷가 절벽에 핀 꽃. 5월 27일   잎 모습. 4월 30일 ↑   ↑ 꽃 핀 모습. 5월 14일   잎 모습. 4월 30일 ↓

갯메꽃

갯꽃(방언)

메꽃과 / 쌍떡잎식물 / 여러해살이풀
자라는 곳 중부 이남의 바닷가 모래 땅 **길이** 2m
꽃 필 때 5~6월

'갯가에서 피는 메꽃'이라고 해서 '갯메꽃'이라는 이름이 붙었다. 꽃은 메꽃과 흡사하지만 잎의 모양과 자라는 환경이 다르다. 바닷가 모래 땅에 흔하게 자라는 덩굴성 여러해살이풀로, 땅속줄기는 굵고 옆으로 뻗는다. 줄기는 땅에 붙어 비스듬히 자라며 다른 물체를 감고 올라간다. 잎은 심장 모양으로 둥글고 물결 모양의 톱니가 있다. 분홍색 꽃이 화사하게 핀다.

일부 지방에서는 어린잎과 순, 뿌리를 나물로 먹기도 하는데, 독성이 강하므로 먹지 않는 것이 좋다.

주의 사항

일부 지방에서는 어린잎과 순, 뿌리를 나물로 먹기도 하는데, 독성이 강하므로 먹지 않는 것이 좋다.

↑ 눈괴불주머니 꽃 핀 모습, 8월 4일

↓ 산괴불주머니 새순, 2월 26일 ↓ 괴불주머니 자라는 모습, 4월 10일 ↓ 자주괴불주머니, 10월 10일 괴불주머니, 5월 20일 ↓

괴불주머니

자근초紫堇草, 각엽자근, 뱀풀(방언)

현호색과 / 쌍떡잎식물 / 두해살이풀
자라는 곳 산중턱이나 길가 크기 30~50cm
꽃 필 때 4~6월

줄기는 곧추서거나 비스듬히 자라며 윗부분에서 가지를 친다. 달걀 모양 또는 긴 달걀 모양의 잎은 새 깃 모양으로 2회 깊게 갈라진다. 노란색 꽃이 줄기 끝에 2~8개씩 모여 총상꽃차례를 이룬다. 열매는 삭과이고 부채 모양이다. 괴불주머니 종류로는 산괴불주머니·선괴불주머니·염주괴불주머니·자주괴불주머니 등이 있다.

일부 지방에서는 잎을 데친 후 물에 우려 나물로 먹기도 하지만, 괴불주머니 종류들은 모두 독성이 있으므로 나물로 먹지 않는다. 봄에 지상부를 채취하여 즙을 내어 타박상 등에 진통제로 이용하는데, 짓찧어서 환부에 붙이거나 즙을 내 바르는 등 외용제로 이용한다.

주의 사항

일부 지방에서는 잎을 데친 뒤에 물에 우려 나물로 먹기도 하지만, 괴불주머니 종류들은 모두 독성이 있으므로 나물로 먹지 않는다.

산괴불주머니 꽃봉오리. 3월 31일

괴불주머니 종류

산괴불주머니 산에서 흔히 자라는 두해살이풀로, 키는 30~50cm 정도이며 줄기는 흰빛이 돈다. 민간에서는 진통·타박상·옴·종기·이질·복통 등에 약으로 사용하며, 한방에서 청열淸熱·발독拔毒·소종消腫 효과를 내는 약으로 쓰지만 독성이 있으므로 먹어서는 안 된다.

눈괴불주머니 우리나라 곳곳에 분포하는 두해살이풀로, 가지가 많이 갈라져 덩굴처럼 엉키며, 키는 60cm 정도이다. 잎은 어긋나며 잎자루가 길고, 꽃은 7~9월에 황색으로 핀다.

자주괴불주머니 산이나 들판의 습기 있는 반그늘 지역에서 흔히 볼 수 있는 두해살이풀로, 키는 30~50cm 가량이다. 뿌리 끝에서 여러 대의 줄기가 자라 가지가 갈라진다.

↓ 가시꽈리 어린 모습. 5월 10일　　↓ 꽃 핀 모습. 7월 3일　　자라는 모습. 6월 1일　　↓ 열매 모습. 10월 23일　　묵은 열매와 새순. 6월 7일 ↓

꽈리 · 가시꽈리

때꽐, 밭때꽐

가지과 / 쌍떡잎식물 / 여러해살이풀
자라는 곳 집 둘레, 마을 부근　**크기** 40～90cm
꽃 필 때 6～7월

줄기는 곧게 서고 가지가 갈라진다. 잎은 한 마디에서 2개씩 어긋난다. 잎몸은 밑쪽이 둥글고 끝은 뾰족한, 넓은 쐐기 모양이다. 가장자리는 깊게 패였으며 톱니가 있다. 연한 노란색 꽃은 잎겨드랑이에서 나온 꽃대에 1송이씩 핀다. 열매는 장과로 가을에 빨갛게 익는다. 익은 열매를 따서 씨를 빼고 윗니와 아랫입술로 누르면 꽉꽉 소리가 나서 아이들이 입안에 물고 다니며 놀기도 한다.

　한방에서는 전초를 '산장酸漿'이라 하여 해열제로 쓰지만, 독이 있어 나물로는 먹지 않는다. 가시꽈리, 땅꽈리, 페루꽈리도 마찬가지다.

주의 사항

한방에서는 전초를 '산장酸漿'이라 하여 해열제로 쓰지만, 독이 있어서 나물로는 먹지 않는다. 가시꽈리, 땅꽈리, 페루꽈리도 마찬가지다.

↑꽃 핀 모습. 7월 29일 ↓

자라면서 잎이 펼쳐진 모습. 5월 10일

새순이 올라오는 모습. 4월 17일 ↓

꽃 핀 모습. 7월 29일 ↓

꿩의다리

마미련馬尾連

미나리아재비과 / 쌍떡잎식물 / 여러해살이풀
자라는 곳 산 크기 약 100cm
꽃 필 때 6~7월

줄기는 곧게 서고 가지를 치면 분처럼 흰빛을 띤다. 줄기에 세 가닥으로 갈라진 마디가 있는데 그 모습이 꿩의 다리를 닮았다. 잎은 어긋나고 새 깃 모양으로 2~3회 갈라지는 겹잎이다. 하얀색 꽃이 원추꽃차례로 달린다. 타원 모양의 열매는 수과로 날개가 3~4개 있다.

일부 지방에서는 나물로 먹는 곳도 있지만 알칼로이드alkaloid라는 독성이 있어 구토나 설사를 일으킬 수 있으니 나물로 먹지 않는다.

주의 사항

일부 지방에서는 나물로 먹는 곳도 있지만 알칼로이드라는 독성이 있어 구토나 설사를 일으킬 수 있으니 나물로 먹지 않는다.

↑ 흰대극 꽃 핀 모습, 5월 20일

풍도대극 꽃 핀 모습, 3월 26일

↓ 풍도대극 자라는 모습, 3월 21일   암대극 잎, 4월 22일   ↑ 암대극 꽃, 5월 6일   암대극 열매, 7월 15일 ↓

대극

능수버들, 버들옻, 우독초

대극과 / 쌍떡잎식물 / 여러해살이풀
자라는 곳 산과 들 크기 20~80cm
꽃 필 때 5~6월

커다란 창처럼 생긴 잎 때문에 붙은 이름이다. 줄기는 곧게 서고 밑부분에서 가지를 치며, 가지를 자르면 하얀색 유액이 나온다. 잎은 타원형의 바소꼴로 어긋나며 잎자루가 없다. 뒷면은 백록색으로 짧은 털이 있고 가장자리에는 규칙적인 톱니가 있다. 원줄기 윗부분에 5개의 잎이 돌려나고, 꽃의 밑동을 둘러싸고 있는 총포는 삼각꼴의 원형 또는 달걀 모양이다. 황록색 꽃이 배상꽃차례를 이루며 핀다. 열매는 삭과이고 돌기가 있으며 씨는 둥근 모양이다.

한방에서는 급·만성 신장의 수종을 다스리는 약재로 쓰지만 대극의 식물체는 모든 부분에 유포르빈euphorbin이라는 유독성분이 들어 있으므로 나물로 먹지 않는다.

주의 사항

한방에서는 급·만성 신장의 수종을 다스리는 약재로 쓰지만 대극의 식물체는 모든 부분에 유포르빈euphorbin이라는 유독성분이 들어 있으므로 나물로 먹지 않는다.

꽃 핀 모습. 5월 1일 ↑

꽃 핀 모습. 6월 1일

↑ 풋열매. 6월 12일   종자가 떨어진 후. 7월 8일 ↓

자라는 잎과 꽃봉오리 맺힌 모습. 4월 17일 ↓   산속 계곡에서 핀 꽃. 5월 5일 ↓

동의나물

동이나물, 참동의나물, 눈동의나물, 산동의나물

미나리아재비과 / 쌍떡잎식물 / 여러해살이풀
자라는 곳 산의 습지, 계곡 옆   크기 40~50cm
꽃 필 때 4~5월

굵은 뿌리에서 뭉쳐 자라는 심장 모양의 잎 가장자리는 둔한 톱니가 있거나 밋밋하다. 노란색 꽃 한가운데에는 많은 수술이 뭉쳐 있다. 열매는 골돌과로 4~16개씩 달린다.

일부 지방에서는 끓는 물에 데쳐서 흐르는 물에 며칠간 우려낸 뒤에 나물로 먹기도 하고, 이름에도 나물이라는 말이 붙어 있어서 먹을 수 있는 것으로 오해하기 쉬운 식물이다. 그러나 잎과 줄기에 아네모닌 anemonin, 베라트린 veratrine, 베르베린 berberine 등의 다양한 알칼로이드가 함유되어 있어 독성이 강하므로 먹어서는 안 된다.

주의 사항

잎과 줄기에 아네모닌, 베라트린, 베르베린 등의 다양한 알칼로이드가 함유되어 있어 독성이 강하므로 먹어서는 안 된다.

↑ 꽃 핀 모습. 5월 10일

↑ 꽃봉오리 모습. 5월 4일

↑ 꽃 핀 모습. 5월 10일 ↓

↑ 새순이 올라오는 모습. 4월 25일

↑ 자라는 모습. 5월 5일

매발톱

노랑매발톱, 첨악루두채

미나리아재비과 / 쌍떡잎식물 / 여러해살이풀
자라는 곳 산 크기 60~120cm
꽃 필 때 5~7월

아래를 향해 핀 꽃에서 위로 뻗은 긴 꽃뿔이 매의 발톱을 닮았다. 줄기는 자줏빛을 띠고 가지가 갈라지며 매끈하다. 뿌리잎은 여러 장이 모여 나고, 줄기잎은 겹잎이다. 노란빛이 도는 자주색 꽃이 가지 끝에서 아래쪽을 향해 달린다. 열매는 골돌과이고 하늘을 향해 달린다.
　매발톱들은 변이가 심하여 여러 가지 꽃 색깔을 나타내기도 한다.
　매발톱 종류들은 모두 독성이 강해 나물로 먹지 않는다.

주의 사항

매발톱 종류들은 모두 독성이 강해 나물로 먹지 않는다.

뿌리에서 올라오는 잎과 꽃봉오리 모습, 4월 16일 ↑

↑ 꽃 핀 모습, 4월 28일   자란 잎 모습, 6월 12일 ↓

↑ 꽃이 지고 열매 맺은 모습, 5월 15일   열매 모습, 7월 14일 ↑

모데미풀
금매화아재비, 운봉금매화

미나리아재비과 / 쌍떡잎식물 / 여러해살이풀
자라는 곳 깊은 산속 물가 크기 20~40cm
꽃 필 때 4~5월

지리산 '모데미' 마을에서 처음 발견된 풀이라서 '모데미풀'이라고 부른다. 뿌리에서 나온 잎은 3개로 갈라지고, 갈라진 조각은 다시 2~3개로 갈라지며 깊이 패어 들어가고 톱니가 있다. 4~5월에 흰색 꽃이 피고, 열매는 골돌과로 7월에 익는다.
   독성이 강한 식물이므로 나물로 먹지 않는다.

주의 사항

독성이 강한 식물이므로 나물로 먹지 않는다.

↑꽃봉오리 모습, 5월 12일   새순이 올라오는 모습, 4월 16일↓

↑꽃봉오리 모습, 5월 12일

↑3개로 갈라진 잎, 5월 7일   왜미나리아재비 꽃, 4월 30일↓

미나리아재비

놋동이, 바구지, 자래초, 실젓가락나물

미나리아재비과 / 쌍떡잎식물 / 여러해살이풀
자라는 곳 산과 들의 햇볕이 잘 들어오는 곳   크기 50~70cm
꽃 필 때 5~6월

뿌리에서 나온 잎은 잎자루가 길고, 깊게 3개로 갈라지며, 갈라진 조각은 다시 2~3개로 갈라지고 가장자리에 톱니가 있다. 줄기에서 나온 잎은 잎자루가 없고 3개로 갈라지며 줄 모양이다. 전체에 흰 털이 나 있고 줄기는 곧추선다. 취산꽃차례로 달리는 노란색 꽃은 유액을 뿌려 놓은 것처럼 윤기가 있다. 열매는 8~9월에 익는데 약간 납작하고 끝에 돌기가 있다.

일부 지방에서는 간혹 어린잎을 나물로 먹는 곳이 있으나 독성이 강하므로 먹지 않는다. 왜미나리아재비도 독성이 강하므로 나물로 먹지 않는다.

주의 사항

일부 지방에서는 간혹 어린잎을 나물로 먹는 곳이 있으나 독성이 강하므로 먹지 않는다. 왜미나리아재비도 독성이 강하므로 나물로 먹지 않는다.

↑꽃 핀 모습, 4월 5일

무리를 지어 꽃 핀 모습, 4월 10일

뿌리, 3월 23일↓

새순이 올라오는 모습, 3월 23일

바위틈에서 자라는 모습. 뿌리도 보인다, 3월 29일

미치광이풀

천선자天仙子, 우황牛黃, 물명고物名考, 광대작약, 미친풀·미치광이(방언)

가지과 / 쌍떡잎식물 / 여러해살이풀
자라는 곳 깊은 산의 숲 속 크기 30~60cm
꽃 필 때 3월 말~5월

잎은 어긋나고 타원형에 가까운 원형이며 밋밋하고 끝이 뾰족하다. 줄기는 곧게 서고 털이 없으며 윗부분에서 몇 개의 가지가 갈라진다. 종 모양의 짙은 보라색 꽃은 밑으로 처진다. 열매는 원형이고 씨는 그물 모양이다.

　미치광이풀은, 말이 먹으면 미쳐 죽는다거나, 사람이 먹으면 환각 증상으로 미친 듯 날뛰다 죽는다는 설이 있을 만큼 독성이 강한 풀이다. 뿌리에 들어 있는 스코폴라민scopolamine, 알칼로이드 계열의 히오시아민hyoscyamine이라는 성분은 독성이 매우 강하다.

주의 사항

뿌리에 들어 있는 스코폴라민,
알칼로이드 계열의 히오시아민이라는
성분은 아주 강한 독성을 가지고 있다.

바람꽃
은연화馬尾連

미나리아재비과 / 쌍떡잎식물 / 여러해살이풀
자라는 곳 중부 이북의 고산지대 산기슭　크기 25~30cm
꽃 필 때 7~8월

우리나라 중부 이북의 높은 산 반그늘, 주변 습도가 높고 토양에 유기질이 풍부한 곳에서 잘 자란다. '바람꽃'으로 불리는 미나리아재비과 식물은 종류도 많고, 생김새도 닮은 듯 다르다. 바람꽃은 그중에서 꽃이 가장 화려하고, 다른 바람꽃들이 지고 난 여름에 꽃을 피운다. 꽃잎처럼 보이는 꽃받침조각이 5~7개이고, 꽃자루는 1~4개이다. 10월경에 열매가 익는다.

　한방과 민간에서는 진통제·강심제强心劑·이뇨제利尿劑 등으로 사용하지만 독성이 있으므로 먹어서는 안 된다.

주의 사항

독성이 있으므로 먹어서는 안 된다.

얼레지와 함께 꽃 핀 모습. 5월 1일 ↑

독초인 삿갓나물, 현호색과 함께 꽃 핀 모습. 4월 24일

↑꽃 핀 모습. 4월 2일

왜미나리아재비와 꽃 핀 모습. 4월 10일

얼레지와 함께 꽃 핀 모습. 5월 1일↓

꿩의바람꽃

양두첨, 다피은연화, 죽로향부

미나리아재비과 / 쌍떡잎식물 / 여러해살이풀
자라는 곳 산의 숲 속 **크기** 10~15cm
꽃 필 때 4~5월

그리스어로 '바람'을 뜻하는 학명 '아네모스anemos'에서 온 이름이다. 뿌리에서 나는 잎은 잎자루에서 작은 잎이 3개씩 달리며 긴 타원 모양이다. 끝이 3갈래로 갈라지고 밋밋하다. 자줏빛이 도는 흰색 꽃이 꽃줄기 위에 한 송이씩 핀다. 꽃잎은 없고 수술과 암술이 많으며 씨방에는 털이 있다.

한방에서는 풍을 없애는 데, 그리고 류머티즘으로 인한 통증을 다스리는 치료약으로 쓰지만, 독성이 강하므로 나물로 먹지 않는다.

주의 사항

한방에서는 풍을 없애는 데, 그리고 류머티즘으로 인한 통증을 다스리는 치료약으로 쓰지만, 독성이 강하므로 나물로 먹지 않는다.

↑ 개별꽃, 너도바람꽃 열매와 함께 꽃 핀 모습. 5월 20일

↑ 꽃 핀 모습. 5월 16일 ↓

꽃 핀 모습. 5월 16일

나도바람꽃

향수꽃

미나리아재비과 / 쌍떡잎식물 / 여러해살이풀
자라는 곳 숲의 그늘진 곳 크기 20~30cm
꽃 필 때 5~6월

바람꽃처럼 생겼다고 해서 붙여진 이름이다. 줄기는 곧게 서고, 뿌리잎은 2~3장, 줄기잎은 1장이다. 잎은 3장의 작은 잎이 모여 나와 3갈래로 갈라지며, 갈라진 잎은 다시 깊게 패어 갈라지고 가장자리에 톱니가 있다. 앞면은 밋밋하고 뒷면은 흰색이다. 작고 하얀 꽃들이 줄기 끝에 우산 모양으로 달리고 그 끝에 또 1송이가 달린다. 열매는 골돌과로 타원 모양이고 끝이 뾰족하다.

다른 바람꽃 종류들과 마찬가지로 독성이 있으므로 나물로 먹지 않는다.

주의 사항

다른 바람꽃 종류들과 마찬가지로 독성이 있으므로 나물로 먹지 않는다.

꽃대 하나에서 2개의 꽃이 핀 모습. 3월 16일

꽃이 핀 모습. 3월 16일

종자 모습. 6월 14일 ↓

열매 모습. 6월 2일 ↓

새순이 올라오는 모습 ↑

너도바람꽃

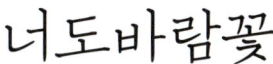
절분초節分草, 토규

미나리아재비과 / 쌍떡잎식물 / 여러해살이풀
자라는 곳 산지의 반 그늘   크기 15cm 정도
꽃 필 때 3~4월

줄기는 곧게 선다. 뿌리잎은 3갈래로 깊게 갈라지고 줄 모양(선형)이다. 줄기 끝에 있는 잎의 갈라진 조각은 줄 모양인데 고르지 못하다. 하얀 색 꽃이 꽃대 끝에 한 송이씩 핀다. 열매는 골돌과로 6~7월에 익으며 씨는 갈색이다.
　바람꽃 종류들은 모두 독성이 있으므로 나물로 먹지 않는다.

주의 사항

바람꽃 종류들은 모두 독성이 있으므로 나물로 먹지 않는다.

↑ 숲바람꽃

변산바람꽃 ↓

풍도바람꽃

↑꽃 핀 모습, 5월 3일 꽃 핀 모습, 5월 3일↓ ↑특이하게 꽃이 두 개 핀 모습, 5월 10일

회리바람꽃과 함께 꽃 핀 모습, 5월 14일

홀아비바람꽃

홑바람꽃, 조선은련화

미나리아재비과 / 쌍떡잎식물 / 여러해살이풀
자라는 곳 산, 숲 속 크기 7cm
꽃 필 때 4~5월

꽃이 홀로 핀다고 하여 붙여진 이름이다. 뿌리 끝에 몇 개의 비늘 같은 조각이 있고, 잎몸은 손바닥 모양으로 5갈래 갈라지며, 잎은 다시 얇게 갈라진다. 꽃은 꽃줄기 끝에 하나씩 흰색으로 핀다. 열매는 7~8월에 납작한 둥근 모양으로 달린다.

키가 작고 조그마한 데 비해 독성이 강하므로 나물로 먹지 않는다.

주의 사항

조그마한 겉모습과는 달리 독성이 강하므로 나물로 먹지 않는다.

꽃이 2개 핀 모습, 5월 15일

꽃이 2개 핀 모습, 5월 15일

↑ 열매 모습, 6월 8일   새순, 4월 30일

군락을 이루어 꽃 핀 모습, 5월 20일 ↓

회리바람꽃
반악은련화근

미나리아재비과 / 쌍떡잎식물 / 여러해살이풀
자라는 곳 산 크기 20~30cm
꽃 필 때 5~6월

꽃은 셔틀콕을 연상하게 한다. 잎은 3개가 돌아가며 달리고 뾰족하다. 포는 3개, 갈래 조각은 2개로 갈라지며 깊숙이 패어 있는 모양이고 가장자리에 톱니가 있다. 연한 노란색 꽃은 노랑 방울들처럼 모여 피고 꽃자루 끝에 한 송이씩 달린다. 다른 바람꽃들과는 모양이 사뭇 다르다. 열매는 6~7월 경에 달린다.

　독성이 강하므로 나물로는 먹지 않는다.

주의 사항

독성이 강하므로 나물로 먹지 않는다.

자라며 잎이 펼쳐지는 모습, 4월 30일   낙엽을 뚫고 자라는 모습, 4월 21일

↓새순이 올라오는 모습, 4월 17일

↓자라며 잎이 펼쳐지는 모습, 5월 8일

꽃대를 올린 모습, 6월 9일↓

박새

뒷박새, 꽃박새, 넓은잎박새, 동운초

백합과 / 쌍떡잎식물 / 여러해살이풀
자라는 곳 깊은 산의 습기가 많은 곳   크기 60~150cm
꽃 필 때 6~7월

줄기는 원뿔형으로 속이 비어 있다. 타원형 잎은 어긋나고 세로로 주름이 지며, 폭은 20cm, 길이는 30cm 정도 된다. 가장자리와 뒷면에 털이 있다. 연한 노란빛을 띤 흰색 꽃은 단성화이고, 원추꽃차례를 이루며 핀다. 열매는 삭과로 9~10월에 달린다.

뿌리는 살충제로 사용한다. 식물 전체에 독성이 강하기 때문에 나물로 먹지 않는다.

주의 사항

식물 전체에 독성이 강하기 때문에 나물로 먹지 않는다.

↑꽃 핀 모습, 6월 24일   낙엽을 뚫고 자라는 모습, 4월 21일↓

↑구근, 5월 5일　작은 잎 3개가 올라오는 모습, 5월 3일↓

꽃핀 모습, 7월 18일

반하

지문, 양안반하, 까무릇

천남성과 / 외떡잎식물 / 여러해살이풀
자라는 곳 밭, 들　크기 20~40cm
꽃 필 때 6~7월

작은 잎은 3개씩 돌려나고 긴 타원형이며 가장자리는 밋밋하다. 꽃은 녹색으로 피는데, 꽃줄기 밑부분에는 암꽃, 윗부분에는 수꽃이 핀다. 수꽃은 대가 없고 연한 황백색의 꽃밥만으로 되어 있다. 열매는 8~10월에 녹색으로 달린다.

　한방에서는 가래·천식·해수 등의 치료약으로 쓰지만, 맛이 몹시 맵고 독이 있어 나물로는 먹지 않는다.

주의 사항

한방에서는 가래·천식·해수 등의 치료약으로 쓰지만, 맛이 몹시 맵고 독이 있어 나물로는 먹지 않는다.

잎이 갈라지지 않은 어린 잎 모습. 5월 17일 ↑

↑ 어린 잎 모습. 5월 22일   구근(뿌리) 캔 모습. 5월 25일 ↑

↑ 자란 모습. 6월 24일   꽃 핀 모습. 7월 15일 ↑

큰반하
대반하大半夏

천남성과 / 쌍떡잎식물 / 여러해살이풀
자라는 곳 숲 속의 나무 밑 **크기** 20~50cm
꽃 필 때 5~7월

반하보다 크다고 하여 붙여진 이름이다. 식물 전체에 반질반질한 윤기가 나고 잎이 길게 3갈래로 갈라진다. 어린잎은 갈라지지 않는 것도 있다. 녹색 꽃은 고깔 같은 포엽에 감싸여 있다. 열매는 8~9월에 달린다.

반하와 마찬가지로 독성이 강해 나물로 먹지 않는다.

주의 사항
반하와 마찬가지로 독성이 강해 나물로 먹지 않는다.

↓ 꽃 핀 모습, 8월 23일   ↓ 열매 모습, 10월 3일   자라는 모습, 6월 3일   ↓ 꽃 핀 모습, 8월 23일   뿌리 모습, 11월 4일 ↓

백부자

노랑돌쩌귀, 관백부 關白附

미나리아재비과 / 쌍떡잎식물 / 여러해살이풀
자라는 곳 풀밭, 나무 숲 크기 100cm
꽃 필 때 7~8월

줄기는 곧게 서고 잎은 어긋나며 3~5개로 갈라진다. 갈라진 갈래 조각은 다시 갈라지는데 마지막으로 갈라진 조각은 끝이 창처럼 길고 뾰족하다. 꽃은 연한 노란색이거나 노란색 바탕에 황백색을 띠고, 총상꽃차례를 이룬다. 열매는 골돌과이고 씨는 타원형으로 좁은 날개가 있다.

한방에서는 관절통, 복통, 신경통에 진통제로 사용하는데, 옛날에는 사약 재료로 쓰였을 만큼 독성이 강한 식물이므로 나물로 먹지 않는다.

주의 사항

한방에서는 관절통·복통·신경통에 진통제로 사용하는데, 옛날에는 사약 재료로 쓰였을 만큼 독성이 강한 식물이므로 나물로 먹지 않는다.

↑ 세복수초가 군락을 이루어 꽃 핀 모습. 3월 7일

복수초 꽃 핀 모습. 3월 14일

↑ 세복수초, 3월 5일   눈속의 가지복수초, 3월 4일 ↑   풍도바람꽃과 가지복수초 꽃봉오리, 3월 16일 ↑   새순이 올라오는 모습. 3월 20일 ↑

복수초

설련화雪蓮花, 원일초元日草, 얼음새꽃

미나리아재비과 / 쌍떡잎식물 / 여러해살이풀
자라는 곳 깊은 산의 숲 속 **크기** 10~30cm
꽃 필 때 3~4월

줄기는 윗부분에서 갈라지며 밑부분의 잎은 원줄기를 감싼다. 잎은 어긋나고 뒷면에 털이 있으며 새의 깃털처럼 2번 잘게 갈라진다. 노란색 꽃이 원줄기와 가지 끝에 1개씩 달리는데, 간혹 2~3개씩 달리는 것도 있다. 열매는 수과로 6~7월에 달리고 울퉁불퉁한 공 모양이다.
　복수초의 종류는 복수초·가지복수초·애기복수초·세복수초가 있는데, 모두 독이 있으므로 나물로 먹지 않는다.

주의 사항

복수초·가지복수초·애기복수초·세복수초 모두 독이 있으므로 나물로 먹지 않는다.

↑ 꽃 핀 모습. 4월 27일　　　　　　　　　　　　　새순과 꽃봉오리 모습. 4월 9일 ↓

↑ 꽃봉오리 모습. 4월 12일

↑ 햇볕이 들어오지 않아 꽃잎을 오므린 모습. 4월 24일

새순. 4월 6일

산자고
까치무릇

백합과 / 외떡잎식물 / 여러해살이풀
자라는 곳 양지 바른 산이나 들의 풀밭　크기 15~30cm
꽃 필 때 4~5월

달걀 모양의 비늘줄기는 안쪽에 갈색 털이 빽빽하게 나 있다. 가늘고 길쭉한 줄 모양의 잎 2장이 밑동에서 나오며, 물기가 많고 자라면 흰빛을 띤다. 연하고 휘어지기 쉬운 꽃대는 각각 끝이 3~4개로 갈라져 한 송이씩 꽃을 피운다. 꽃잎 6장으로 이루어진 종 모양의 꽃은 곧게 서고 햇볕이 좋을 때 활짝 핀다.

　일부 지방에서는 어린순을 데친 후 흐르는 물에 오래 우려서 나물로 먹기도 하지만, 독성이 강하므로 나물로 먹어서는 안 된다.

주의 사항

일부 지방에서는 어린순을 데친 뒤에 흐르는 물에 오래 우려내서 나물로 먹기도 하지만, 독성이 강하므로 나물로 먹어서는 안 된다.
달래와 혼동하지 않도록 주의한다.

↑꽃 핀 모습. 5월 3일↑

↑군락을 이루어 잎이 올라오는 모습. 3월 30일↑

↑군락을 이룬 모습. 5월 16일. 삿갓나물과 현호색. 4월 2일↑

↑잎이 올라오는 모습. 3월 30일↑

↑자라는 모습. 4월 6일↑

삿갓나물
삿갓풀

백합과 / 외떡잎식물 / 여러해살이풀
자라는 곳 높은 산의 숲 속 크기 20~40cm
꽃 필 때 5~7월

줄기 끝 부분에 6~8개의 잎이 돌려난다. 잎은 긴 타원형으로 좁고 뾰족하다. 돌려난 잎 가운데 꽃대가 올라와 둥글게 꽃이 피는데, 녹색 바탕에 가운데가 노란색이다. 꽃은 하늘을 향해 피어나고, 둥근 열매는 9~10월에 달리며 흑자색이다.

　새순이 올라올 때 나물로 먹는 우산나물과 모양이 비슷해서 혼동하기 쉽다. 우산나물은 솜털이 보송보송 나 있고, 삿갓나물은 밋밋하다는 차이가 있으므로 잘 구별해야 한다.

　나물이라는 이름이 붙었지만 독성이 강해 먹으면 안 된다.

주의 사항

나물이라는 이름이 붙었지만 독성이 강해 먹으면 안 된다.
우산나물과 혼동하지 않도록 주의한다.

↑ 상사화 꽃 핀 모습. 8월 10일   상사화 어린잎 자라는 모습 ↑

↑ 상사화 꽃대   상사화 새순이 올라오는 모습. 3월 8일 ↓

상사화

개상사화, 황화석산, 노아산, 개낭초(방언)

수선화과 / 외떡잎식물 / 여러해살이풀
자라는 곳 집 주변 크기 60cm
꽃 필 때 8∼9월

봄에 난 잎이, 꽃이 피기 전에 말라 죽는다. 잎이 꽃을 만나지 못해 서로 그리워한다는 애잔한 뜻을 가진 이름이다. 굵은 꽃줄기는 곧게 선다. 줄 모양의 잎은 비늘줄기 끝에서 뭉쳐 나고 6∼7월에 말라 죽는다. 꽃줄기 끝에 붉은빛을 띤 연한 자주색 꽃이 4∼8개씩 방사형을 이루며 핀다. 씨방이 있지만 열매를 맺지 못한다.

한방에서는 비늘줄기를 소아마비 진통제로 쓰지만, 독성이 강해 나물로 먹지 않는다.

주의 사항

한방에서는 비늘줄기를 소아마비 진통제로 쓰지만, 독성이 강해 나물로 먹지 않는다.

노랑상사화, 10월 17일 ↓　　↑노랑상사화 꽃 핀 모습, 10월 17일　　노랑상사화, 10월 17일 ↓

노랑상사화

황화석산黃花石蒜, 노아산, 개상사화

수선화과 / 외떡잎식물 / 여러해살이풀
자라는 곳 바닷가 산기슭 숲속 마을 **크기** 60cm
꽃 필 때 8~10월

상사화와 마찬가지로 잎과 꽃이 만나지 못한다. 잎이 완전히 자취를 감춘 뒤에 꽃자루가 땅에서 올라와 60cm 정도로 자라고, 꽃은 8~10월에 핀다. 노란색 꽃이 꽃자루 끝에 4~6개가 달려 방사형을 이룬다. 씨방은 갈색이 섞인 녹색이다.

　비늘줄기를 데쳐서 흐르는 물에 우려내어 독성을 제거한 뒤에 나물로 먹기도 하지만 독성이 강하므로 가급적 나물로 먹지 않는다.

주의 사항
독성이 강하므로 나물로 먹지 않는다.

↑ 석산 꽃 핀 모습, 10월 17일

비늘줄기가 자라는 모습, 3월 2일 ↓

↑ 꽃 핀 모습, 10월 17일

잎이 마르는 모습, 7월 16일 ↓

석산
꽃무릇

수선화과 / 외떡잎식물 / 여러해살이풀
자라는 곳 산기슭, 습한 땅, 사찰 근처 **크기** 1m
꽃 필 때 8~10월

산기슭이나 습한 땅에서 군락을 이루어 자라며, 사찰 근처에 흔히 심는다. 상사화와 마찬가지로 잎과 꽃이 만나지 못한다. 8월 초에 잎이 완전히 자취를 감춘 뒤 꽃줄기가 1m 가량 자라 꽃을 피운다. 독성이 강하므로 나물로 먹지 않는다.

주의 사항

독성이 강하므로 나물로 먹지 않는다.

꽃 핀 모습, 5월 22일 ↑

↑ 자라는 모습, 5월 9일   덩굴 뒷면 잎줄기, 6월 7일

다른 물체를 감고 자라는, 6월 3일   돌 틈에서 자라는 모습, 5월 20일 ↓   군락을 이룬 모습, 6월 20일 ↓

새모래덩굴

털모래덩굴

방기과 / 쌍떡잎식물 / 여러해살이풀
자라는 곳 길가, 풀밭, 산 **크기** 1~3m
꽃 필 때 5~6월

줄기는 매끈하고 길다. 잎은 어긋나고 방패 모양이며, 가장자리는 5~7개의 손바닥 모양으로 갈라진다. 잎의 표면은 녹색, 뒷면은 흰색이고, 잎자루는 잎 뒷면에 달린다. 노란색 꽃은 원추꽃차례를 이루며 암수딴그루이다. 열매는 9월에 둥글고 검게 익는다.

한방에서 뿌리를 관절염과 복통 치료약으로 쓰지만, 독성이 강해 나물로 먹지 않는다.

주의 사항

한방에서 뿌리를 관절염과 복통 치료약으로 쓰지만, 독성이 강해 나물로 먹지 않는다.

↑ 잎이 자라 펼쳐진 모습. 5월 29일 　　　무리를 지어 꽃 핀 모습. 4월 15일 ↓

↑ 노란색 꽃 핀 모습. 4월 10일 　　　꽃 핀 모습. 4월 15일 ↓

꽃 핀 모습과 싹이 올라오는 모습. 4월 18일 ↓

앉은부채

삿부채

천남성과 / 외떡잎식물 / 여러해살이풀
자라는 곳 산골짜기 음지　크기 30~40cm
꽃 필 때 3~5월

불염포 기관 안에 부처님 같이 생긴 꽃이 숨어 피어 있는 신비로운 모습의 식물이다. 애기앉은부채는 잎이 올라온 후 여름에 꽃이 피지만, 앉은부채는 꽃이 피고 난 후에 잎이 돋아나 자란다. 둥글고 길며 끝이 뾰족한 잎이 뿌리에서 나온다. 꽃은 자갈색으로 피는데 눈 속에서도 꽃이 핀다. 열매는 6~7월 경에 둥글게 모여 달린다. 꽃이 시든 후에 잎이 크게 펼쳐진다.

　한방에서는 잎과 줄기를 이뇨제, 구토제, 진정제로 쓰지만, 독성이 강하므로 나물로 먹지 않는다.

주의 사항

한방에서는 잎과 줄기를 이뇨제, 구토제, 진정제로 쓰지만, 독성이 강하므로 나물로 먹지 않는다.

↑ 꽃 핀 모습. 7월 25일 ↓

자란 잎 모습. 5월 17일 ↓

꽃이 지고 새순이 올라오는 모습. 9월 2일 ↓

새순이 올라오는 모습. 3월 20일 ↓

자라는 모습. 4월 10일 ↓

애기앉은부채

작은삿부채, 곰치(방언)

천남성과 / 외떡잎식물 / 여러해살이풀
자라는 곳 습기 많은 숲 속　크기 10~20cm
꽃 필 때 7~8월

이른봄에 곰이 눈을 헤치고 뜯어 먹는다고 하여 '곰치'라고도 한다. 굵은 뿌리에서 나오는 잎의 잎자루는 길고, 달걀 모양의 타원형이다. 잎 끝은 둔하고 심장 모양이다. 잎은 이른 봄 크게 자랐다가 6월경 없어져 휴면에 들어가는데, 이 점이 꽃이 피고 난 다음에 잎이 나는 앉은부채와 다르다. 7~8월에 검붉은색의 포엽이 자라는데, 그 안에 숨어 피는 꽃차례는 둥근 타원형으로 겉면에 많은 꽃이 달린다. 주먹 모양의 열매는 장과이고, 거북등 같은 모양으로 이듬해 꽃이 필 때 익는다.

애기앉은부채는 이뇨제와 구토진정제로 사용하지만, 독성이 강해 나물로 먹지 않는다.

주의 사항

이뇨제와 구토진정제로 사용하지만, 독성이 강해 나물로 먹지 않는다.

↑ 자라는 모습, 4월 18일

↑ 큰애기나리 자라는 모습과 꽃봉오리, 4월 26일 ↓

꽃 핀 모습, 5월 3일

애기나리
이백합, 흰애기나리

백합과 / 외떡잎식물 / 여러해살이풀
자라는 곳 산의 숲 속 크기 15~40cm
꽃 필 때 4~5월

나리꽃 종류들 중 제일 작다. 줄기는 곧게 서고 1~2개의 가지가 갈라진다. 잎은 어긋나고 타원 모양이며 끝이 뾰족하고 가장자리는 밋밋하다. 하얀색 꽃이 줄기 끝에 1~2개씩 달려 아래를 향해 핀다. 씨방은 달걀 모양이고 3실이며 8~9월 검은색으로 여문다.

이른 봄 산속에 무리 지어 자라는 것이 보이는데 잎이 둥굴레와 비슷하다. 줄기가 둥굴레보다 많이 가늘어 유심히 보면 구별을 할 수 있다.

한방에서는 자양 강장제, 해수·천식·폐기종·장염·치질 치료에 약재로 쓰지만, 줄기와 뿌리에 독이 있어 중독 사고를 일으킬 수 있으니 먹지 않는다.

주의 사항

줄기와 뿌리에 독이 있어 중독 사고를 일으킬 수 있으니 먹지 않는다.

↑ 꽃 핀 모습. 5월 19일

자라는 모습. 4월 10일

새순. 3월 30일 ↓

자라는 모습과 꽃봉오리 모습. 4월 30일 ↓

열매 모습. 8월 26일 ↓

애기똥풀

까치다리, 씨아똥

양귀비과 / 쌍떡잎식물 / 두해살이풀
자라는 곳 마을 근처, 길가, 들, 풀밭　크기 30~80cm
꽃 필 때 5~8월

잎과 줄기를 꺾으면 아기의 똥 같이 생긴 노란 즙이 나온다. 잎은 마주나고, 깃꼴로 갈라지며 가장자리에 톱니가 있고 깊이 패어 들어간다. 녹색 잎의 뒷면은 흰색을 띠며 털이 빽빽하다. 줄기는 가지가 많이 갈라지고 속이 비어 있고 분처럼 흰색이다. 노란색 꽃이 산형꽃차례를 이루며 몇 개 달린다. 열매는 삭과이고 좁은 원기둥 모양이다.

　한방에서는 식물 전체를 '백굴채'라 하여 복부 통증의 진통제로 사용하지만, 잎과 줄기에서 나오는 노란 즙은 독성이 강해 나물로 먹지 않는다.

주의 사항

잎과 줄기에서 나오는 노란 즙은 독성이 강해 나물로 먹지 않는다.

↑ 꽃과 잠자리, 8월 9일

↑ 잎이 자라는 모습, 4월 10일 ↓

자란 모습, 5월 7일

여로

산총山葱, 총염葱苒, 총담葱菼, 총규葱葵

백합과 / 외떡잎식물 / 여러해살이풀
자라는 곳 산 크기 40~100cm
꽃 필 때 7~8월

잎은 줄기 가운데 아랫부분에서 어긋나고, 잎집(잎자루가 칼집 모양으로 되어 줄기를 싸고 있는 것)이 서로 감싸서 원줄기처럼 된다. 잎은 좁고 뾰족하며 뒤로 젖혀진다. 자줏빛이 도는 갈색 꽃은 원추꽃차례를 이루며, 밑부분에는 수꽃, 윗부분에는 수꽃과 암꽃이 함께 달린다. 열매는 삭과이고 둥근 타원형이다.

뿌리를 살충제나 늑막염 치료제로 쓴다. 독성이 강하므로 나물로 먹지 않는다. 파란여로·푸른여로·흰여로·참여로 등 종류가 많은데, 모두 독성이 있으니 주의한다.

주의 사항

독성이 강하므로 나물로 먹지 않는다. 파란여로, 푸른여로, 흰여로, 참여로 등 여로 종류가 많은데, 모두 독성이 있으니 주의한다.

푸른여로 꽃 핀 사진. 7월 26일

↑ 자라는 모습, 4월 26일　↑ 산검양옻나무　↑ 작년 열매가 달린 나무에서 새순이 올라오는 모습, 4월 19일　↑ 자란 잎 모습, 5월 13일　↑ 뜯은 나물, 4월 27일

옻나무

옻나무, 칠목漆木, 칠순채漆筍菜, 오지나물

옻나무과 / 쌍떡잎식물 / 낙엽교목
자라는 곳 산기슭, 마을 근처　크기 20m 정도
꽃 필 때 5~6월

중국이 원산지로, 재배하던 것이 번져 야생화 된 것도 있다. 나무껍질은 회색이고, 가지는 사방으로 벌어져 수평으로 뻗으며 위쪽은 넓고 불규칙한 타원형을 이룬다. 잎은 어긋나고 뾰족한 달걀 모양이며 끝은 갸름하고 가장자리는 밋밋하다. 꽃은 잎 달린 자리에 연한 황녹색으로 피고 원추꽃차례를 이루며 밑으로 처진다. 갈색 열매는 9월에 핵과로 익는다.

어린순을 데쳐 초고추장에 찍어 먹거나 밀가루에 버무려 옻버무리를 만들어 먹고 닭이나 오리에 가지와 껍질을 넣어 백숙을 만들어 먹기도 하지만, 독성이 있어 옻이 오를 수 있으니 옻을 타는 사람은 절대 먹지 않는다.

주의 사항

독성이 있어 옻이 오를 수 있으니 옻을 타는 사람은 절대 먹지 않는다.

새순이 올라오는 모습, 4월 20일 ↑

자라는 모습, 4월 25일

↑자라는 모습, 4월 25일   단풍 든 모습, 10월 27일 ↓   꽃봉오리 모습, 5월 30일 ↓   꽃 핀 모습, 6월 14일 ↓

개옻나무

개옻나무, 새옻나무, 털옻나무

옻나무과 / 쌍떡잎식물 / 낙엽교목
자라는 곳 산기슭   크기 7m 정도
꽃 필 때 5~7월

옻나무는 나무껍질이 회색인 데 비해, 개옻나무 어린 것은 붉은색을 띤 밝은 회갈색이고 자랄수록 짙은 회갈색을 띠며, 잔털이 있고 세로로 길게 갈라진다. 잎은 잎줄기에 15~17장이 어긋나고 홀수로 난 깃털 모양이다. 끝은 뾰족한 긴 타원형이고 가장자리는 밋밋하며 톱니가 있고 잎자루는 붉은색을 띤다. 꽃은 암수딴그루이며, 잎 달린 자리에 연녹색으로 피고 아래를 향한다. 열매는 10월에 노란빛이 도는 갈색으로 익는데 둥글고 납작하다.

옻나무와 마찬가지로 닭이나 오리 백숙을 해서 먹기도 하지만, 독성이 강해 옻을 타는 사람은 먹지 않는다.

주의 사항

독성이 강해 옻을 타는 사람은 먹지 않는다.

↑ 잎과 줄기가 자라는 모습, 5월 3일   ↑ 꽃 핀 모습, 5월 20일

↑ 꽃봉오리 모습, 5월 7일

↑ 열매 모습, 8월 6일   꽃 핀 모습, 5월 20일 ↑

요강나물
선종덩굴

미나리아재비과 / 쌍떡잎식물 / 낙엽소관목
자라는 곳 높은 산, 풀밭의 양지 크기 30~100cm
꽃 필 때 5~6월

꽃 모양이 요강을 닮아서 붙여진 이름이다. 우리나라 특산식물로 중부 이북 높은 지대에서 자란다. 잎은 어긋나고, 작은 잎 1개나 3개로 구성되며, 깊게 3갈래로 갈라진다. 뒷면 잎맥 위에 잔털이 있다. 흑갈색 꽃은 줄기 끝에 아래를 향하여 피고 작은 털들이 많이 나 있다. 타원형 열매는 수과로 갈색 깃 모양의 털이 나며 9월 경에 익는다.

이름에 나물이 들어가지만 독성이 강하므로 나물로 먹지 않는다.

주의 사항

이름에 나물이 들어가지만 독성이 강하므로 나물로 먹지 않는다.

↑새순, 4월 16일   꽃 핀 모습, 5월 3일

꽃 핀 모습, 5월 3일   꽃 핀 모습, 5월 3일↓   열매 모습, 9월 29일↓

윤판나물
금윤판나물, 큰가지애기나리

백합과 / 외떡잎식물 / 여러해살이풀
자라는 곳 산의 숲 속   크기 30~60cm
꽃 필 때 4~5월

둥굴레와 비슷하게 생겨서 나물로 뜯는 경우가 있는데, 잘 구별해서 뜯어야 한다. 새순이 올라올 때 줄기가 둥굴레보다 통통하고 노란꽃이 피기 때문에 유심히 살피면 구분할 수 있다. 전국적으로 분포하고 있으며 줄기는 곧게 서고 1~2개의 가지를 친다. 잎은 어긋나고 넓은 타원형이며 끝이 뾰족하고 밑은 둥글다. 잎맥은 평행 상태로 배열되고 가장자리는 밋밋하다. 대롱 모양의 노란색 꽃이 줄기 끝에 1~2송이 매달려 아래를 향한다. 열매는 장과로 둥글고, 검은색으로 익는다.

한방에서는 기침, 식체, 폐결핵 등의 약재로 쓴다. 일부 지방에서는 데친 후 흐르는 물에 우려내 나물로 먹는 곳이 있지만, 독성이 있어 설사나 중독 사고를 일으킬 수 있으니 나물을 먹지 않는다.

주의 사항

독성이 있어 설사나 중독 사고를 일으킬 수 있으니 나물을 먹지 않는다.

자라서 잎이 활짝 펼쳐진 모습, 5월 1일

↑ 꽃 핀 모습, 5월 5일

↓ 새순과 꽃봉오리가 함께 올라오는 모습, 4월 23일

↓ 자라는 모습, 4월 26일

열매가 익어 가는 모습, 7월 6일

은방울꽃

녹령초, 오월화

백합과 / 외떡잎식물 / 여러해살이풀
자라는 곳 산의 숲 속 크기 20~35cm
꽃 필 때 5~6월

아래를 향해 피는, 둥글고 하얀 꽃 모양이 은방울처럼 예쁘고 앙증맞다. 잎이 산마늘 잎과 흡사하므로 주의해야 한다. 잎은 뿌리로부터 자라며 2~3장의 넓은 타원형이고 잎자루가 길다. 잎 곁에 꽃줄기가 자라나 7~8송이의 하얀 꽃들이 조롱조롱 매달려 아래를 향해 핀다. 둥근 열매는 장과로 7월에 붉게 익는다.

일부 지방에서는 데친 후 흐르는 물에 1~2일 담아 독성을 우려내고 나물로 먹기도 하지만, 콘발라마린convallamarin, 콘발라톡신convallatoxin, 크산소필xanthophyll 등의 알칼로이드를 함유하고 있어 심장마비를 일으킬 수 있으니 나물로 절대 먹지 않는다.

주의 사항

콘발라마린·콘발라톡신·크산소필 등의 알칼로이드를 함유하고 있어 심장마비를 일으킬 수 있으니 나물로 절대 먹지 않는다.

꽃 핀 모습, 5월 5일

↑ 꽃 핀 모습. 5월 18일
← 저란 잎 모습. 5월 16일
↓ 새순이 올라오는 모습. 4월 19일
↓ 새순이 올라오는 모습. 4월 19일
↓ 열매 모습. 6월 6일
↓ 열매 맺은 전체 모습. 6월 6일 ↓

젓가락나물

젓가락풀

미나리아재비과 / 쌍떡잎식물 / 두해살이풀
자라는 곳 들판의 습기 많은 곳 크기 30~80cm
꽃 필 때 5~8월

줄기가 자라면서 가늘고 억세져 젓가락 같아진다고 하여 붙여진 이름이다. 높이는 40~80cm로 줄기는 곧게 서고 가지가 갈라지며, 털이 전체적으로 퍼져 있다. 뿌리잎은 잎자루가 길고 3갈래로 갈라지는데 갈래 잎은 다시 2~3갈래로 갈라진다. 줄기와 가지 끝에 노란색 꽃이 취산꽃차례를 이룬다. 열매는 6~9월에 익으며 취과로 둥글다.

이름에 나물이 붙어 있지만 독성이 강하므로 먹어서는 안 된다.

주의 사항

이름에 나물이 붙어 있지만 독성이 강하므로 먹어서는 안 된다.

꽃과 잎이 자라는 모습, 4월 28일

자란 잎 모습, 5월 8일

꽃과 잎이 자라는 모습, 4월 28일

↑자란 잎, 5월 8일   뿌리, 6월 1일

꽃 핀 모습, 5월 1일

족도리풀

세신

쥐방울덩굴과 / 쌍떡잎식물 / 여러해살이풀
자라는 곳 산의 숲 속 그늘진 곳 크기 10~20cm
꽃 필 때 4~5월

꽃의 모양과 색깔이 사랑스런 족두리를 닮았다. 잎은 심장 모양으로 긴자루가 2개씩 있으며 가장자리는 밋밋하다. 잎 사이에서 꽃대가 나와 홍자색 꽃이 옆을 향하여 달린다. 끝이 3갈래로 갈라지고 항아리 모양이다. 열매는 8~9월에 두툼하고 둥글게 익는다.

한방에서는 뿌리를 '세신細辛'이라 하여 약재로 쓰는데, 이 세신이라는 이름은 세신이라는 명칭은 뿌리가 매우 가늘고[細], 몹시 매워서[辛] 이름이 붙여진 것이다.

독성이 강해 나물로 먹으면 안 된다. 개족도리풀과 뿔족도리풀도 독이 있으니 나물로 먹지 않는다.

주의 사항

한방에서는 뿌리를 '세신'이라 하여 약재로 쓰지만, 독성이 강해 나물로 먹으면 안 된다. 개족두리와 뿔족두리도 독이 있으니 나물로 먹지 않는다.

자란 모습, 5월 28일

↑꽃 핀 모습, 7월 30일

↑꽃봉오리와 잠자리, 6월 26일   자란 모습, 5월 28일 ↓

↓새순이 올라오는 모습, 5월 2일   ↓자라는 모습, 5월 10일

지리강활
개당귀, 남강활, 지리강호리

미나리과 / 쌍떡잎식물 / 여러해살이풀
자라는 곳 높은 산 크기 100cm
꽃 필 때 7월

짙은 자주색을 띠는 줄기는 곧게 서고 윗부분에서 가지를 친다. 뿌리에서는 역겨운 악취가 난다. 잎은 어긋나고 3장의 작은 잎이 2번 나온다. 작은 잎이 갈라지는 곳은 짙은 자주색을 띠고 잎자루 밑부분이 줄기를 감싼다. 달걀 모양 또는 넓고 둥근 모양으로 끝이 3갈래로 갈라지고 가장자리에 날카로운 톱니가 있다. 하얀색 꽃이 줄기 윗부분에 복산형꽃차례를 이루며 핀다. 둥근 열매는 골돌과로 좁은 날개가 있다.

　바디나물과 참당귀와 잎 모양이 비슷하니 주의해야 한다. 강한 독성이 있으므로 나물로 먹지 않는다.

주의 사항

바디나물과 참당귀와 잎 모양이 비슷하니 주의해야 한다. 강한 독성이 있으므로 나물로 먹지 않는다.

흰진범 꽃, 8월 20일 ↑

자란 모습, 5월 1일

↑ 꽃, 8월 29일   뿌리 잎 올라오는 모습, 4월 5일

묵은 줄기 사이로 자라는 모습, 4월 18일 ↑

자라는 모습, 4월 16일 ↑

진범

줄바꽃, 오독도기

미나리아재비과 / 쌍떡잎식물 / 여러해살이풀
자라는 곳 깊은 산 숲 속   크기 30~100cm
꽃 필 때 8~9월

줄기는 곧게 서거나 비스듬히 자라며, 자줏빛이 돌고 윗부분에 짧은 털이 빽빽하다. 뿌리잎은 5~7개로 갈라지고 가장자리는 패어 있으며, 뾰족한 톱니가 있다. 줄기잎은 올라갈수록 점차 짧아진다. 연한 자주색 꽃은 윗부분의 줄기 끝이나 잎겨드랑이에 총상꽃차례를 이루며 달린다. 5개의 꽃받침조각은, 뒤쪽은 투구 모양, 윗부분은 원통 모양으로 길어진다. 열매는 3개로 이루어진 골돌과이고 털이 있다.

한방에서는 관절염과 소변이 잘 나오지 않을 때 치료약으로 쓰지만, 독성이 강하므로 나물로 먹지 않는다.

주의 사항

한방에서는 관절염과 소변이 잘 나오지 않을 때 치료약으로 쓰지만, 독성이 강하므로 나물로 먹지 않는다.

↑ 무리를 지어 꽃 핀 모습, 4월 30일
꽃 핀 모습, 4월 30일 ↓

↑ 새순, 4월 12일

↑ 단풍 들고 열매가 익어 가는 모습, 10월 3일   뿌리, 4월 15일 ↓

천남성

가새천남성, 청사두추

천남성과 / 외떡잎식물 / 여러해살이풀
자라는 곳 산의 숲 속   크기 20~50cm
꽃 필 때 5~6월

녹색 줄기에는 자주색 반점이 있다. 잎의 길이는 10~20cm이고 5~10갈래로 갈라지며 긴 타원형이고, 작은 잎은 양끝이 뾰족하며 가장자리에 톱니가 있다. 꽃은 녹색 바탕에 하얀 선이 있고, 깔때기 모양으로 꽃대 윗부분이 곤봉 모양으로 발달한다. 열매는 장과로 옥수수 모양이며, 10월에 붉게 익는다.

  천남성 종류들은 옛날에 사약 재료로 썼던 식물로, 독성이 강해 나물로 먹지 않는다. 섬천남성 · 두루미천남성 · 무늬천남성 · 넓은잎천남성 · 큰천남성 · 점박이천남성 등이 있다.

주의 사항

천남성 종류들은 옛날에 사약 재료로 썼던 식물로, 독성이 강해 나물로 먹지 않는다.

새순. 4월 12일

열매가 모두 떨어진 모습. 11월 17일

두루미천남성. 5월 1일

두루미천남성
이엽천남성, 구조남성, 구조반하

천남성과 / 외떡잎식물 / 여러해살이풀
자라는 곳 낮은 산지의 숲 속이나 초원 크기 60cm
꽃 필 때 5~6월

천남성과에 속하는 여러해살이풀로, 키 50cm 정도 되는 헛줄기 끝에서 잎줄기가 나와 13~19개의 잎이 펼쳐진다. 그 모습이 두루미가 날개를 펼친 것처럼 보여 '두루미'라는 이름이 붙었다. 9~10월에 붉은 열매를 맺는데, 천남성 종류 중에서는 드물게 강한 햇볕 아래에서도 잘 적응한다.

뿌리줄기의 독성을 약화시켜 약재로 이용하고, 천연 살충제로도 활용한다. 거담 작용이 강력하고, 중풍과 고혈압으로 인한 사지마비·구안와사를 다스리는 데 쓰인다. 독성이 강하여 잎만 채취해도 가렵거나 알레르기가 생기는 경우가 많으므로 주의한다.

주의 사항

천남성 종류들은 옛날에 사약 재료로 썼던 식물로, 독성이 강해 나물로 먹지 않는다.

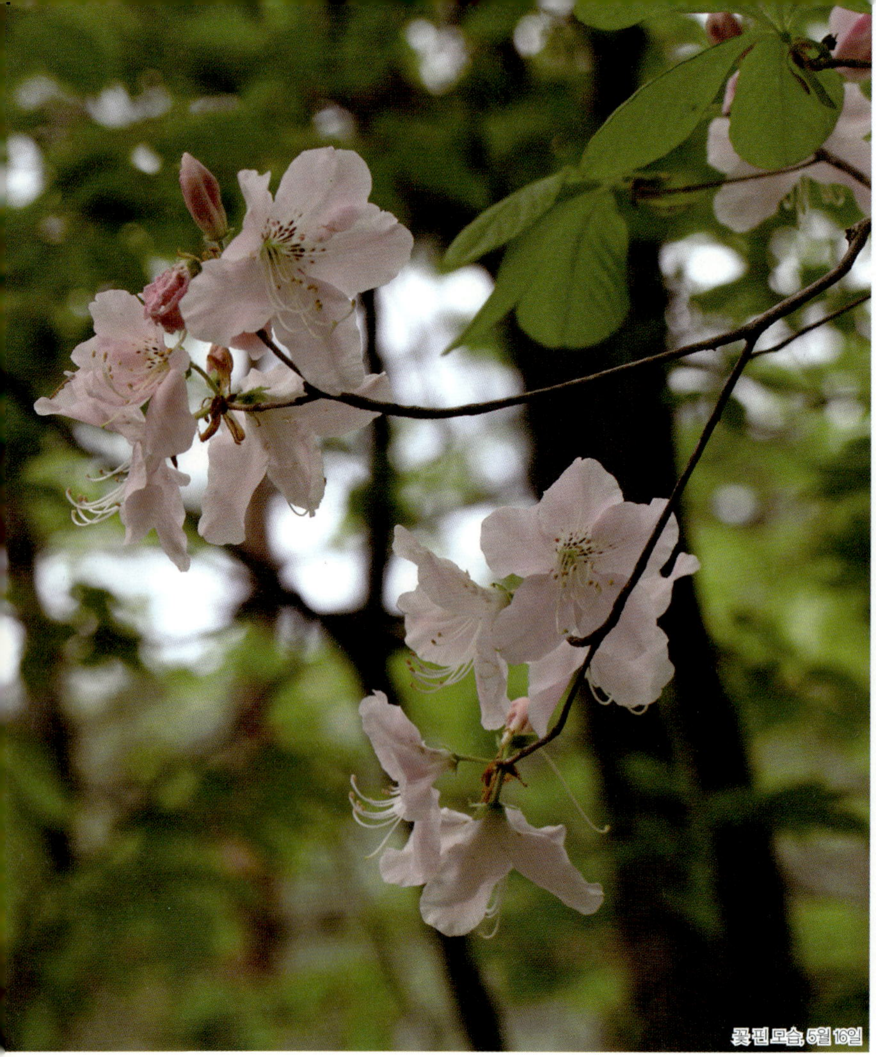

↑꽃 핀 모습. 5월 16일

↑꽃 핀 모습. 5월 16일↓

철쭉

개꽃나무, 대자두견, 척촉, 양척촉, 개꽃(방언)

진달래과 / 쌍떡잎식물 / 낙엽관목
자라는 곳 산의 비탈진 음지 크기 2~5m
꽃 필 때 5월

진달래를 참꽃이라고 부르는 데 비해, 철쭉은 먹을 수 없는 꽃이라서 '개꽃'이라고도 한다. 줄기는 회갈색이고 작은 비늘처럼 불규칙하게 갈라진다. 햇가지는 붉은 갈색이고 묵은 가지는 회색빛을 띤 갈색이다. 잎은 가지에서 어긋나고, 끝에서 4~5장 모여 달린다. 둥글거나 약간 오목한 달걀 모양으로 가장자리는 밋밋하다. 꽃은 잎과 함께 3~7송이 연분홍색으로 피는데 끈끈한 잔털이 있다. 달걀 모양의 열매는 10월에 붉은 갈색으로 여문다.

민간에서는 뿌리를 말려 달인 물로 머리를 감으면 탈모를 낫게 하는 효과가 있다고 한다. 한방에서 '척촉躑躅' 또는 '양척촉羊躑躅'이라는 약재로 쓴다. 진달래와 달리 꽃에 독성이 있으므로 먹지 않는다.

주의 사항

꽃에 독성이 있으므로 먹지 않는다.

열매 모습. 8월 15일

↑새순과 꽃봉오리 올라오는 모습. 5월 6일↓

꽃 핀 모습. 5월 15일

꽃 핀 모습. 5월 15일

꽃 핀 모습. 5월 15일

큰연영초

연령초, 왕삿갓나물, 흰삿갓나물, 흰삿갓풀

백합과 / 외떡잎식물 / 여러해살이풀
자라는 곳 산속의 나무 밑, 개울가 음지 **크기** 30cm
꽃 필 때 5~6월

잎, 꽃잎, 꽃받침이 모두 3장씩이다. 줄기는 곧게 서고, 잎은 줄기 끝에 3개씩 돌려나며, 넓은 달걀 모양이다. 끝은 짧고 뾰족하며 밑은 쐐기 모양이고 가장자리는 밋밋하다. 흰색 꽃이 핀다. 열매는 7~8월 경에 둥글게 달린다.

한방에서는 '우아칠芋兒七'이라 하여 뿌리줄기를 혈압 강하 작용을 하는 약재로 사용한다. 독성이 강하므로 나물로 먹지 않는다.

주의 사항

한방에서는 '우아칠'이라는 약재로 사용하지만, 독성이 강하므로 나물로 먹지 않는다.

자라는 모습, 4월 9일 7일

↑ 꽃 핀 모습, 9월 25일

↑ 꽃 핀 모습, 9월 25일   뿌리 모습, 4월 23일 ↓

↓ 어린 싹, 3월 30일   ↓ 고목나무에서 자란 모습, 6월 20일

투구꽃
초오, 오두, 압록오두

미나리아재비과 / 쌍떡잎식물 / 여러해살이풀
자라는 곳 숲 속, 산골짜기 **크기** 100cm
꽃 필 때 9월

꽃 모양이 로마 병정의 투구를 닮았다고 해서 붙여진 이름이다. 잎은 어긋나고 손바닥 모양으로 3~5갈래 갈라지는데 끝이 뾰족하다. 줄기 위쪽의 잎은 작아지고 3개로 갈라진다. 투구 모양의 자주색 꽃이 총상꽃차례 또는 겹총상꽃차례로 달린다.

투구꽃은 전초에 '아코니틴aconitine'이라는 맹독성 물질이 함유되어 있는 유독식물로, 옛날에는 사약 재료로 사용했을 만큼 독성이 강하다. 뿌리를 '초오草烏'라고 해서 한방에서 약으로 사용하지만, 전문가의 처방이 있어야 하고, 나물로 먹으면 절대로 안 된다.

주의 사항

전초에 '아코니틴'이라는 맹독성 물질이 함유되어 있는 유독식물로, 옛날에는 사약 재료로 사용했을 만큼 독성이 강하므로 나물로 먹으면 절대로 안 된다.

↑열매 모습, 10월 6일

자란 잎 모습, 5월 26일

꽃 핀 모습, 8월 20일↓

노랑투구꽃

오돌또기

미나리아재비과 / 쌍떡잎식물 / 여러해살이풀
자라는 곳 산 크기 100cm
꽃 필 때 8~9월

줄기는 곧게 서고 크게 자란다. 잎은 어긋나고, 손바닥 모양으로 깊게 갈라진다. 식물 전체에 털이 있고, 노란색 꽃이 총상꽃차례로 달린다. 열매는 골돌과로 3개씩 모여 나고 10월에 익는다.
　뿌리는 약재로 사용되기도 하지만 독성이 있으므로 나물로 먹지 않는다.

주의 사항

뿌리는 약재로 사용되기도 하지만 독성이 있으므로 나물로 먹지 않는다.

↓ 꽃봉오리 모습, 6월 25일 ↓ 가지 밑의 잎 모습, 6월 16일 자란 모습, 6월 5일 ↓ 꽃과 깜둥이창나방, 8월 7일 꽃 핀 전체 모습, 8월 10일

파리풀

승독초, 가시새 · 가스새(방언)

파리풀과 / 쌍떡잎식물 / 여러해살이풀
자라는 곳 산과 들의 약간 그늘진 곳 **크기** 50~70cm
꽃 필 때 7~9월

얼마나 독성이 강한지, 뿌리를 짓찧어 종이에 먹여 파리를 잡았던 식물이다. 그래서 이름도 '파리풀'이다. 줄기는 곧게 서고, 잎과 줄기 전체에 털이 나 있다. 잎은 마주나고 달걀 모양이며 가장자리에 톱니가 있다. 줄기나 가지 끝에 연한 자주색 꽃이, 아래에서 위로 피어 올라간다. 열매는 삭과로 10월에 익는데 갈고리 모양이다.

잎, 줄기, 뿌리 전체는 해독 작용이 있어 종기나 벌레 물린 데에 생으로 짓찧어 환부에 붙이면 효과가 좋다.

유독식물이니 나물로 먹지 않는다.

주의 사항

유독식물이니 나물로 먹지 않는다.

피나물

노랑매미꽃, 여름매미꽃

양귀비과 / 쌍떡잎식물 / 여러해살이풀
자라는 곳 산의 숲 속 크기 약 30cm
꽃 필 때 4~5월

줄기를 자르면 노란 색을 띤 붉은 유즙이 나오는데, 그것이 마치 피처럼 보인다고 하여 붙여진 이름이다. 줄기는 연약하고 잎자루는 길다. 잎은 어긋나고, 5개의 작은 잎으로 구성된 깃꼴겹잎으로, 불규칙하게 깊게 패인 가장자리에는 톱니가 있다. 노란색 꽃이 1~3개씩 산형꽃차례로 달린다. 꽃잎은 4개이고 윤기가 난다. 7월에 익는 열매는 삭과이며 좁은 원기둥 모양이다.

일부 지방에서는 나물로 먹기도 하고, 나물이라는 이름이 붙어 있지만 독성이 강해 나물로 먹지 않는다.

주의 사항

일부 지방에서는 나물로 먹기도 하고, 나물이라는 이름이 붙어 있지만 독성이 강해 나물로 먹지 않는다.

↓ 눈 속에서 꽃 핀 모습, 4월 2일　　↓ 꽃 핀 모습, 4월 15일　　너도바람꽃과 함께 꽃 핀 모습, 4월 12일　　↓ 노란색 변이, 4월 26일　　열매와 단풍, 7월 13일

한계령풀

메감자, 모단초

매자나무과 / 쌍떡잎식물 / 여러해살이풀
자라는 곳 높고 깊은 산의 양지쪽　크기 30~40cm
꽃 필 때 4~5월

설악산의 한계령에서 처음 발견되었다고 해서 붙여진 이름이다. 잎은 1개이고 잎자루 끝에서 3개로 갈라져 다시 3개씩 갈라진다. 중앙의 갈래 조각은 타원형이고 가장자리는 밋밋하며 끝이 둥글다. 노란색 꽃이 줄기 끝에 총상꽃차례로 달린다. 7월에 익는 열매는 삭과이며 둥근 모양이다. 새싹이 올라올 때 꽃봉오리도 올라와 잎과 꽃이 함께 핀다.

　독이 강한 식물이니 나물로 먹어서는 안 된다.

주의 사항

독이 강한 식물이니 나물로 먹어서는 안 된다.

독초 갈퀴현호색과 함께 핀 모습, 4월 20일

↑ 꽃 핀 모습, 4월 13일

↑ 새순이 올라오는 모습, 4월 1일 　　↑ 여러 개가 함께 꽃 핀 모습, 4월 17일 　　↑ 꽃과 열매, 4월 22일 　　↑ 동강할미꽃 열매, 5월 25일

할미꽃

노고초, 백두옹

미나리아재비과 / 쌍떡잎식물 / 여러해살이풀
자라는 곳 산과 들의 양지　**크기** 25~40cm
꽃 필 때 4월

열매가 익으면 마치 할머니의 흰머리처럼 보인다고 하여 붙여진 이름이다. 손녀를 찾아가던 길에 죽은 할머니를 묻은 곳에서 할머니의 굽은 등처럼 고개 숙인 꽃이 피었다는 전설도 있다.

　잎은 새의 날개처럼 깊게 2~5갈래로 갈라지고 전체에 흰털이 있다. 붉은색 꽃이 줄기 끝에 긴 종 모양으로 달린다. 긴 달걀 모양의 열매는 5~6월에 익고, 겉에 흰색 털이 있으며, 아래쪽에 검은 씨가 있다.

　예전에 소독 약품이 귀할 때에는, 살충제 대용으로 할미꽃 뿌리를 캐서 화장실에 넣기도 했다. 사약 재료로 쓰였던 유독식물이니 나물로 먹지 않는다.

주의 사항

사약 재료로 쓰였던 유독식물이니 나물로 먹지 않는다.

동강할미꽃 핀 모습, 4월 2일

↑ 짙은 하늘색 갈퀴현호색, 4월 16일

↑ 얼레지와 갈퀴현호색, 4월 22일

자라는 잎 모습, 3월 25일 ↓

↑ 분홍 갈퀴현호색, 4월 12일   흰 갈퀴현호색, 4월 14일 ↓

현호색

치판현호색, 락작화

현호색과 / 쌍떡잎식물 / 여러해살이풀
자라는 곳 산, 들 크기 20cm 정도
꽃 필 때 4~5월

검은색 뿌리에서 새싹이 꼬인 듯 올라오는데 '북쪽 오랑캐의 지방에서 내려온 식물'이란 의미에서 붙여진 이름이다. 잎은 어긋나고 잎자루가 길며 3개씩 1~2회 갈라지는데, 갈라진 조각은 거꾸로 선 달걀 모양이다. 윗부분은 깊게 또는 불규칙적으로 날카롭게 갈라진다. 홍자색 꽃은 원줄기 끝에 총상꽃차례로 달리며, 꿀주머니의 끝은 약간 밑으로 굽으며 넓게 퍼진다.

한방에서는 뿌리를 진경제·진통제로 쓰지만, 현호색 종류들은 모두 독이 있으므로 나물로 먹으면 안 된다.

주의 사항

현호색 종류들은 모두 독이 있으므로 나물로 먹으면 안 된다.

낮에 꽃을 오므린 모습, 7월 5일

꽃 핀 모습, 7월 10일   자라는 잎 모습, 5월 26일

꽃 핀 전체 모습, 7월 10일   꽃봉오리 모습, 6월 28일

흰독말풀
만다라화, 만다라엽

가지과 / 쌍떡잎식물 / 한해살이풀
자라는 곳 길가, 집 부근 크기 1m 정도
꽃 필 때 6~7월

옛날에 사약 재료로 썼던 식물이라고 해서 '만다라화'라고도 한다. 열대 아메리카 원산으로, 줄기는 곧게 서고 가지가 갈라진다. 잎은 어긋나고 달걀 모양으로 가장자리는 밋밋하거나 깊이 패어 들어간 모양의 톱니가 있다. 잎겨드랑이에 1개씩 달리는 흰색 꽃은 나팔 모양이다. 꽃은 낮에는 잎을 오므리고 있다가 밤에 활짝 핀다. 열매는 삭과로 둥글다.

잎을 '만다라엽曼陀羅葉'이라 하여 천식·진통·진해제로 사용하고, 뿌리를 '만다라근曼陀羅根'이라 하여 광견狂犬에 의한 교상咬傷, 악창惡瘡에 약으로 쓴다. 독이 많아 나물로 먹지 않는다. 독말풀도 나물로 먹으면 안 된다.

주의 사항

독이 많아 나물로 먹지 않는다. 독말풀도 마찬가지다.